Konrad Balzer · Wolfgang Enke · Werner Wehry   **Wettervorhersage**

Springer

Berlin
Heidelberg
New York
Barcelona
Hong Kong
London
Mailand
Paris
Singapur
Tokio

Konrad Balzer · Wolfgang Enke · Werner Wehry

Wettervorhersage

Mensch und Computer – Daten und Modelle

Mit 92 Abbildungen und 16 Tabellen

 Springer

DIPL.-METEOR.
KONRAD BALZER

Deutscher Wetterdienst
Michendorfer Chaussee 23

D-14473 Potsdam

e-mail:
kbalzer@dwd.d400.de

DR.
WOLFGANG ENKE

Freie Universität Berlin
Inst. für Meteorologie
Carl-Heinrich-Becker-Weg 6-10

D-12165 Berlin

e-mail:
wenke@bibo.met.fu-berlin.de

PROF. DR.
WERNER WEHRY

Freie Universität Berlin
Inst. für Meteorologie
Carl-Heinrich-Becker-Weg 6-10

D-12165 Berlin

e-mail:
wehry@bibo.met.fu-berlin.de

ISBN-13:978-3-540-64186-5   Springer-Verlag Berlin Heidelberg New York

Die Deutsche Bibliothek- - CIP-Einheitsaufnahme

Balzer, Konrad:
Wettervorhersage: Mensch und Computer - Daten und Modelle; 16 Tabellen / Konrad Balzer; Wolfgang Enke; Werner Wehry. - Berlin; Heidelberg; New York; Barcelona; Budapest; Hong Kong; London; Mailand; Paris; Singapur; Tokio: Springer 1998
    ISBN-13:978-3-540-64186-5   e-ISBN-13:978-3-642-59886-9
    DOI: 10.1007/978-3-642-59886-9

Umschlaggestaltung: Bayerl & Ost, Frankfurt
Satz: S. Pauli, Springer-Verlag, Heidelberg

SPIN: 10667406   30/3136   - 5 4 3 2 1 0 - Gedruckt auf säurefreiem Papier

Vorwort

Drei in Theorie und Praxis erfahrene Meteorologen beschreiben den am Ende des 20. Jahrhunderts erreichten *Kenntnisstand in der Vorhersage von Wetter und Klima.* Basis des Fortschritts ist das weltumspannende System der kontinuierlichen Beobachtung aller atmosphärischen Vorgänge, in dem mit Hilfe von Wetterstationen, Schiffen, Flugzeugen, Satelliten- und Radarnetzen, neuerdings auch mit Blitzortung und erd- sowie satellitengebundenen neuen Meßsystemen möglichst alle interessierenden Wetterelemente erfaßt werden.

Supercomputer sowie ständig verbesserte und erweiterte physikalische Rechenmodelle simulieren den Wetterablauf immer detaillierter und weiter in die Zukunft bis hin zu (noch unvollkommenen) Klimaprognosen. Natürlich wissen die Meteorologen, daß sie der Natur niemals *vollständig* in die Karten sehen können. Aber sie ersinnen auch Methoden, um Zufälliges und Unscharfes als Quelle zusätzlicher Erkenntnis zu nutzen, indem sie mit statistischen und empirischen Verfahren die Ergebnisse der Rechenmodelle verfeinern.

Zum erstenmal im deutschsprachigen Raum werden ausführlich und – wie wir meinen – durchaus spannend die Meilensteine dargestellt, die zur modernen Wettervorhersage führen. Auch über die Probleme, die in der Arbeitsteilung von Mensch und Maschine (Computer, Meßgerät) liegen, wird ebenso berichtet wie über die Güte der Wettervorhersage. Der Bogen der Wettervorhersage wird weit gespannt: Er reicht von der punkt- und zeitgenauen Gewitterwarnung für die nächsten zwei Stunden bis zur wahrscheinlichen Entwicklung unseres Klimasystems. Unterschiedliche Modellergebnisse und kontroverse Thesen zur Klimaänderung werden ebenfalls kritisch bewertet.

Wir meinen, den derzeitigen Wissensstand der „Wettervorhersage" in diesen relativ wenigen Seiten zusammengefaßt zu haben und hoffen auf sowohl kritische wie auch wohlwollende Leser.

Berlin, im Mai 1998, Konrad Balzer, Wolfgang Enke, Werner Wehry

Inhaltsverzeichnis

1   Falsche Propheten

Konrad Balzer

Ginge es nach den Anpreisungen derer, die etwas verkaufen wollen – das Problem der Wettervorhersage wäre schon längst gelöst:

Eine Revolution im Bereich der Wettervorhersage. Die elektronische Wetterstation zeigt Ihnen nicht nur Temperatur und Luftfeuchtigkeit an, sondern Sie können auch die gespeicherten Luftdruckwerte der letzten 1, 3, 6, 12 und 24 Stunden ablesen! Ein zuverlässiges und präzises Gerät für Ihre persönlichen Vorhersagen bis zu 24 Stunden (205,- DM, plus 16,50 DM Versand- und Nachnahmekosten).

Die Konkurrenz legt sogar noch zu:

Der Minicomputer für die Wettervorhersage. Der wertvolle Begleiter für Ihre Expeditionen und Ausflüge. Ein barometrisches Trend-Diagramm dokumentiert die Luftdruckveränderungen der letzten 12 Stunden, und altbewährte Symbole geben jederzeit Auskunft über die Wetterlage der nächsten 12 Stunden - mit einer Genauigkeit von 70–75%. Leisten Sie sich diesen Wettercomputer - Ihre private "Wetterkarte" weiß schon freitags, ob sich der Wochenendausflug lohnt. Vertrauen Sie diesem präzisen Meßinstrument (249,- DM, 2 Knopfzellen werden mitgeliefert).

Sie, verehrte Leserin, verehrter Leser, haben Ihre eigenen Erfahrungen gemacht und wissen, daß es nicht so einfach ist, das Wetter verläßlich vorherzusagen, seien die Luftdruck- und Temperaturwerte der letzten 24 Stunden auch noch so genau gemessen. Und Sie glauben auch denen nicht, die Sie statt auf die Rechenkünste des "Minicomputers zur Wettervorhersage" auf den Lauf von Sonne, Mond und Planeten verweisen:

Bewährte Traditionen und neue Erkenntnisse im Leben mit dem 100jährigen Kalender. Grundlage ist der seit Jahrhunderten bewährte und beliebte Hauskalender des Abtes Mauritius Knauer, der als '100jähriger Kalender' bekannt ist ... Dieser Titel ist allerdings irreführend. Denn das Wetter wiederholt sich nicht alle 100 Jahre - wie viele glauben - sondern im Prinzip alle 7 Jahre. Der Abt hat 7 Jahre lang genau beobachtet, sorgfältig notiert, dann war für ihn der große Planetenzyklus abgeschlossen..." (Übrigens, dem astrologischen 'Wissen' seiner Zeit entsprechend, mit der Sonne als ersten und dem Mond als vierten 'Planeten'. Neptun und Pluto waren ja noch unbekannt.)
   Manches, ja vieles von diesen Erkenntnissen geriet im Lauf der Jahrhunderte in Vergessenheit, schien für immer verloren. Doch jetzt beginnt man wieder, sich an

diese wertvollen Erfahrungen zu erinnern. Das liegt zum einen daran, daß es uns jetzt aufgrund unseres heutigen Wissensstandes möglich ist, diese Erkenntnisse nachzuvollziehen und in unser modernes Weltbild einzubeziehen. Zum anderen aber wächst angesichts der zunehmenden Bedrohung für Umwelt und Natur durch eine hochtechnisierte Zivilisation die Bereitschaft vieler, die natürlichen Zusammenhänge in ihrer Gesamtheit zu begreifen und das menschliche Leben zu gestalten.

So werden uns, am Ende des 20. Jahrhunderts, nach drei Jahrhunderten meteorologischen Forschens und vielen gesicherten Erkenntnissen, dieselben alten Hüte verkauft, wie es schon um das Jahr 1700 der geschäftstüchtige thüringische Arzt Christoph von Hellwig mit dem sogenannten "Hundertjährigen Kalender" tat.[1]

Jahr um Jahr werden diese historisch interessanten Zeugnisse spekulativen Denkens und Glaubens aus Gründen der Geschäftemacherei erneut auf den Markt geworfen und offenbar von einer ausreichenden Zahl von Leuten – gegen jede Vernunft, die auf kritische Überprüfung drängt – auch geglaubt. Überflüssig zu erwähnen, daß nie und nirgends irgendwelche gesicherten, brauchbaren Zusammenhänge zwischen Astrologie und Meteorologie nachgewiesen werden konnten. Wer anders als die Meteorologen hätte daraus Nutzen ziehen können, wenn das Urteil des Abtes Dr. Mauritius Knauer (1613–1664) zu seinen eigenen Prognostiken nur halbwegs stimmte: "Trifft nicht alles auf ein Nägelein zu, so wird sich doch das Meiste befinden."[2]

Die Ironie in dieser immerwährenden Geschichte will es aber, daß wir ihm sehr wohl in seinem Urteil (über seine Vorgänger und Konkurrenten!) beipflichten, wenn er resümiert:

Denn ich habe beim Lesen gefunden, daß zahlreiche Schriftsteller nicht nur in ihren Meinungen auseinandergehen, sondern auch nur selten an die Wahrheit herangekommen sind. Gerade jene Sternkundigen, die jährlich die Kalender zusammenstellen, hauen in der Regel so daneben, daß derjenige, der die Beschaffenheit der Witterung daraus abzunehmen sucht, sich notwendigerweise gründlich irrt und Schaden erleidet. Wenn nämlich die Voraussagen wirklich einmal eintreffen, so darf man ruhig annehmen, daß sie nicht irgendeiner Gelehrsamkeit, sondern nur dem Zufall zu verdanken haben.

Vor einem halben Jahrtausend, erstmals 1494, erschien Sebastian Brants (1458–1521) volkstümliche Satire Das Narrenschiff. Zu den seit Gutenbergs Erfindung massenhaft um sich greifenden Weissagungs- und Vorhersage-Büchern heißt es darin:

In Narrheit ist die Welt ertaubt,
und jedem Narren man jetzt glaubt.
Viel Praktik und weissagende Kunst
entsteht jetzt mit der Drucker Gunst;
sie drucken alles, was man bringt,
was man so schändlich sagt und singt,
das bleibt jetzt ungestraft allein.
Die Welt, die will betrogen sein.

---

[1]   Lesenswerten Aufschluß über seine Entstehung und Wirkungsgeschichte gewährt Hans-Günther Körber, *Vom Wetteraberglauben zur Wetterforschung* (1. Auflage 1987 bei Edition Leipzig).

Narren, scheint's, wird es immer geben, wenn auch unter wechselnden Namen. Und kein Feld menschlichen Denkens und Wünschens zieht offenbar Scharlatane und Narren stärker an als die unbekannte, unsichere, Glück und Unglück verheißende Zukunft.

An ebensolche Verführer und Verführte wird wohl der lateinische Kirchenlehrer Aurelius Augustinus (354–438) gedacht haben, von dem folgende, für Meteorologen heikle Warnung überliefert ist:

Der gute Christ hüte sich vor den Mathematikern und all denen, die Vorhersagen machen, besonders wenn sie zutreffen. Denn es besteht die Gefahr, daß die Mathematiker mit dem Teufel im Bunde den Geist trüben und den Menschen in die Bande der Hölle verstricken.

Haben Sie Mut weiterzulesen?

2   Wetter jeder Art – wie wird das Wetter?

Werner Wehry

Vielfältig und bunt ist das Wetter. Wolken können drohend oder kitschig schön wirken, Regen kann belebend oder zerstörend sein, Schnee fasziniert, wenn er die Landschaft verwandelt oder wenn man seine Kristalle betrachtet, er kann aber auch behindern oder gar ganze Gebiete blockieren, wenn er in Massen fällt. Und Wind verteilt verschmutzte Luft, kann aber auch als Sturm erhebliche Schäden anrichten.

Jedermann kennt die *Wetterelemente* wie Temperatur, Niederschlag, Wind und entwickelt seinen individuellen Umgang mit dem Wetter – und mit der *Wettervorhersage*, denn er möchte ja wissen, welche Kleidung er morgens zu wählen hat und wie sein abendlicher Heimweg sein mag. Ebenso ist für viele Freizeitaktivitäten das Wetter wichtig. Deshalb werden z. B. die Telefonwetterauskünfte in den Sommerurlaubsmonaten stärker genutzt als im Frühjahr oder Herbst. Das Maximum

Abb. 2.1. Einige Schlagzeilen aus Zeitungen Ende Juli 1997.

Abb. 2.2. Regenmengen des Monats Juli 1997 (aus Geb u. Coradazzi 1997): Absolute (l/m²) und relative (%) Niederschlagsmengen im östlichen Mitteleuropa

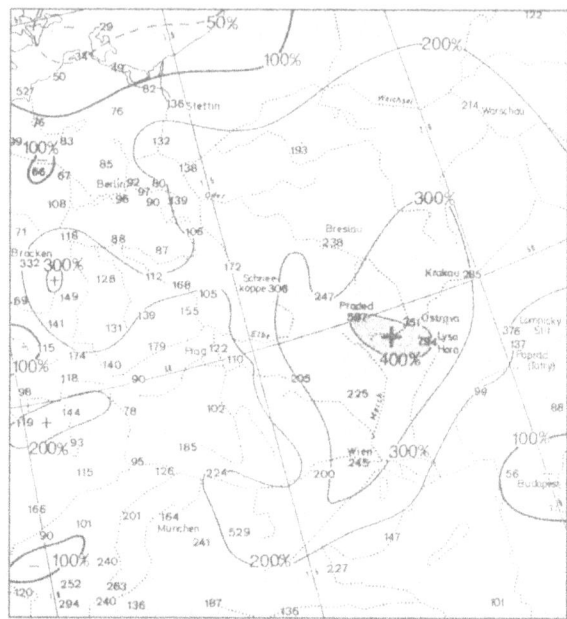

der Abrufe bei Wettervorhersagediensten liegt im Winter zu Zeiten, in denen Schnee und/oder Sturm auftreten – beide Wetterereignisse beeinflussen den einzelnen, aber auch Wirtschaft und Verkehr ganz erheblich.

Im Juli und August 1997 suchte das "Jahrhundert-Hochwasser" die Regionen von Oder und Neiße in Tschechien, Polen und Deutschland heim. Die Schäden in den betroffenen Gebieten, aber auch die Schlagzeilen in den Zeitungen, waren gewaltig.

Sind derartige Katastrophen vorhersehbar, solche großen Niederschlagsmengen? Immerhin wurde an der Station Lysa Hora, in 1327 m Höhe in den Beskiden liegend, vom 4. Juli 1997 abends bis zum 9. Juli abends, also in genau 5 Tagen, eine Regenmenge von 594 l/m² gemessen; im gesamten Monat kamen an dieser Station 794 Liter zusammen! Durchschnittlich sind dort im Juli 212 Liter zu erwarten. Allein vom 6. Juli morgens bis zum 7. Juli gab es innerhalb von 24 Stunden mehr als die übliche Monatsmenge, nämlich 231 Liter. Und nicht nur in den Beskiden, auch im Riesengebirge sowie in den nördlich und südlich angrenzenden Gebieten regnete es ergiebig, verbreitet um 200 l/m² (s. Abb. 2.2). Das Bemerkenswerte ist, daß diese Niederschläge das gesamte Einzugsgebiet der Oder überdeckten und deshalb im Ober- und Mittellauf des Flusses Flutwellen mit riesigen Schäden verursachten.

Was haben die Wettervorhersage-Rechnungen gezeigt? Das grobmaschige Europa-Modell (Gitterweite 60 km) des Deutschen Wetterdienstes (DWD) ergab für die vier Tage vom 4.7.1997, 06 UTC bis zum 8.7.1997, 06 UTC (Universal Time Coordinated) gerechnet am 4.7.97, 00 UTC für die westlichen Beskiden insgesamt z. T. über 300 Liter, für die östlichen 200–300 Liter pro Quadratmeter (s. Abb. 2.3a). Das feinmaschige Deutschland-Modell (Gitterweite 14 km) zeigte wesentlich großräumiger diese hohen Regenmengen (s. Abb. 2.3b). Demnach kamen die Regenflut und das Hochwasser *nicht* überraschend, die Menschen waren jedoch nicht darauf vorbereitet, z. T. glaubten sie auch einfach den Warnungen nicht!

Wieso kann eine Computervorhersage so genau sein? Was ist dazu notwendig?

2.1 Erst Diagnose – dann Prognose

Die Meteorologie als angewandte Wissenschaft nutzt zwar das Wissen und die Gesetze fundamentaler, allgemeiner Disziplinen wie der klassischen Mechanik und Hydrodynamik, Thermodynamik und Chemie, aber die Meteorologie ist komplexer. Vor allem jedoch steht sie unter dem Zwang ununterbrochener Anwendungsbereitschaft und -fähigkeit, wenn es um Vorhersagen geht.

Am Anfang jeder praktischen Wettervorhersage steht die möglichst vollkommene Kenntnis des atmosphärischen Zustands in der ganzen Vielfalt seiner Elemente und der vier Dimensionen: Fläche, Höhe, Zeit. Solange die Datenarmut über den Ozeanen – vor allem ein Problem der Südhalbkugel – nicht entscheidend verringert werden konnte, solange war auch für uns Mitteleuropäer an eine merkliche Verbesserung der Wettervorhersage über zwei Tage hinaus nicht zu denken. Denn mit wachsender zeitlicher Vorhersagedistanz wird auch das Gebiet, von dem aktuelle Wetterinformationen vorliegen müssen, immer größer.

Zur Vorhersage für eine Stunde im voraus genügt es zu wissen, wie das Wetter in der näheren Umgebung ist. Gewöhnlich reichen 50–100 km in jene Richtung, aus der im Moment "das Wetter kommt". Für einen Tag im voraus benötigt man schon Daten aus ganz Europa, für 2–4 Tage müssen aktuelle Beobachtungen vom Nordpol bis zum Äquator und von Mittelasien bis zu den amerikanischen großen Seen vorliegen. Um 5- bis 7tägige Prognosen zu erzeugen, werden schon *globale* Datensätze benötigt, d. h. Vorgänge über dem Südatlantik können innerhalb dieser Zeitspanne, meist indirekt, auf die atmosphärische Zirkulation unserer Breiten Einfluß nehmen.

3 Voraussetzung für die Wettervorhersage – Beobachten und Messen

Werner Wehry

Wettervorhersage heißt: Beobachten und Messen, Daten austauschen und sammeln, die Wetterlage analysieren und Künftiges mittels geeigneter Verfahren voraussagen. Von Beginn an entschied das Verhältnis von Wissenschaft und Technologie – wechselseitig! – über das Tempo des Fortschritts und das jeweils Erreichbare.

Da die Atmosphäre dreidimensional ist, muß sowohl an einzelnen Punkten (Stationen), als auch in der Fläche (also an vielen Stationen) und in der Vertikalen gemessen werden. Jeden Tag gibt es neues Wetter; damit kommt die Zeit als vierte Dimension hinzu. Demnach müssen täglich, und zwar mehrfach und möglichst auch kontinuierlich, die meisten *Wetterelemente* wie Temperatur, Feuchtigkeit (im Boden und in der Luft), Wind, Luftdruck, Wolken, Niederschlag, aber auch die Strahlung der Sonne und ihre Umsetzung am Boden und in der Atmosphäre erfaßt werden. Für sich allein sagt jeder der gemessenen Werte nicht viel aus. Dies gilt z. B. für die augenblickliche Temperatur; doch aus der ununterbrochenen Messung der Temperatur oder wenigstens dem regelmäßigen Ablesen des Thermometers lassen sich Maximal- und Minimalwerte bestimmen. Aus den Messungen vieler Tage ergeben sich dann Mittelwerte, wie das Mittel eines Monats, einer Jahreszeit, eines oder vieler Jahre – je nachdem, wie lange bereits an dieser Station gemessen wurde. In gleicher Weise werden die anderen Wetterelemente ausgewertet.

Sehr wichtig ist, daß sämtliche Messungen unter *gleichartigen Bedingungen* geschehen, es müssen also immer dieselben Meßinstrumente benutzt werden – oder, falls es neuartige gibt, diese an den bisherigen geeicht werden. Ebenso muß die Lage des Beobachtungsortes gleich bleiben, wobei auch zu berücksichtigen ist, wenn eine ehemals am Rande der Stadt gelegene Station nach und nach ein rein städtischer Platz wird.

So veränderte sich z. B. in Berlin die nachts besonders kalte Station am Tegeler Fließ im Norden der Stadt erheblich, als in der Nähe das Märkische Viertel als riesiges Neubaugebiet für mehr als 50.000 Menschen errichtet wurde. Plötzlich war aus dieser Rand- eine Stadtstation geworden, die besonders kalten Nächte blieben aus.

3.1 Meteorologische Größenordnungen (Scales)

Wohl jeder von uns trifft zum erstenmal auf den Begriff "Maßstab" (engl.: scale) beim Lesen und Studieren von Landkarten. Hundertmillionenfach müssen die

Entfernungen verkleinert werden, um die ganze Erde auf einer Atlasseite zu erfassen, nur 5000mal verkleinert sind Entfernungen in Spezialwanderkarten, um sich z. B. im Felsengewirr des Elbsandsteingebirges zurechtzufinden. Dazwischen liegen Stadtpläne und Pläne, die Landkreise, Bundesländer, Länder, Staatengruppen und Erdteile beschreiben. Zwischen 10^3 (Tausend) und 10^8 (100 Millionen) liegen, wie der Fachmann sagt, 5 Größenordnungen. Beim Wetter haben wir es sogar mit 6–10 Größenordnungen zu tun. Wie kommen die Meteorologen darauf?

Die Praxis wünscht Vorhersagen, die nach *Minuten* oder Stunden zählen, aber auch Auskunft über die Änderung des Klimas in den nächsten *Jahrzehnten*. Zwischen beiden Extremen liegen etwa 6 zeitliche Größenordnungen.

Räumlich sind meteorologische Vorgänge interessant und wichtig, die vom *Meterbereich* bis zum *Erdumfang* gehen und somit ebenfalls 6–7 Größenordnungen umspannen. Spezielle Vorgänge in Wolken (Kondensation von Wasserdampf, Schnee- und Hagelbildung) oder an den energetisch entscheidenden Grenzflächen Erde–Luft und Wasser–Luft müssen beobachtet und modelliert werden, wobei sogar *Sekunden und Millimeter* eine Rolle spielen.

Das hier skizzierte Raum-Zeit-Spektrum erscheint riesig und in seiner Detailliertheit abschreckend kompliziert und undurchschaubar. Glücklicherweise sind nicht alle denkbaren Raum-Zeit-Kombinationen von gleichem praktischem Interesse (s. Tabelle 3.1). Bei einer Gewittervorhersage für die nächsten zwei Stunden interessiert z. B. nur das Olympiastadion in München, nicht aber, was in der Nachbarstadt passiert oder 6 Stunden später. Umgekehrt ist bei einer (weitgehend noch nicht möglichen) Jahreszeitenvorhersage der allgemeine Charakter des kommenden Winters von Interesse oder ob ein kühler, verregneter Sommer ins Haus steht, kaum aber, ob es am Nachmittag des 2. Juli in Potsdam schauert oder am 31. Januar in Dresden Schnee liegt.

Unabhängig von unserer subjektiven Interessenlage weisen die realen meteorologischen Erscheinungen ziemlich enge Beziehungen zwischen ihrem charakteristischen Längen- und Zeitmaßstab auf, die Hermann Flohn (1958) mit

$$10^n s = 10^n \ldots 10^{n+1} m$$

Zeit	Fläche	Name	Beispiel
1 s–10 min	1 cm²–10 km²	Kleinräumiger Scale (Mikroscale)	Kleinräumige Turbulenz
10 min–1 Stunde	10–10.000 km²	Konvektiver Scale	Schauer, Gewitter
1 Stunde–1 Tag	10.000–1 Mio. km²	Mesoscale	Kleinräumige Tiefs
a) 1 Tag–10 Tage	bis ganze Hemisphäre	Großräumiger Scale	Hochs, Tiefs
b) mehr als 10 Tage	Erdglobus	Globaler Scale	Planetarische Wellen

Tabelle 3.1. Flächen- und Zeitmaßstäbe (Größenordnungen) der Atmosphäre und deren meteorologische Bezeichnung. Prinzipiell wären auch kurzlebige Änderungen von weniger als einer Sekunde und außerhalb der Erde (z. B. auf der Sonne) von Interesse

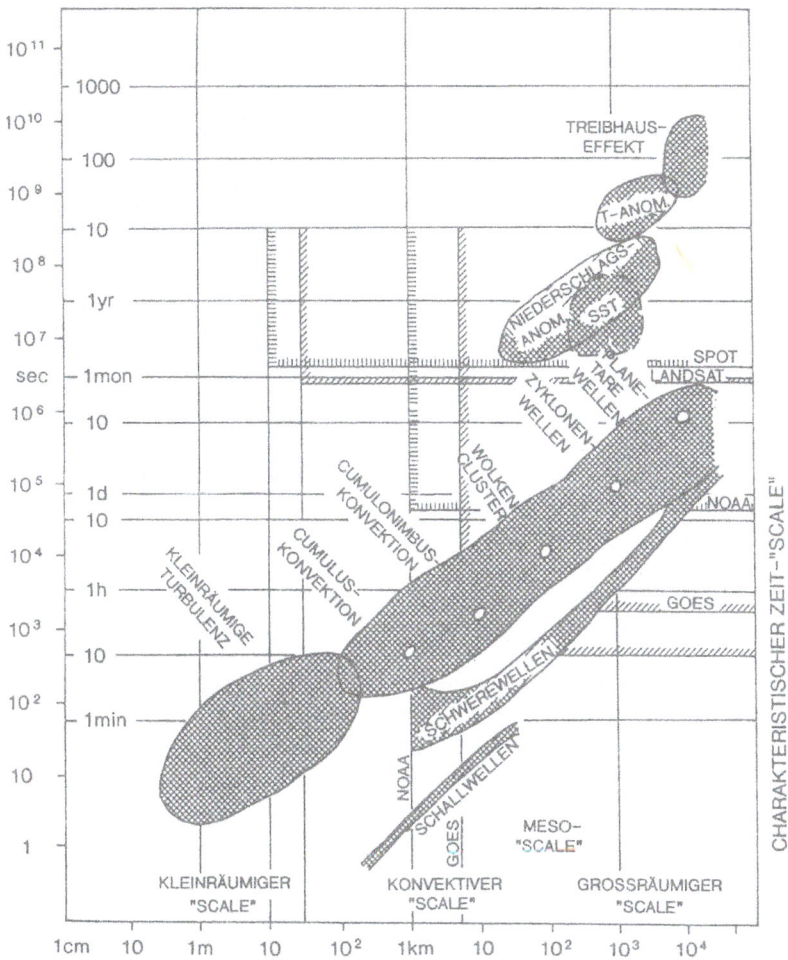

Abb. 3.1. Verbindung von Längen- und Zeitscale. Sie ist logarithmisch aufgeteilt, d. h. von links unten (1 cm/1 s) geht es zu größeren Einheiten in Zehnerschritten über 1 m/1 min zu 1 /1 Stunde bis hin zu mehr als 10⁴ km/10 Tage. Eingezeichnet sind auch die typischen Meßbereiche von einigen Satellitensystemen: NOAA kann halbtägig Informationen mit einer Auflösung von 1 km bringen, GOES (und Meteosat) halbstündig, aber nur 2–5 km, Landsat überfliegt nur etwa alle 16 Tage einmal einen Ort, kann dann aber bis 30 m genaue Informationen geben, und Spot kann dies sogar bis 10 m genau. (Aus Fortak 1977, modifiziert von Spänkuch 1993)

abschätzte (s=Sekunden, m=Meter). Dieses willkommene Ordnungsprinzip bedeutet nichts anderes, als daß großräumige Erscheinungen von längerem Bestand sind, während rasche Änderungen typisch für kleinräumige Vorgänge sind (Tabelle 3.1).

Deshalb ist auch das Messen und Beobachten der atmosphärischen Zustände und Bewegungen so schwierig und aufwendig, weil es nicht ausreicht, die Daten gelegentlich an einem Ort zu gewinnen. Vielmehr muß ständig und flächendeckend gemessen werden, was mit Hilfe von Satelliten und Radar immer besser möglich ist.

Der Meteorologe muß daher auch unterschiedliche Methoden anwenden, je nachdem, ob er die in weniger als 20 Minuten erfolgende Bildung eines Gewitters, das meist nur kleinräumig auftritt, erfassen oder ob er Landregen oder Sturmtiefs, die nahezu ganz Deutschland überdecken können, vorhersagen will. Letzteres sind Ereignisse, die meist viele Stunden lang andauern, aber auch viele Stunden zuvor erkennbar sind, während Gewitter zwar in einem größeren Gebiet erwartet werden können, aber erst im letzten Augenblick sich die genaue Lage und Stärke einer einzelnen Gewitterzelle zeigt.

Oft begnügt man sich damit, verschiedene *Größenordnungen* getrennt zu behandeln, um danach die Übergänge zu den kleineren oder größeren Scales zu beschreiben. So kann man heute durchaus die Bildung einer Gewitterzelle meßtechnisch erfassen und modellhaft berechnen, deren Einfluß auf das großräumige Wettergeschehen jedoch nur über eine Art von Mittelbildungen (Parametrisierungen) darstellen, weil sonst der Meß- und Rechenaufwand unvertretbar hoch würde. Allerdings muß man Musterbeispiele durchgerechnet haben, für die möglichst viele der geforderten Daten in umfangreichen Meßkampagnen gewonnen werden.

Ein Schönwettercumulus, wie er gern von Segelfliegern als Thermikanzeiger genutzt wird, ist selten größer als 1 km². Ein Gewitter (konvektive Wettererscheinung) kann bereits die 100- bis 10.000fache Fläche überdecken. Der Aufgleitwolkenschirm der Front eines Tiefdruckgebietes nimmt Flächen bis zu 500 × 1000 km² (500.000 km²) ein und gehört damit zum Mesoscale.

Obwohl die Einteilung der einzelnen Maßstäbe nicht einheitlich festgelegt ist, wird die in Tabelle 3.1 beschriebene Vierteilung in der Meteorologie überwiegend

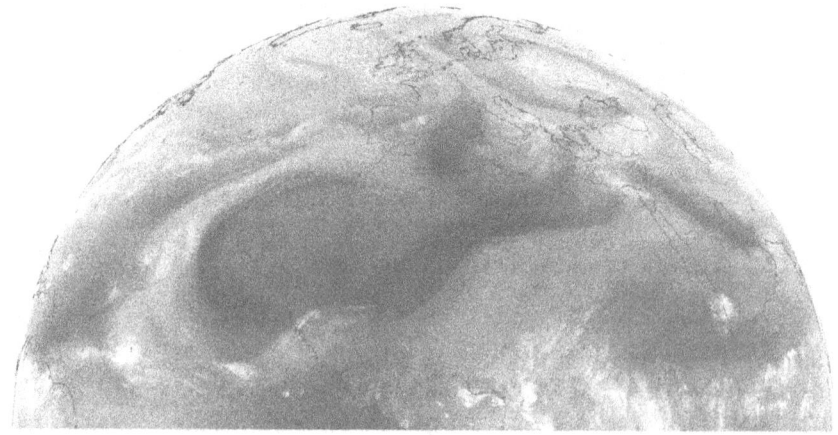

Abb. 3.3. Satellitenbild im Wasserdampfkanal vom 20.11.1997, 05.30 UTC. Im Bereich der Wellenlängen 5,7–7,1 µm zeichnen sich hohe Wasserdampfkonzentrationen in der Atmosphäre als helle Bänder ab. Je geringer die vorhandenen Mengen sind (z. B. über der Sahara und dem Seegebiet westlich von Afrika), desto dunkler wird die Darstellung. (Inst. f. Meteorologie, FU Berlin)

genutzt, soweit sie sich mit dem *Flächenscale* befaßt. Für viele Abläufe des Wettergeschehens sind auch die benötigten *Zeiteinheiten* ausschlaggebend.

Der großräumige Scale umfaßt die Größenordnungen von Hochs und Tiefs, den
synoptischen Wettererscheinungen, die meist 1–5 Tage bestehen, bis hin zu den
planetarischen Wellen, die eine Lebensdauer von 10 und mehr Tagen haben.

Für jede der 4 Flächen-Zeit-Größenordnungen sind sehr unterschiedliche Methoden für Messungen und auch für Vorhersagen notwendig (Abb. 3.1). Je höher
auflösende Vorhersagen notwendig sind, desto aufwendiger wird die Messung und
desto schwieriger wird die Prognose. Für ein Gebiet wie Norddeutschland reicht es
prinzipiell aus, zu sagen, daß "heute nachmittag örtlich Gewitter zu erwarten
sind". Der Landwirt und der Urlauber, die den Nachmittag im Freien verbringen
wollen, möchten jedoch möglichst genau wissen, ob und wann das Gewitter bei ihnen eintreffen wird, vor allem auch wieviel Regen fallen wird, ob Sturmböen oder
Hagel auftreten werden usw.

Bisher ist nicht zufriedenstellend geklärt, wie die ungeheure Energie, die in einem Gewitter nahezu punktuell umgesetzt wird, sich auf eine größere Fläche verteilt. Man weiß, daß oftmals auch mehrere Gewitterzellen zu sogenannten Clustern
zusammenwachsen können, die ihrerseits eine Vorstufe zu einer eigenständigen
Tiefdruckbildung sind. Solche Cluster können in unseren gemäßigten Breiten
$100 \times 200 \text{ km}^2 = 20.000 \text{ km}^2$ groß werden, in den Subtropen und Tropen auch noch
erheblich größer. Meßtechnisch können sie nur noch mittels Radar und Satellitenbeobachtung erfaßt werden, nicht mehr mit ortsfesten Einzelmessungen (Abb. 3.2,
Farbteil und 3.3).

Das wesentliche Problem bei der Erfassung der Übergänge von einem Maßstab
in den nächsthöheren oder -niedrigeren ist die dabei auftretende sprunghafte Änderung der Energieumsetzungen: Wie Satellitenbilder zeigen, ist die Luftfeuchtigkeit, die sich vor allem in den Wolken manifestiert, in der Atmosphäre sowohl in
der Höhe als auch in der geographischen Verteilung sehr unterschiedlich
(s. Abb. 3.3). Aber auch wo sich keine Wolken bilden, kann in der Luft bei hoher
Temperatur durchaus viel Luftfeuchtigkeit enthalten sein, die bei einer Verfrach-
tung in Richtung Pol unter entsprechenden atmosphärischen Bedingungen Wolken, letztendlich ganze Tiefdruckgebiete bilden kann. Großräumig läßt sich dieser
Vorgang heute in Computermodellen nachvollziehen und für die Prognose nutzen. Im kleinräumigen Maßstab und auch für konvektive Prozesse ist dies bisher
nur ansatzweise möglich, insbesondere weil dafür zahllose Messungen benötigt
werden, die weder bezahlbar noch durchführbar sind (s. jedoch Kap. 3.3).

Die Abnehmer von Wettervorhersagen, also die Kunden der Meteorologen, können hoffen, daß mit dem Einsatz sehr feinmaschiger Vorhersagemodelle, wie sie
für etwa 2001 in Deutschland vorgesehen sind, sowie mit Hilfe ausgeklügelter
Meßtechnik (Radar, Satellit, Wetterbeobachtung u. a) und nahezu verzögerungs-
freier Datenübermittlung rechtzeitig vor Gewittern und/oder anderen kurzfristigen Wetterunbilden gewarnt werden kann.

3.2 Messen der Wetterelemente in Bodennähe – eine Wetterstation

Alle Wetterstationen der Erde sind gleichartig ausgerüstet. Kernstück ist die *Wetterhütte* oder "Englische Hütte"(s. Abb. 3.4, Farbteil). Die in ihr enthaltenen Thermometer sind sonnengeschützt ("im Schatten") und wegen der Lamellenwände gut belüftet. Alle Wetterhütten sind so gebaut, daß die Geräte in 2 m Höhe oberhalb der untersten, von der Erdoberfläche am stärksten beeinflußten Luftschicht stehen. Für die Aufstellung der Hütten und aller Geräte gibt es genaue Vorschriften, die von der WMO (Weltmeteorologische Organisation) rund um die Erde für verbindlich erklärt sind.

Zu einer Wetterstation gehört das *Bodenmeßfeld* (Abb. 3.5, Farbteil) mit weiteren Thermometern, mindestens einem Regenmesser sowie einer planierten Stelle zum Messen eventueller Schneehöhen. Überhaupt soll eine Wetterstation auf einer möglichst freien Stelle, am besten einer Wiese, eingerichtet werden. Die Hütte darf im Tagesverlauf nicht in den Schatten von umstehenden Bäumen oder Häusern geraten.

In 5 cm Höhe ist das sogenannte Erdbodenthermometer aufgestellt. Gelegentlich hört man im Wetterbericht, daß "am Erdboden die Temperatur bis –5°C sank" – das ist die an diesem Thermometer gemessene Minimumtemperatur. Sie ist deshalb meist wesentlich tiefer als die Temperatur in 2 m Höhe, weil sich in Bodennähe die kältere und damit spezifisch schwerere Luft sammelt. Dieser Effekt kann besonders in Muldenlagen sehr ausgeprägt sein und die gesamte unterste Luftschicht erfassen. Im Bereich einer Großstadt wie Berlin können auf nur geringe Entfernungen große Temperaturunterschiede bis zu 12°C auftreten: In der dicht bebauten Innenstadt wurde z. B. am 3. Juni 1985 morgens am Alexanderplatz eine Tiefsttemperatur von 14,3°C gemessen, am Rande der Stadt bei Spandau an der Station Eiskeller nur 2,5°C.

Die *Bodenthermometer* zeigen sehr gut, wie sich die Änderung der Temperatur mit zunehmender Tiefe verzögert: So wird in 3 m Tiefe die tiefste Temperatur im Durchschnitt im März, die höchste im September erreicht. In 10 m Tiefe ist nahezu keine Schwankung mehr zu beobachten. Deshalb sind auch die tief in Berge eingelassenen Keller der Weinanbaugebiete so gut temperiert – sie haben die Jahresmitteltemperatur, am Oberrhein also etwa 14°C, was eine gute Weinlagertemperatur ist.

Zu jeder Wetterstation gehört ein *Regenmesser*, der so geeicht ist, daß ein Meßglas die gefallene Niederschlagsmenge sofort als Liter pro Quadratmeter angibt. Allein in Berlin gibt es etwa 125 großenteils automatisch registrierende Regenmesser, in Deutschland mehrere tausend. Viele dieser Geräte werden von Forst-, Wasser- und Gewässerbetrieben betreut.

Windmeßgeräte (Abb. 3.6, Farbteil) sollen wenigstens 10 m über die benachbarten Häuser und Bäume in die Luft reichen, weil sonst der Einfluß des Bewuchses und der Bebauung die Messungen verfälschen würde. Dies ist nur mit einem hohen Mast erreichbar. Oft verändert sich die Umgebung einer Station im Laufe der Zeit durch Neubauten, aber auch durch das Wachstum der Bäume. So mußte z. B. das in Berlin-Dahlem stehende Gerät im Jahre 1983 um 3 m aufgestockt werden, weil die Bäume der Umgebung in den vergangenen 30 Jahren entsprechend höher geworden waren.

Vergleichbare Messungen sind jedoch auf diese Art selbst in einem begrenzten Stadtgebiet nur bedingt möglich: So weht der Wind in Dahlem im Mittel um etwa ein Beaufort (etwa 2–3 m/s) schwächer als an der freiliegenden Meßstelle Flughafen Tempelhof.

Bei einer Wetterbeobachtung muß jemand auch "beobachten", d. h. diejenigen Wetterelemente aufnehmen, die üblicherweise nicht gemessen werden. Bei normalen bemannten Wetterstationen sind dies: Augenblickliches Wetter (z. B. Regen, Schauer o. ä.), Sichtweite anhand von Sichtmarken in der Umgebung (z. B. Türme, Bergkuppen u. ä.) sowie Bewölkungsmenge und -art. Der Luftdruck wird im Haus abgelesen. Heute gibt es sehr genau messende Geräte zur Bestimmung der Sichtweite und auch der Wolkenuntergrenze; dies wird insbesondere in der Luftfahrt benötigt. Dagegen sind augenblickliches Wetter sowie die Bewölkung nur umständlich und kostenintensiv zu messen.

Etwa 200 vollständig ausgerüstete Wetterstationen, die täglich zu bestimmten Zeiten messen und melden, betreiben in Deutschland überwiegend der Deutsche Wetterdienst (DWD) und der Geophysikalische Beratungsdienst der Bundeswehr. Außerdem betreut der DWD zahlreiche sogenannte Klimastationen, die nur in Ausnahmefällen, z. B. bei Hagel, sofort melden, sonst ihre Messungen monatlich der Zentrale übermitteln.

An vollständig ausgerüsteten Wetterstationen werden außerdem die sehr wichtigen Strahlungskomponenten gemessen. Die von der Sonne kommende kurzwellige Strahlung wird in der Atmosphäre und an den Wolken gestreut und erwärmt vor allem die Erd- bzw. Wasseroberfläche. Der Erwärmung entsprechend steigt die Temperatur, und die Oberflächen senden langwellige Strahlung aus.

Gemessen werden folgende Komponenten: *Direkte Sonnenstrahlung und diffuse Himmelsstrahlung* (Abb. 3.7a, Farbteil), *atmosphärische Gegenstrahlung und Ausstrahlung der Erdoberfläche* (Abb. 3.7b, Farbteil) sowie die reflektierte *kurzwellige Strahlung*. Damit ist der gesamte Wärmefluß der untersten Atmosphäre erfaßbar.

Das älteste Strahlungsmeßgerät ist der *Sonnenscheinautograph*, oft auch "Schusterkugel" genannt, denn die Sonnenstrahlung wird mittels einer Glaskugel fokussiert, so daß auf einem Papierstreifen eine Spur eingebrannt wird. Hiermit läßt sich die Dauer des Sonnenscheins bestimmen, jedoch nicht die Intensität, die mit den zuvor beschriebenen Geräten erfaßt wird. Man benutzt den Sonnenscheinautographen, den es seit etwa 100 Jahren gibt, auch heute noch, um vergleichbare Werte zu erhalten – möchte doch jeder Tourist die Sonnenscheindauer an seinem Urlaubsort wissen; mit einer Strahlungsmengenangabe kann er dagegen nichts anfangen.

Jede Wetterbeobachtung muß die Wolken in Art und Menge, Höhenlage und Aussehen festhalten (Abb. 3.8, Farbteil). Dies ist in der Wolkenklassifikation der WMO (Weltorganisation für Meteorologie) verbindlich geregelt, ebenso wie die Wolkennamen und deren Abkürzungen: z. B. Cu = Cumulus, St = Stratus, Ci = Cirrus.

3.3   Messen der Wetterelemente in der Atmosphäre – die dritte Dimension

Mit der Beobachtung der Wolken, die ja oberhalb einer Wetterstation in der Atmosphäre entstehen, driften und vergehen, kommt die dritte Dimension ins Spiel: Es erweist sich die Notwendigkeit, Meßwerte aus der über uns liegenden Atmosphäre zu erhalten, um überhaupt etwas über Wolken und Niederschlag aussagen zu können. Hierzu werden im wesentlichen Radiosonden- und Radarmessungen genutzt, vor allem aber Fernerkundungsmethoden, d. h. die Meßfühler und Instrumente messen nicht mehr "in situ", an Ort und Stelle, wie bei den direkten Meßverfahren, sondern die atmosphärischen Meßwerte werden weit entfernt gewonnen (Fernerkundung; engl.: remote sensing).

Man unterscheidet daher zwischen *aktiven und passiven Fernerkundungsverfahren*: Aktive Verfahren (z. B. Radar) nutzen die Reaktion der Atmosphäre auf ausgesandte elektromagnetische oder Schallimpulse, passive Verfahren erfassen die atmosphärischen Eigensignale.

Je nach genutzter Wellenlänge können unterschiedliche Eigenschaften erfaßt werden. Zum Beispiel erlaubt es die Radarwellenlänge von 3–10 cm (je nach Gerätetyp), Niederschlagspartikel zu erfassen. Kürzere Wellenlängen ermöglichen es, Änderungen des Brechungsindex und damit Temperatur sowie Windverteilung in der Atmosphäre zu messen.

In Satelliten werden überwiegend passive Meßinstrumente eingesetzt. Sie nehmen die von der Erde, den Wolken oder vom Weltraum kommende Strahlung in verschiedenen Wellenlängenbereichen auf, aus denen Vertikalprofile von Temperatur und Feuchte berechnet werden können. Ebenso arbeiten spektroskopische bodengebundene Geräte. Sinngemäß ist auch das menschliche Auge ein passiver Sensor, denn es nimmt lediglich die auftreffende Strahlung wahr.

Geschichtliches: Meßverfahren für die ganze Atmosphäre

Die Beobachtung der Atmosphäre hat auf Bergen begonnen, so im Jahre 1780 auf dem Hohenpeißenberg in Bayern, der inzwischen eine der längsten Meßreihen überhaupt hat. Bald wurden Heißluftballone für erste Sondierungen genutzt, z. B. durch die Engländer Glaisher und Coxwell um 1860 herum. Zwischen 1889 und 1900 erfolgten von Berlin aus zahlreiche Ballonaufstiege, die insgesamt den Aufbau der Atmosphäre erschlossen. Zu Beginn dieses Jahrhunderts bis in die 20er Jahre wurden Flugzeuge und Drachen für die meteorologischen Messungen in der Atmosphäre genutzt, bis im Jahre 1927 Moltschanoff die *Radiosonde* erfand. Schon in den 30er Jahren entstand ein Radiosondenmeßnetz vor allem in Europa und den USA, mit dessen Meßwerten tägliche Höhenwetterkarten erstellt werden konnten. *Richard Scherhag* begann 1934 an der Seewarte in Hamburg mit deren regelmäßiger Analyse.

Geradezu revolutionär veränderten vor allem zwei technologische Entwicklungen der letzten 50 Jahre den Charakter der Meteorologie: *Satelliten und Computer*. Mit dem 1. April 1960, dem Start des ersten Wettersatelliten TIROS 1 (USA), konnten die Meteorologen zweimal täglich aus 1000 km Höhe im sichtbaren und infraroten "Licht" sehen, wie *globales* Wetter aussieht und wie es sich organisiert. Nie gesehene Bilder und Strukturen mußten und konnten identifiziert und in Gewohntes umgesetzt werden. Man lernte schnell.

Genau drei Jahre später regte der 4. WMO-Kongreß an, ein neues Konzept eines modernen Weltwettersystems zu entwerfen. Der 5. WMO-Kongreß schuf dann im April 1967 mit dem *WWW (World Weather Watch)* die noch heute erfolgreichen Grundlagen der modernen Meteorologie. Kurz zuvor, am 7.12.1966, war mit ATS 1 (USA) ein neuer Typ Wettersatellit gestartet: Er und seine Nachfolger, z. B. Meteosat, waren nun in der Lage, äußerst informative und attraktive Wetterfilme zu produzieren und weltweit anzubieten. Heute kennt sie jedermann vom heimischen Fernseher.

Die Rolle der Wettersatelliten kann kaum überschätzt werden. Nicht nur, daß 5 Satelliten vom geostationären Typ ausreichen (6 sind in Betrieb), alle halbe Stunde Strahlungsdaten in Form von "Bildern" zu liefern, die unseren Globus umspannen, sie sind auch in der Lage, auf indirektem Wege, z. B. durch Messung von Wolkenverlagerungen, aktuelle Strömungsvektoren zu bestimmen, deren Kenntnis vor allem in den Tropen (1/3 der Erdoberfläche!) wegen der dort erfolgenden riesigen Energieumsetzungen besonders wichtig ist.

Seit den 80er Jahren werden mehr und mehr kontinuierlich arbeitende Fernerkundungssysteme eingesetzt, die die Atmosphäre in allen Zustandsgrößen erfassen können.

Vom Boden aus wird die dritte Dimension erschlossen

Zahlreiche Geräte arbeiten vom Boden aus, sei es daß sie regelmäßig gestartet werden, wie z. B. Radiosonden (Abb. 3.9, Farbteil), um die Wetterelemente bis in Höhen von 30 oder 40 km zu messen, sei es daß sie fest installiert flächenhaft Informationen aus der Atmosphäre beschaffen, wie z. B. Radar.

Radiosonden operieren von einem Punkt aus und liefern auch nur *ein* Vertikalprofil atmosphärischer Elemente. Mittels *Wetterradar* kann dagegen ein Rundumblick erfolgen, sowohl horizontal als auch vertikal. Moderne Dopplerradargeräte, die mit leistungsfähigen Computern gekoppelt sind, leisten mittels "Volume-Scan" (Abtastung von Volumensegmenten der Atmosphäre) zweierlei: Sie zeigen horizontale und vertikale Querschnitte der Verteilung und der Intensität des Niederschlags in Wolken sowie die Bewegung dieser Wolkenteile, so daß daraus auch Informationen über Windfelder innerhalb der Niederschlagsgebiete *und* deren Verlagerung gewonnen werden können (Abb. 3.10, Farbteil).

Diese dreidimensionale Erfassung von Niederschlagsgebieten geschieht kontinuierlich; damit ist die Zeit, die vierte Dimension, eingeschlossen, und kurzfristige Aussagen über das Verhalten von z. B. Gewittern werden möglich. Das Aufwachsen der Gewitterzellen, deren Umwandlung von Regen- in Eiswolken und auch deren Vergehen ist sehr gut zu dokumentieren. Radar ist somit das wichtigste Hilfsmittel des Meteorologen oder Wetterberaters im Nowcasting-Bereich (s. Kap. 4), um Warnungen vor Gefährdungen wie Starkregen, Hagel, starken Böen und auch Schnee geben zu können. Bei guter Kenntnis atmosphärischer Vorgänge kann der Meteorologe aus der vierdimensionalen Entwicklung der Radarmessungen Prognosen geben, die jedoch mit diesem Hilfsmittel allein nicht über eine Stunde hinausgehen können. Diese Möglichkeit gewährleistet z. B. an Flughäfen einen sicheren Flugbetrieb. Wenn die Flugsicherung vorgewarnt ist, daß innerhalb der kommenden Stunde mit Gewitterböen und Hagel zu rechnen ist, reicht es aus, kurz vor dem Eintritt dieses Ereignisses zu warnen und dann den Flugbetrieb einzustellen. Je kürzer dieser Zeitraum ist, desto besser kann natürlich der Flughafen genutzt werden.

Seit einigen Jahren werden *Blitzortungssysteme* eingesetzt. Sie können im Minuten-Abstand Blitze auf etwa 100 m genau orten. Für die Wettervorhersage liefern sie wichtige Informationen, nämlich wo und wie oft Blitze auftreten. Daraus kann auf entstehende, sich verstärkende und vergehende Gewitter geschlossen werden. Noch besser lassen sich diese Informationen nutzen, wenn sie mit Radar- und/oder Satellitenbildern verglichen werden, indem sie grafisch übereinandergelegt werden (Abb. 3.11, Farbteil).

Für die Überwachung der Luftqualität werden seit mehr als 20 Jahren Schallradargeräte (SODAR = *SO*nic *D*etection *A*nd *R*anging) genutzt, um in den untersten etwa 1000 m den dreidimensionalen Windvektor und die Höhe von Inversionen zu bestimmen. Normalerweise sinkt die Temperatur mit zunehmender Höhe. Wenn sie dagegen z. B. bei winterlichen Hochdruckwetterlagen in Teilen der Atmosphäre wieder steigt, spricht man von Temperaturumkehr (=Inversion). Diese Meßgeräte ermöglichen es, jede Änderung der Temperatur und/oder der Luftfeuchtigkeit zu erfassen, wobei die Temperaturzunahme in einer Inversion besonders charakteristische Signale ergibt.

Je tiefer die Untergrenze der Inversion nämlich sinkt, desto weniger Raum steht für die Verteilung von Schadstoffen zur Verfügung, die Industrie, Autoverkehr und Heizungen produzieren, desto größer ist die Smoggefahr (*Sm*oke and *F*og).

Ein weiteres sehr vielseitiges Verfahren zur Bestimmung von Schadstoffen in der Atmosphäre, wie Schwefeldioxid, Stickstoffdioxid, Toluol, Ozon, aber auch von Temperatur- und Wasserdampfprofilen erfolgt mittels *LIDAR* (*L*ight *D*etecting *a*nd *R*anging). Dies ist ein auf den sehr kurzen Wellenlängen des Lichtes (UV bis nahes Infrarot) beruhendes Meßverfahren. Die Genauigkeit dieser Geräte, die in relativ kleinen Fahrzeugen transportabel sind, machen sie ideal für umweltanalytische Messungen und Kampagnen (Abb. 3.12, Farbteil).

Solche LIDAR-Geräte können auch kontinuierlich den Gehalt von Schadstoffen bis in die höchste Atmosphäre messen.

Flächenhafte Messung aus der Ferne – vom Satelliten aus

Wettersatellitenbilder sind – neben der Satellitenkommunikation – die in der Öffentlichkeit bekanntesten Satellitenanwendungen. Satellitenbilder geben eine gute Übersicht über die Verteilung, Struktur und Bewegung von Wolken und damit von Wettersystemen. Daraus lassen sich auch deren Stärke und Entwicklung ableiten (Abb. 3.13, Farbteil).

Wettersatelliten erfassen die Oberflächenstrahlung von Land, Ozeanen und Wolken in verschiedenen Wellenlängenbereichen; reflektiertes sichtbares Licht und Oberflächentemperatur im thermischen Infrarot sind die bekanntesten. Außerdem werden mit sogenannten Vertikalsondierungsgeräten Informationen über die vertikale Temperatur- und Feuchteverteilung gewonnen, die das lückenhafte Radiosondennetz ergänzen. Die meisten Daten liefert das TOVS-System der

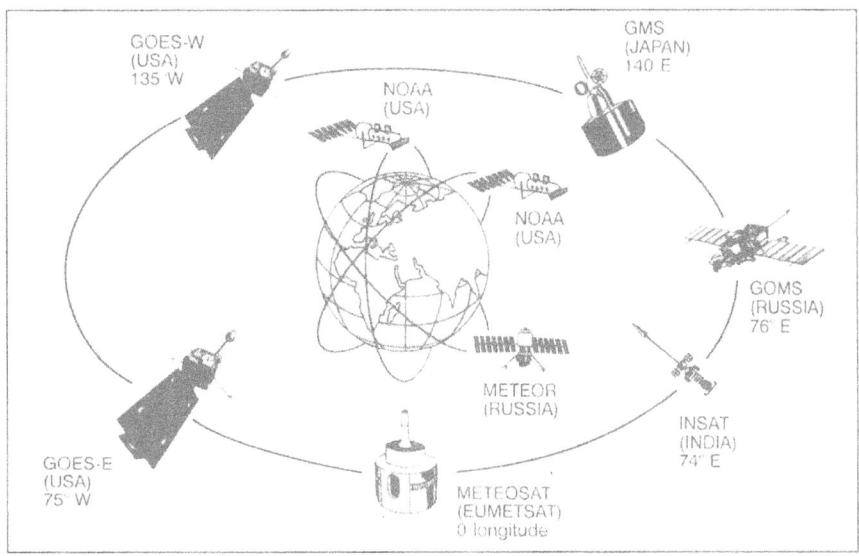

Abb. 3.14. Das weltumspannende Wettersatellitensystem: Derzeit überwachen 6 geostationäre Wettersatelliten sowie auf polarer Bahn die beiden amerikanischen NOAA- und der russische Meteor-Satellit die Atmosphäre. (Aus EUMETSAT, Image, No. 6, June 1997)

NOAA-Satelliten (*TOVS* = *TIROS* *Operational* *Vertical* *Sounder*; NOAA = National Oceanographic and Atmospheric Administration, der amerikanische Wetterdienst).

Mittels Fernerkundung werden inzwischen auch Spurengase der Atmosphäre, vor allem Ozon, erfaßt. Die aus Satellitenmessungen gewonnenen globalen Ozondaten lieferten in den 80er Jahren die ersten entscheidenden Erkenntnisse über die Ozonabnahme über der Antarktis.

Immer bedeutungsvoller wird der Einsatz von passiven und mehr und mehr auch aktiven Mikrowellenmeßgeräten, wobei die aktiven Systeme (Radar und Scatterometer = die Radarrückstreuung der Meeresoberfläche wird aus drei Richtungen gemessen und daraus der Wind bestimmt) sehr hochauflösend messen können. Mit ihnen können Niederschläge in Wolken bestimmt werden ebenso wie die vertikale Temperaturverteilung, die Wellenhöhe auf den Ozeanen, Feuchtigkeit im Boden sowie die Verteilung und Struktur von Meereis. Diese Systeme können sogar durch Wolken hindurch Meßwerte von Land- oder Seeoberflächen erfassen (Abb. 3.14).

Zwei Wettersatellitenbahnen sind gebräuchlich:

1. *Polarumlaufende Bahnen:* Der Wettersatellit fliegt in einer Höhe von 700–1000 km auf einer Bahn, die bei einer Neigung von 80° gegen die Äquatorebene mit dem Jahreslauf der Erde um die Sonne synchron ist. Diese Satelliten beobachten immer die sonnenbeschienene Seite der Erde, die Bahn wird daher auch sonnensynchron genannt. Da diese Satelliten für einen Umlauf etwa 100 Minuten benötigen, umfliegen sie in 24 Stunden etwa 14mal die Erde. An einer Empfangsstation in mittleren Breiten sind sie daher jeweils 3- bis 4mal nacheinan-

der aufzunehmen, bevor sie etwa 12 Stunden später erneut in den Empfangsbereich kommen.

2. *Geostationäre Satelliten*: Sie fliegen in der Äquatorebene in etwa 36.000 km Höhe. Dort beträgt die Umlaufzeit genau 24 Stunden, womit erreicht wird, daß der Satellit immer über einem bestimmten Punkt der Erde steht (erdsynchrone Bahn). Zwischen etwa 70° Nord und Süd sind derzeit 6 derartige Satelliten im Einsatz: Meteosat wird von den Europäern, GOES West und GOES East von den US-Amerikanern, GMS von den Japanern, INSAT von den Indern und GOMS von den Russen betrieben.

Im Jahr 2001 wird *MSG (Meteosat Second Generation)* eingesetzt werden. Dieses neue Satellitensystem wird u. a. 15minütige Bildfolgen ermöglichen und vor allem mit wesentlich mehr Wellenlängenbereichsmessungen auch erheblich mehr Information bringen. Auch die geometrische Auflösung soll dank besserer Geräte statt derzeit 4–8 km dann 1–3 km betragen.

Die geostationären Satelliten bieten im Vergleich zu den polarumlaufenden viel häufigere Messungen. Allerdings erfassen sie die Polargebiete nördlich bzw. südlich des 70. Breitengrades nicht mehr. Dort jedoch werden diese Messungen von den polaren Satelliten in idealer Weise ergänzt: Da sie bei jedem Umlauf das Polargebiet beobachten, erfolgt auch dort eine nahezu lückenlose Überwachung.

Die bisher beschriebenen Meßgeräte und -verfahren werden routinemäßig als Grundlagen für die Wettervorhersage genutzt. Zahlreiche neuartige Meßverfahren sind in der Entwicklung.

Meßgeräte der neuen Generation

Moderne Technik ermöglicht es, von einem Ort aus die Atmosphäre genau und koninuierlich zu vermessen. Mit *Windprofiler-Radar* lassen sich, ebenso wie mit SODAR, Windprofile in der Vertikalen bestimmen, wobei der Höhenmeßbereich bei maximal 25 km liegt. Verbindet man Windprofiler-Radar mit SODAR, so erhält man das *RASS (Radio Acoustic Sounding System)*. Hier werden Schallwellen genutzt, um elektromagnetische Brechungsindexschwankungen in der Luft zu erzeugen, an denen die Radarwellen gestreut werden. Aus dieser Streuung kann die jeweilige Schallgeschwindigkeit bestimmt werden; sie hängt direkt von der Temperatur ab, so daß daraus die Temperaturverteilung in der Atmosphäre berechnet werden kann. Dieses Verfahren liefert Werte, die mit denjenigen vergleichbar sind, die von Radiosonden gewonnen werden (Abb. 3.15, Farbteil).

Mittels Windprofiler-Radar ist die Windstruktur in einer Auflösung von zeitlich 5–60 Minuten und vertikal von 50–500 m meßbar. Entsprechende Auflösungen sind auch für die Temperatur in der RASS-Betriebsart möglich. Dieses Gerät ist zwar derzeit im Vergleich zu einer Radiosondenmessung teurer, rechnet man jedoch die einmalige Anschaffung eines solchen Systems gegen die vielen hundert Radiosonden, die Empfangsstation und die Kosten der Betriebsmannschaft auf, amortisiert es sich bereits innerhalb von 1–2 Jahren. Allerdings sind Radiosondenmessungen zur Ergänzung der Windprofiler-Messungen weiterhin notwendig, weil sie einerseits den Höhenmeßbereich bis 30 km ergänzen und andererseits auch die Messung von Feuchte und Temperatur in diesem Bereich ermöglichen (Abb. 3.16 und 3.17, Farbteil).

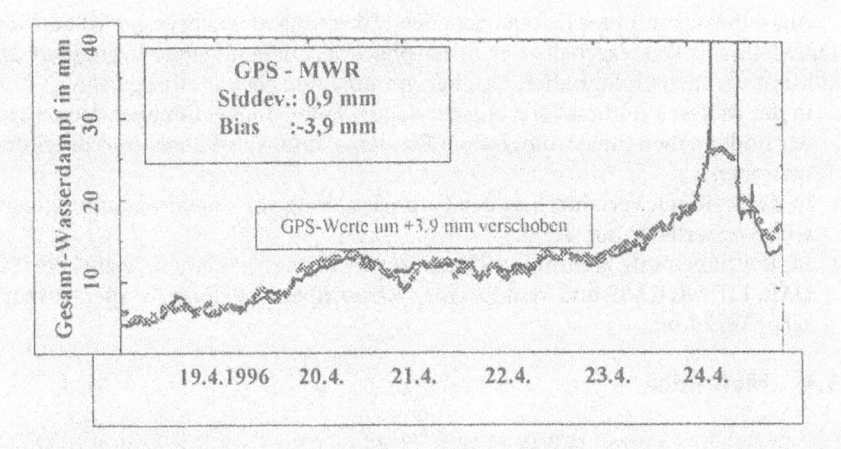

Abb. 3.18. Verlauf des Gesamtwasserdampfgehaltes in der Atmosphäre nach GPS-Sondierungen während einer Meßkampagne vom 19.–25.4.1996 in Lindenberg bei Berlin. Die an den Mikrowellenwerten (MWR) korrigierten GPS-Daten erweisen sich als sehr genau, und auch eine Regenperiode am 24.4. ist gut dokumentiert. (Aus G. Gendt 1996)

Bisher gibt es keine operationellen flächendeckenden Meßnetze für den atmosphärischen Gesamtwasserdampfgehalt. Aber unser Wetter ist ja gerade besonders stark beeinflußt vom Mangel oder vom Überfluß an Wolken (flüssige und feste Phase) und Wasserdampf in der Atmosphäre. Daher verspricht man sich viel von einem neuen Verfahren für die Messung des *Gesamtwasserdampfgehalts der Atmosphäre* mit Hilfe des *GPS* (Global Positioning System): Diese für sehr genaue Navigation genutzte Positionsbestimmung, z. B. für Anwendungen in der Geodäsie, für Flugzeuge und Autos und auch zur Radiosondenortung, beruht auf dem Zusammenspiel von insgesamt 24 um die Erde verteilten Satelliten, von denen immer mindestens 4 im Blickfeld eines Nutzers sind. Die Position kann theoretisch auf einige Millimeter genau bestimmt werden, jedoch wird diese Güte durch die ungleichmäßige Zusammensetzung der Atmosphäre beeinträchtigt. Vor allem die Luftfeuchtigkeit verursacht geringfügige Abweichungen, und diese Abweichungen können genutzt werden, um den Gesamtwasserdampfgehalt der Atmosphäre zu bestimmen. Damit kann diese Lücke im meteorologischen Beobachtungssystem geschlossen werden. In Europa gibt es bereits mehrere Netze für die *GPS-Feuchtigkeitsmessung*, so in Schweden, Norwegen und Irland (Abb. 3.18).

Da in der Atmosphäre Wasser sowohl in gasförmigem als auch in flüssigem oder festem Zustand vorkommt, ist es notwendig, alle Komponenten zu bestimmen. So sind *Mikrowellenradiometer* in der Lage, neben dem Gesamtwasserdampfgehalt der Atmosphäre, die in Wolken gebundene Flüssigkeitsmenge zu erfassen. Diese Instrumente haben den Vorteil, auch während der Nacht und unter wolkenverhangenem Himmel kontinuierlich mit einer hohen Auflösung zu messen.

Aus nahezu kontinuierlich betriebenen Mikrowellensondierungen ist auch der Tagesgang des Wassergehalts der Atmosphäre verblüffend genau darstellbar. Die Zukunft der meteorologischen Datengewinnung und -aufbereitung liegt

1. in der weiteren Automatisierung der sogenannten konventionellen Messungen der bodennahen meteorologischen Elemente, inklusive Radar- und Blitzinformationen,
2. in der weiteren Verfeinerung der Fernerkundung von Satelliten aus, inklusive GPS-Wasserdampfmessung,
3. im Routineeinsatz kontinuierlich messender Fernerkundungssysteme wie SODAR, LIDAR, RASS und Windprofiler-Radar, aber auch anderer spektroskopischer Verfahren.

3.4   Meßnetze

Das Beobachtungsnetz *WWW (World Weather Watch)* ist das größte in seinen Komponenten aufeinander abgestimmte Netz der Erde, bei dem sämtliche Meß- und Übertragungsverfahren im Rahmen der WMO international standardisiert sind. Nur so können die Ergebnisse schnell für die Wetterprognose genutzt werden. Das Netz besteht im einzelnen aus folgenden Komponenten:

- Rund 10.000 bemannte und automatische *Boden-Landstationen* erstellen zu festgelegten Zeiten *gleichzeitig* (nach Weltzeit *UTC* = *Universal Time Coordinated*, entspricht der früheren GMT = Greenwich Mean Time) rund um die Erde Wetterbeobachtungen. Sie werden als *Synop* (synoptische Beobachtung, d. h. für die Synoptik, die Zusammenschau) verschlüsselt und in das *GTS (Global Telecommunication System)* eingespeist. Dies erfolgt meist halbstündlich, teilweise nur 3stündlich.
- Weiterhin haben sich etwa 7000 *Handelsschiffe* verpflichtet, während ihrer Fahrt auf den Ozeanen, regelmäßig Wetter zu beobachten und als Schiffswettermeldung abzusetzen. Etwa 1000 bis 1500 Schiffe sind ständig auf Fahrt.
- Mehr als 3000 kommerzielle *Flugzeuge* erstellen Wetterinformationen während ihres Fluges, und sie melden inzwischen z. T. automatisch von ihrer jeweiligen Position zumindest die Wind- und Temperaturwerte, oft aber auch Angaben zur Turbulenz.
- 1997 gab es etwa 700 regelmäßig messende *Radiosondenstationen*. Hierbei messen Geräte, die an einem Ballon bis in Höhen von 40 km aufsteigen, Temperatur-, Feuchte- und Druckwerte, die mittels Funk zur Bodenstation gesendet werden. Sie können mittels Radar verfolgt werden. Aus diesen Daten werden Windrichtung und Geschwindigkeit ermittelt.
- Inzwischen gibt es mehr als 1000 im Ozean oder im nordpolaren Eis *driftende Bojen* (DRIBU), die ihre Meldungen via Satellit absetzen.
- Das Meßnetz der *Radarstationen* für Niederschlagsbeobachtung weitet sich derzeit, also Ende der 90er Jahre, erheblich aus, weil zahlreiche Länder nun flächendeckende Systeme einrichten. Etwa 500 Stationen sind in Betrieb.
- 6 *geostationäre Satelliten* liefern die vom Fernsehen bekannten Satellitenbildfolgen, aber auch SATOBs (Windvektoren gewonnen aus der Verlagerung von Wolkenelementen).

- Mindestens 4 *polumlaufende Satelliten* messen vertikale Temperaturprofile, sogenannte SATEMs, sowie Scatterometer-Winde, das sind die über Wasseroberflächen, also Ozeanen, ermittelten Windvektoren. Auch Wellenstruktur und Wassertemperatur läßt sich mittels Satellit gut bestimmen.

Die Datenflut dieses *globalen Beobachtungssystems (GOS* = Global Observing System) wird von 3 Weltzentren (Washington, Moskau, Melbourne) sowie etwa 25 Regionalzentren (in Europa u. a. Offenbach, Bracknell bei London, Toulouse, Prag, Rom und Sofia) über das GTS verteilt und aufbereitet.

Dieses System arbeitet tagaus, tagein. Bereits wenige Minuten nach der Beobachtung ist es möglich, von jeder Station der Erde jede gewünschte Meldung zu erhalten – routinemäßig. Inzwischen erfolgen erhebliche Teile des Datenaustauschs auch über das Internet, wobei die Daten nicht versandt werden wie beim GTS, sie werden vielmehr je nach Bedarf abgerufen. Via Internet ist ein noch rascherer Datenaustausch möglich als über das konventionelle GTS. Mit Hilfe von Nachrichtensatelliten ist sogar eine nahezu verzögerungsfreie Datenkommunikation möglich.

Für *Foschungsprogramme* wurden inzwischen mehrfach global angelegte Beobachtungs- und Meßkampagnen durchgeführt. Das erste wirklich globale Programm war das 1962 von der UNO beschlossene, 1978/79 durchgeführte FGGE

Datentyp	*Zahl der Beobachtungen*	
Bodendaten	1993	1997
Synop	36.399	43.314
Ship	4.363	4.189
Driftende Bojen (BUOY)	3.300	5.535
Daten aus der freien Atmosphäre		
Temp + Pilot	2.169	1.732
Air Reports	8.697	28.464
TOVS	+SATEM: 79.207	73.154
ERS-1	73.410	ERS-2: 23.225
SATEM	s. o.	5.245
SATOB	7.265	14.942

Tabelle 3.2. Am EZMW Reading weltweit eingegangene Daten an einem Tag im Jahre 1993 *(links)* und am 30.1.1997 *(rechts)*. Auffallend ist die seit 1993 erhebliche Zunahme nahezu aller Datenarten. Vor allem über Amerika gibt es viel mehr Flugzeugmeßwerte (Air Reports), weil ein neues System der Datenabfrage eingerichtet worden ist. Dagegen sind die mit dem Satellit ERS-2 gewonnenen Daten weniger, dafür jedoch erheblich genauer geworden. SATOB zur Gewinnung von Winddaten aus Wolkenverlagerungen hat sich zahlenmäßig verdoppelt, vor allem wegen des seit 1995 eingesetzten amerikanischen Satelliten GOES 8, der wesentlich bessere Daten liefert als die derzeit noch betriebenen 5 anderen geostationären Satelliten. Auch die Zahl der Bojen ist um etwa ein Drittel gewachsen, gut 1000 schwammen 1997 auf den Weltmeeren oder drifteten auf dem nordpolaren Eis. Die konventionellen Messungen mit Radiosonden ("Temps") haben weiter abgenommen, 1997 waren nur noch etwa 700 Stationen regelmäßig in Betrieb

(First Global GARP Experiment), wobei GARP wiederum ein Kürzel ist für Global Atmospheric Research Program. (Im englischsprachigen Slang wurde aus dem Kürzel FGGE übrigens "Fiddschie".) An diesem Projekt nahmen für zwei Monate etwa 25 Schiffe, 50 Flugzeuge und etwa 1000 Wissenschaftler teil. Für den Beginn des neuen Jahrhunderts ist das *WCRP (World Climate Research Program)* geplant, an dem weltumspannend für einige Monate nahezu 10.000 Wissenschaftler teilnehmen und umfangreiche Messungen der festen, flüssigen und gasförmigen Erde in Experimenten vornehmen sollen (Abb. 3.19, 3.20 und 3.21, Farbteil).

Diese weltweite große Anzahl von Wettermeldungen jeder Art wird verarbeitet und auch archiviert. Bis vor wenigen Jahren war eine Archivierung derartig großer Datenmengen eine ungemein kostspielige Angelegenheit, die in Europa nur vom EZMW (Europäisches Zentrum für mittelfristige Wettervorhersage) geleistet werden konnte. Mit bestimmten Datenspeicherungen sind jedoch auch nationale Wetterdienste von der WMO beauftragt: Der DWD z. B. sammelt und archiviert weltweit alle den Niederschlag betreffenden Daten (Tabelle 3.2).

4 Nowcasting – die ersten zwei Stunden

Werner Wehry

Nowcasting bedeutet *"Jetzt-Vorhersage"*, der Zeitraum von den ersten Minuten nach "Jetzt" bis zu zwei Stunden (z. B. Prognose von Gewitterböen). "Jetzt" kann dabei jede beliebige Zeit sein, an der der diensthabende Wetterberater seine Aussagen zu formulieren hat, welche Wetterereignisse in den nächsten 60–120 Minuten zu erwarten sind. Meist extrapoliert er horizontale und vertikale Verlagerungen und schätzt damit auch die Intensität bereits vorhandener oder gerade entstehender Wettersysteme wie Schauer, Gewitter, Schneefallgebiete usw. ab. Für diesen Vorhersagebereich ist der Wetterberater trotz aller Automatisierung der Datenaufbereitung und -präsentation voll gefordert. (*Wetterberater* sind die vorhersagenden Meteorologen; heutzutage sind dies meist graduierte Ingenieure, während diplomierte Meteorologen überwiegend im Forschungs- und Entwicklungsbereich arbeiten.)

4.1 Großer Aufwand für Nowcasting – Wetterüberwachung (Monitoring)

Um Nowcasting betreiben zu können, benötigt der Wetterberater sämtliche erreichbaren Wetterdaten, er muß das Wetter insgesamt überwachen. Dies bedeutet *Beobachten, Messen und Zusammenstellen von vielfältigen Informationen zum Zwecke sofortiger Reaktion bei Gefahrensituationen.* Der Arbeitsplatz eines Wetterberaters ähnelt dem eines "Wächters" in einer Leitzentrale (Polizei, Feuerwehr), der vor einem oder mehreren Bildschirmen (Monitoren) sitzt; sei es, um immer "im Bilde" zu sein, sei es, um begründet handeln zu können. Ebenso geht es dem Wetterberater, der Nowcasting betreibt. Er arbeitet ebenfalls mit vielen Monitoren, um eine genaue Kenntnis (Analyse) der Ausgangswetterlage, des gegenwärtigen Wetterzustandes zu erhalten, den er überwacht. Diese Tätigkeit wird deshalb *Monitoring* genannt. Dabei sind vier Teilbereiche zu unterscheiden:

a) Die Datenassimilation (Sammlung und Aufbereitung aller Meßwerte) erfolgt inzwischen nahezu vollständig automatisch und erlaubt eine Analyse und Präsentation des aktuellen Wetters zu bestimmten Zeitpunkten. Viele Daten werden inzwischen weitgehend kontinuierlich verarbeitet, nicht mehr wie Wetterbeobachtungen zu diskreten (z. B. stündlichen) Abständen. Hierbei handelt es sich mehr und mehr um flächendeckende Informationen aus Satelliten-, Radar- und Blitzortungssystemen, von Flugzeugen und Profilern.

b) Das Wetter der vergangenen Stunden muß nachvollziehbar sein. So ist es anhand von Radar- und Satellitenfilmen möglich, visuell und qualitativ die Wetterentwicklung zu erfassen. Die dabei auftretenden Änderungen sind rasch extrapolierbar. Mehr und mehr werden hierzu objektive und nahezu automatische Verfahren angewandt.

c) Der lokale Hintergrund, die genaue Kenntnis des Klimas eines Ortes oder einer Region muß in einer Datenbank gespeichert sein. Mittels statistischer Verfahren sind hieraus typische Änderungen ableitbar, z. B. der Tagesverlauf bei bestimmten Wetterlagen.

d) Seine Erfahrung erlaubt es dem Wetterberater, die Voraussetzungen a) bis c) zusammenzufassen und mit ihrer Hilfe eine gute Prognose zu erstellen.

4.2   Wann löst sich der Nebel auf? Wie gefährlich wird das Gewitter?

Dies sind typische Fragen der Kunden an den Wetterberater, die er zu informieren hat, sobald ein gefährliches oder zumindest den Kunden interessierendes Ereignis unmittelbar bevorsteht. Nur mit Hilfe aller seiner Informationen und Datensysteme kann er hoffen, die richtige Antwort zu geben – gerade bei der Nebelvorhersage liegt er noch immer häufig daneben; eine richtige Gewitter-/Unwetterwarnung dagegen kann viel Schaden verhindern.

In der Luftfahrt z. B. ist es an vielen Flughäfen auch heute noch sehr wichtig, über Sichtweite, eventuellen Nebel und deren zukünftigen Verlauf Bescheid zu wissen. Allein mit einer Extrapolation der derzeitigen Sichtverhältnisse ist der Verlauf nicht vorherzusagen.

Was benötigt der Wetterberater zur Beantwortung dieser Fragen? Er braucht vor allem die komplette Information über alle aktuellen Wettervorgänge. Deshalb betreibt er das Monitoring. Zusätzlich helfen ihm auch Rechnungen numerischer Modelle. Aus ihnen ist stündlich die Änderung der Temperatur und Feuchte im regionalen Maßstab entnehmbar, daraus wiederum zumindest der wesentliche Hinweis, wann der Nebel sich auflösen wird, oder ob Gewitter zu erwarten sind. Allerdings geben diese Rechnungen nur einen allgemeinen Überblick, und vor allen werden sie nur alle 6 oder gar 12 Stunden erneut gerechnet.

Typische Fragen an den Nowcasting-Wetterberater sind aber auch solche nach "normalem" Wetter, etwa wenn ein Bauunternehmer wissen möchte: "Wann hört der Regen auf?" Oder ein Fotograf fragt: "Wird demnächst noch die Sonne scheinen?" Auch diese Antworten sind mittels Extrapolation des Istzustandes und Kenntnis der neuesten Meldungen sowie aufgrund der Erfahrung des Wetterberaters zu geben.

Dank sehr schneller Datenübertragung und -verarbeitung erhält der Wetterberater alle Informationen bereits wenige Minuten nach ihrer Messung und Aufbereitung im Zentralcomputer. Dafür hat er derzeit noch eine Batterie von Bildschirmen vor sich, die ihm neben den aktuellen Satelliten-, Radar-, Blitz- und Wetterbeobachtungen auch noch die zahlreichen Karten- und Einzelinformationen aus den gerechneten Vorhersagen zeigen.

Diese Batterie soll in Zukunft mit Hilfe von automatisierten Auswertungen verkleinert werden, damit der Wetterberater nicht im Überfluß der Daten ertrinkt. Wie soll er auch die verschiedenen und sehr unterschiedlich aussehenden Informationen "unter einem Hut", also in seinem Kopf auswerten, wie soll er die Übersicht behalten? Nach und nach werden nun Programme entwickelt, die dem Now-

caster lediglich die wichtigen Meldungen zukommen lassen, wo vielleicht gerade
ein Gewitter entsteht, wie stark es sich im Radarbild ausprägt, wo auch Hagel- oder
Starkniederschlag zu erwarten sind. Prinzipiell kann sich die erste Information auf
Schwellenwerte beschränken, bei deren Erreichen der Wetterberater tätig werden
und bestimmte Kunden vor Wetterereignissen warnen muß. Die gesamte Informationsflut muß er nicht immer vor Augen haben, vielmehr kann er Radar-, Satelli-
ten- oder Wetterbeobachtungen nach Wunsch aufrufen oder auch z. B. Satelliten-
und Blitzinformationen überlagern, um ein möglichst dreidimensionales Bild zu
erhalten (Abb. 4.1, Farbteil). Mit speziellen Verfahren ist es auch möglich, die mittels Radar- oder Satellitenbeobachtung gewonnene Lage von Gewitter- oder Nie-
derschlagszellen zeitlich zu extrapolieren, zu verlagern.

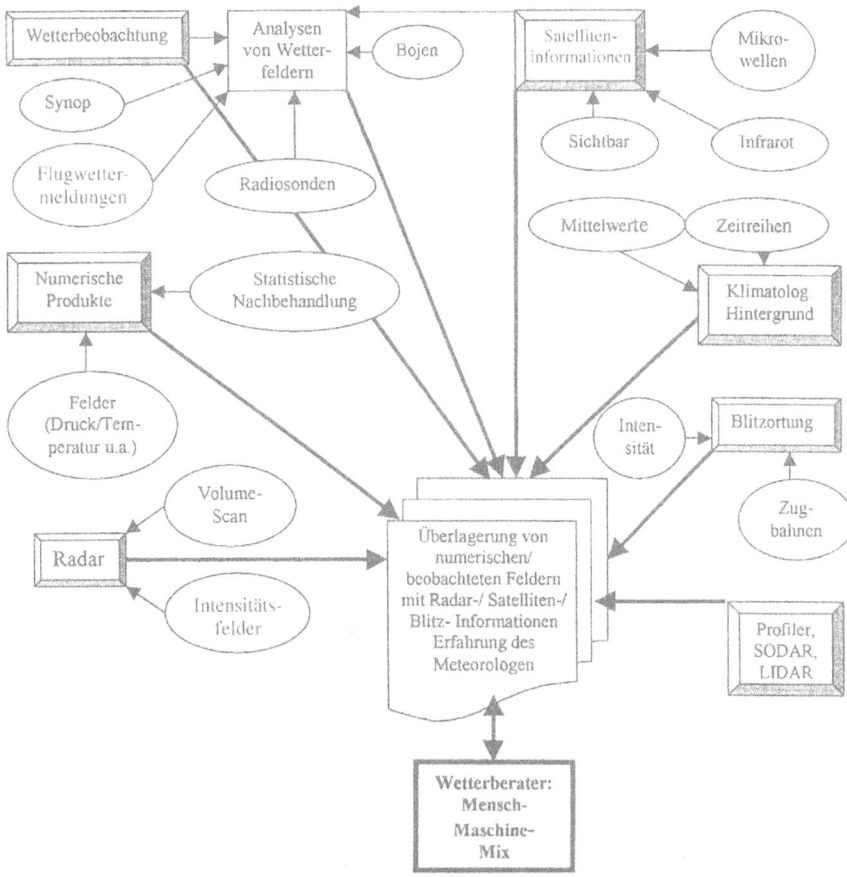

Abb. 4.2. Die Informationsflut für den Nowcaster. Dem Wetterberater wird die gesamte Palette meteorologischer Informationen für seine Nowcasting-Arbeit angeboten. Diese Daten kann er nicht ständig
verarbeiten, so daß er überwiegend das Endsystem mit weiterverarbeiteten Daten und vor allem Feldern zu nutzen hat. Diese Informationen muß er gewichten und nutzt deshalb seine eigenen Erfahrungen und sein Können zusammen mit den Maschinendaten

Geübte und erfahrene Meteorologen schaffen es, diese Informationsflut ständig "im Griff" zu haben (Abb. 4.2). Oft aber fehlen objektive Kriterien, die es erlauben zu entscheiden, ob die Gewitterzelle südwestlich oder diejenige im Norden der Station zum Unwetter wird – oder keine von beiden. Derartige objektive Kriterien, die dann auch automatisiert werden können, entwickeln derzeit alle Wetterdienste für die Nowcasting-Vorhersagesysteme, die bisher zu den am intensivsten vom Menschen betreuten Systemen gehören.

Die Kombination von Monitoring, Auswertung des gerade vergangenen Wetters, Kenntnis der örtlichen Gegebenheiten und Erfahrung des Wetterberaters erfordert den größten technischen Aufwand im Bereich der Wettervorhersage. Natürlich werden sämtliche hier benötigten Informationen auch für die weiterreichenden Prognosezeiträume genutzt. Der Nowcaster darf nicht nur die nächsten 2 Stunden bearbeiten, er muß die gesamte Zeitspanne des Kurzfristbereichs, also etwa 36 Stunden im voraus, kennen; das sind mindestens 2 weitere Größenordnungen bzw. Vorhersagebereiche.

Nowcasting erfordert gänzlich andere Methoden als etwa die Formulierung der Wetterprognose für morgen. Der Wetterberater muß immer direkt "am Wetter" sein. Er darf nicht nur die durch das Monitoring bereitgestellten Daten berücksichtigen, er muß auch aus dem Fenster schauen, um die allerneuesten Entwicklungen selbst beurteilen zu können. Dies bedeutet, daß es ein Wetterberater sehr schwer hat, wenn er von einer Zentrale aus Nowcasting betreiben soll. Auch die Informationen, die er oftmals in Live-Interviews für Rundfunksender zu geben hat, sind dann am besten, wenn er sehen kann, was um ihn herum vorgeht – von Hamburg aus Nowcasting für Hannover oder Rostock zu betreiben ist sehr schwierig. Rundblick-Videoübertragungen, wie sie seit längerem zeitweise im Fernsehen (Bayerischer Rundfunk, 3SAT) aus dem Alpenbereich gezeigt werden, könnten daher auch in anderen Regionen sehr nützlich sein.

4.3   Nutzung empirischer Verfahren

Schwierig wird es, wenn nach der Stärke eines Gewitterregens oder nach der Möglichkeit von Hagel oder gar der eventuellen Hagelkorngröße gefragt wird. Hier helfen die allerneuesten Beobachtungen sowie Satelliten-, Radar- und Blitzinformationen nur indirekt. Für eine Hagelvorhersage gibt es bisher keine Angaben aus den gerechneten Computermodellen, der Wetterberater jedoch ist gefordert, Aussagen zu machen. Untersuchungen vor allem in der Schweiz haben ergeben, daß beispielsweise bei einer bestimmten Stärke von Radarechos und bei einer vorgegebenen Höhenlage der Frostgrenze in der Wolke mit Hagel zu rechnen ist. Nimmt man noch die augenblickliche Höhenerstreckung der Gewitterwolke aus dem letztverfügbaren Satellitenbild, kann man sogar auf die Hagelkorngröße schließen. Entsprechende empirische Verfahren gibt es auch für die Vorhersage von Böen und Starkregen bei Gewittern sowie für den Übergang von Regen in Schnee. Dies sind empirische Methoden, die die gerechneten Ergebnisse gut ergänzen können. Solche empirischen Verfahren können mit sogenannten Entscheidungsbäumen (Ja-Nein-Abfragen) sehr schnell und weitgehend objektiv Informationen über mögliche Gefährdungen wie Hagel oder Böen geben. Sie können jederzeit, meist

auch automatisch abgefragt werden, zusätzlich zu den ohnehin aus einem feinmaschigen Vorhersagemodell gewonnenen Vorhersagen.

Wesentlich ist, daß die Erfahrung des Meteorologen einfließt. Prinzipiell kann
durchaus in Zahlen gefaßt werden, was ein Wetterberater meint, wenn er sagt, er
habe eine Ahnung, daß das Wetter anders kommt, als die bisherige Prognose angibt: Er hat ähnliche Fälle in seiner Erinnerung, und bei bestimmten – meist nicht
objektiv erfaßten – Situationen wird er besonders vorsichtig, während sich ein Un-
geübter noch weitestgehend auf die Nowcasting-Systeme verläßt. Auswertungen
bisheriger Vorhersagen, also Prognoseprüfungen (Verifikation), können wesentliche Teile dieses individuellen Wissens objektiv nutzbar machen. So kann eine Aussage wie: "Nur wenn der Wind nach Südost dreht, gibt es im Sommer starke Gewitter" überprüft und eventuell für eine korrektere ortsbezogene Vorhersage
angewendet werden.

Mit klimatologischen Mitteln kann die Gewitterwahrscheinlichkeit genauer erfaßt werden. Bekannt ist, daß es in Deutschland regional unterschiedlich pro Jahr
zwischen 10 (Nordseeinseln) und fast 40 (Schwarzwald) Tage mit Gewittern gibt.
Dies kann man sich zunutze machen, indem die berechnete Gewitterwahrscheinlichkeit an der Nordsee etwas herab-, im Schwarzwaldgebiet etwas heraufgesetzt
wird (Abb. 4.3, Farbteil).

Gerade in den Situationen, in denen in dieser oder vielleicht in der nächsten
Stunde gefährliche Wettererscheinungen entstehen können, sind sowohl die Moni-
toringsysteme als auch der Wetterberater am stärksten gefordert, die Beziehung
Mensch-Maschine bewährt sich hier jedesmal neu.

5   Meilensteine der modernen Wettervorhersage

Konrad Balzer

Nowcasting ist zwar ein moderner Begriff heutiger Meteorologen überall in der Welt, aber mit "echter" Wettervorhersage hat er nicht allzuviel zu tun, schon gar nicht, wenn er sich ausschließlich auf die momentanen Beobachtungs- und Meßdaten verläßt. Gerade die modernen Radar- und Satellitendaten, rund um die Uhr und ziemlich flächendeckend vor Augen, zeigen dem Meteorologen, wie kurzlebig viele der gefährlichen Wetter- und Unwettererscheinungen sind, wie rasch sie vergehen und andernorts wieder entstehen können. Ebenso lassen sich die Bahnen ihrer räumlichen Verlagerungen nicht beliebig weit in die Zukunft extrapolieren – in der Regel nur ein paar Stunden. *Dafür* allerdings ist Nowcasting notwendig und unersetzlich.

Natürlich steckt, wie wir heute wissen, in der vollständigen und genauen Kenntnis des *momentanen* Wetters auch der Schlüssel für seinen zukünftigen Zustand – Stunden, Tage und Wochen im voraus. Aber, um im Bild zu bleiben, die richtige Tür und das passende Schloß zu finden, war und ist keine leichte Aufgabe.

5.1   Die Suche nach dem wahren Zustand der Atmosphäre

Wenn von "moderner" Wettervorhersage die Rede ist, setzt sie eine andere Art, das Wetter vorherzusagen, historisch voraus. Die Trennlinie setzten die Mathematiker. Sie wollten das zukünftige Wetter *berechnen*, wo Generationen ihrer Vorgänger allein der Erfahrung vertrauten, vertrauen mußten, denn es gab keine realistische Alternative. Jede (Natur-)Wissenschaft kennt ihre "empirische" Ära, der die "mathematische" folgt. Aber erst im Nachhinein, in einem größeren zeitlichen Abstand, lassen sich solche unterschiedlich geprägten Epochen erkennen und zeitlich trennen. Dem Zeitgenossen wird es immer schwer fallen, im Alten das Bewährte und Hemmende zu unterscheiden und im Neuen das Zukunftsweisende vom Aussichtslosen zu trennen.

Die Erfindung, Produktion und Verbreitung meteorologischer Meßinstrumente, allen voran Thermometer und Barometer, führten zu Unmengen von Zahlen beobachteten Wetters, die, in Tabellen zusammengestellt, vor allem dem Zweck dienten, Mittelwerte zu berechnen. Man folgte darin, viele Generationen lang, ganz selbstverständlich dem Vorbild der Astronomen, die durch eine ununterbrochene Vermehrung von Beobachtungsdaten und geschickter Aussonderung von "Störungen" den wahren Ort der Himmelskörper sehr genau bestimmen konnten. Die an Wetter und Klima interessierten Physiker, Geographen und Kartographen – Meteorologen im heutigen Sinne gab es ja noch nicht – waren demzufolge auf der

Suche, um die wahren Mittelwerte der Temperatur, des Luftdrucks, der Luftfeuchte usw. von möglichst vielen Orten der Erde aufzudecken (Abb. 5.1).

Keinem Geographen oder Physiker wäre es in den Sinn gekommen, meteorologische Meßdaten *eines* Tages, oder gar einer bestimmten Tageszeit kartographisch darzustellen. Wozu auch? *Einzelmessungen* waren, wenn schon nicht ungenau, so doch durch vielerlei, meist unbekannte "Störungen" so verfälscht und in ihrem Erkenntniswert eingeschränkt, daß eben nur *Mittelwerte* langer Meßreihen in der Lage waren, den "wahren" Zustand der Atmosphäre zu offenbaren. In unserem heutigen Sprachgebrauch könnte man sagen, daß die Beobachtung des Einzelnen, des Wetters, fast ausschließlich dazu diente, das Allgemeine, das Klima zu ergründen. Ferner: Das Klima erschien als das Beständige, das Wetter aber launisch, unbeständig, vorübergehend. Was also interessierte"der Schnee von gestern"?

5.2　Die geniale Idee des Breslauer Physikers Brandes

Nicht der Schnee, aber ein verregneter, kalter Sommer brachte den Universitätsprofessor Heinrich Wilhelm Brandes (1777–1834) in Breslau auf eine aberwitzige Idee. In einem Brief vom 1. Dezember 1816 schreibt er an Ludwig Wilhelm Gilbert (1769–1824), den Herausgeber der Zeitschrift *Annalen der Physik*:

Abb. 5.1. Eine Klima-Eilmeldung an Wladimir Köppen von der Deutschen Seewarte in Hamburg aus dem estnischen Dorpat, den Juni 1879 betreffend

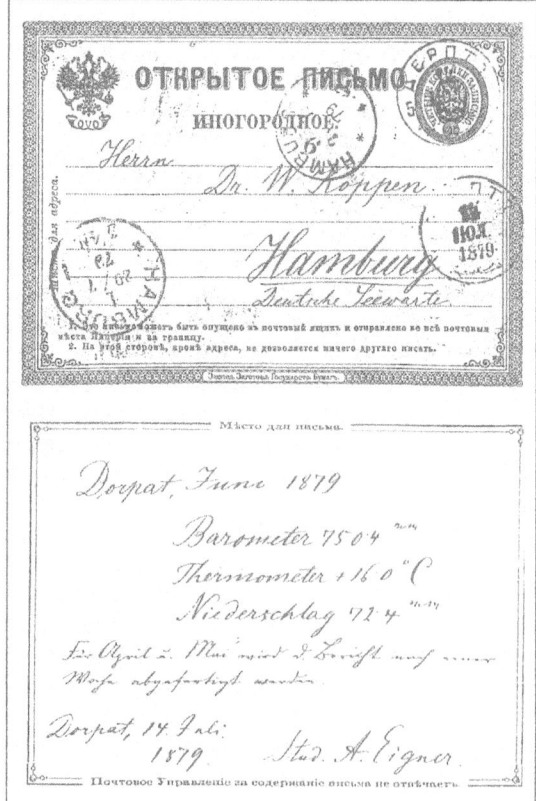

Abb. 5.2. Nachträglich (1899) gezeichnete Wetterkarte für den 6. März 1783, die auf den von H. W. Brandes 1820 berechneten Daten beruht. Die Isolinien entsprechen Abweichungen vom mittleren Luftdruck. Die Pfeile weisen in Richtung des Bodenwindes

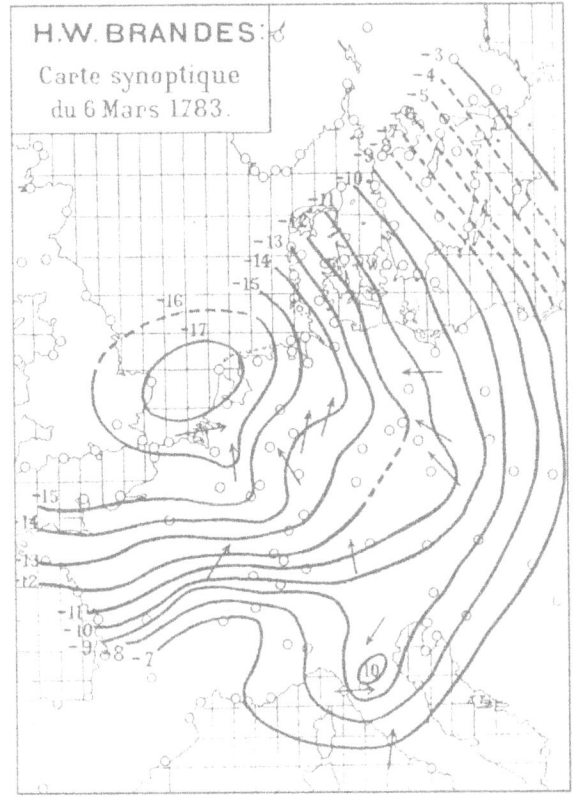

Könnte man Charten von Europa für alle 365 Tage des Jahres nach der Witterung illuminieren, so würde sich doch wohl ergeben, wo zum Beispiel die Grenze der großen Regenwolke lag, die im Juli ganz Deutschland und Frankreich bedeckte... Mögen diese nach dem Wetter illuminierten Charten auch manchem lächerlich vorkommen, so glaube ich doch, man sollte einmal auf die Ausführung dieses Gedankens bedacht sein; soviel ist wenigstens gewiß, daß 365 Chärtchen von Europa mit blauem Himmel und mit dünnen und dunklen Wolken oder Regen illuminiert, in denen jeder Beobachtungsort mit einem Pfeilchen bezeichnet wäre, welches die Richtung des Windes anzeigte, und mit einigen gut gewählten Andeutungen der Temperatur – dem Publikum mehr Vergnügen und Belehrung gewähren würden, als Witterungstafeln.

Brandes stehen dank der seinerzeit veröffentlichten Wetterbeobachtungen der Pfälzer Meteorologischen Gesellschaft alle Daten des Jahrgangs 1783 zur Verfügung. Es handelt sich um 40–50 Orte zwischen den Pyrenäen und dem Ural. Statt sich von *einem Ort* die *zeitliche Aufeinanderfolge* eines Wetterelements, z. B. die Mittagstemperatur oder den morgendlichen Luftdruck, vor Augen zu halten – wie es üblich war und noch lange so bleiben sollte –, beschränkt er sich auf *einen Tag*, von dem er aber das Wetter aller Orte im *räumlichen Nebeneinander* gewahr wird (Abb. 5.2). Diese Art Zusammenschau (griechisch: Synopsis) läßt den ersten "Synoptiker" Brandes sofort zusammenhängende Gebiete ähnlichen Wetters erkennen: Kälte und Wärme, blauer Himmel, dunkle Wolken und Regen – aber immer noch ein ungeordnetes Durcheinander. Trotzdem, nach 3 Jahren Arbeit stellt sich für Brandes der erste Lichtblick ein. Die synoptische Karte ließ ihn plötzlich erkennen,

daß es Ursachen gibt, die gleichsam über Europa von Ort zu Ort fortgehen... Das Fortrücken der Gegend des tiefsten Barometerstandes scheint von vorzüglicher Wichtigkeit zu sein und auch deswegen eine besondere Aufmerksamkeit zu verdienen, weil es bei hinreichender Menge an gleichzeitigen Beobachtungen eben nicht schwer sein kann, hierüber eine Reihe von Erfahrungen zu erhalten, aus denen sich sichere Resultate müßten ziehen lassen, vorzüglich, wenn wir so glücklich wären, nicht bloß aus ganz Europa, sondern auch von der nördlichen afrikanischen Küste, aus dem asiatischen Rußland, aus Island und selbst aus mehreren Gegenden von Nordamerika Beobachtungen zu erhalten.

Ein Jahrhundertprogramm, wie sich noch herausstellen sollte! Seine "Beiträge zur Witterungskunde" erscheinen 1820. Das wirklich Neue seiner Idee wird indes nicht so recht verstanden.

In den USA entwarfen in den Jahren 1820 bis 1850 Elias Loomis (1811–1889), William C. Redfield (1789–1857) und James Pollard Espy (1785–1860) vom US Surgeon General's Office ähnliche Karten, aber auch hier stets nachträglich und vorerst ohne praktische Auswirkungen.

5.3   Ist der Krieg doch "der Vater aller Dinge"?

Verfolgt man die weitere Entwicklung der Meteorologie auf dem Gebiet der Wettervorhersage, so könnte man dem bekannten Wort des Heraklit (550–480 v. Chr.) wohl zustimmen, wenngleich der Bezug auf eine militärisch-machtpolitische Auseinandersetzung des 19. Jahrhunderts den philosophischen Kern des Dialektikers aus Ephesos vulgär vereinfacht. Ihm kam es nämlich auf die allgemeine Einsicht an, daß sich (nur) im Kampf entgegengesetzter Prinzipien Neues entwickelt. Genau dieses dialektische Verständnis von den Vorgängen dieser Welt, die Polarität *und* Gemeinsamkeit von Gegensätzlichem, wird uns später helfen, den wahren Charakter auch der atmosphärischen Prozesse – die weder absolut vorhersehbar noch absolut zufällig sind – zu begreifen und aus dieser Einsicht Nutzen zu ziehen.

Bis zu jenem Krieg im Jahre 1854 aber verharrte die Mehrheit vor allem der deutschen Meteorologen in der fast ausschließlich *klimatologischen* Sicht und Interpretation meteorologischer Prozesse und Daten. Die wichtigen Impulse kamen jetzt aus den USA und England, die als seefahrende Nationen an Wetter und Stürmen in besonderer Weise interessiert waren.

Unbedingt erwähnenswert sind auch die Arbeiten des niederländischen Mathematikers und ersten Direktors des Meteorologischen Instituts in Utrecht, Christoph Hendrik Diederik Buys-Ballot (1817–1890). Ab 1852 stellt er tägliche Wetterkarten von einem großen Teil Europas zusammen. Ähnlich wie seinerzeit Brandes mit dem Luftdruck verfuhr, gibt Buys-Ballot die *Abweichungen* der Lufttemperatur von ihrem lokalen Mittelwert an (Abb. 5.3). Die höchste Aufgabe der Meteorologie sah er darin, herauszubekommen, "wie ein bestimmter Zustand im Raum fortschreite, d. h. aus einer bestimmten Verteilung der Witterung über der Erdoberfläche eine andere Verteilung hervorgehe."

Abb. 5.3. Wetterkarten für den 26.–28. Oktober 1852 von Buys-Ballot sowie eine Karte der Anfangsbuchstaben der Stationsnamen, z. B. O = Orkneys, S = Stockholm, P = Paris. Neben den Windrichtungspfeilen sind in senkrechten Schraffuren die positiven und in waagerechten Schraffuren die negativen Temperaturabweichungen dargestellt. (Nach van Bebber)

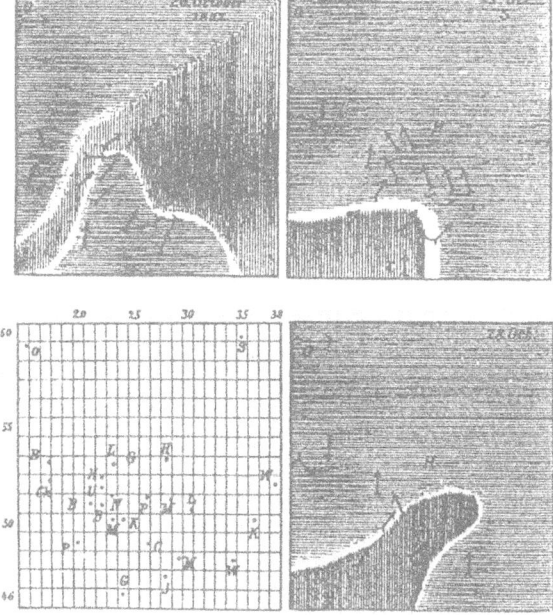

Aufgabe und Programme wurden klar erkannt und formuliert, allein es fehlte der ernsthafte europäische Versuch, dies alles auch in die Tat umzusetzen. Und jetzt sind wir wieder beim "Vater aller Dinge". Während des sogenannten Krimkrieges (1853–1856) zwischen Rußland und dem osmanischen Reich, wurden am 14. November *1854* die vereinigten Flotten der Türkei und ihrer englisch-französischen Verbündeten sowie ihr Belagerungsheer vor Sewastopol von einem Sturmtief überrascht, das über das Schwarze Meer nach Nordosten ziehend mit Windstärke 11 die Küsten und ihre Buchten überquerte. Zahlreiche Kriegs- und Handelsschiffe sowie große Teile des Armeelagers von Balaklawa wurden zerstört.

Der Schock war gewaltig, und der französische Kaiser Napoleon III. (1808–1873) beauftragte seinen Kriegsminister Marschall Vaillant, durch den Astronomen und Direktor der Pariser Sternwarte, Urbain Jean Joseph Leverrier (1811–1877), die Ursachen und die Vorhersagbarkeit dieses katastrophalen Wetterereignisses untersuchen zu lassen. Nach der Auswertung von 250 Zuschriften aus ganz Europa und einer nach der synoptischen Methode angestellten Analyse der Witterung zwischen dem 12. und 16. November ergab sich dann auch, daß jener Sturm nicht urplötzlich über dem Schwarzen Meer entstanden war, sondern als Tiefdruckwirbel bereits Tage zuvor quer durch Europa von Nordwest nach Südost gezogen war, und daß mit Hilfe aktueller Wetterkarten und einer telegraphischen Verbindung zur Krim die von ihm heimgesuchte Flotte und Armee noch rechtzeitig von der bevorstehenden Gefahr hätten unterrichtet werden können.

Von dieser erstaunlichen Feststellung – denn wer hatte vor 35 Jahren schon die Arbeit Brandes' gelesen und verstanden? – setzte Leverrier die Pariser Akademie der Wissenschaft am 19.3.1855 in Kenntnis. Damit schlug die Geburtsstunde der "ausübenden Witterungskunde", wie damals der Teil der Meteorologie genannt wurde, der fortan das Abenteuer Wettervorhersage zu bestehen hatte.

5.4   Wetterdienste in Aktion – Warum Deutschland Schlußlicht war

Über den *Beginn* der meteorologisch (und nicht mehr astrologisch) begründeten Wettervorhersage sind sich alle einig, auch wenn sich die Geburtsstunde – je nach Land – über mindestens 2 Jahrzehnte hinzog.

Leverrier, das Observatoire de Paris und Frankreich gingen 1855 voran. Bis 1875 folgten die meisten (industrialisierten) Länder diesem Beispiel und gründeten staatliche meteorologische Dienste – Deutschland, merkwürdigerweise, fast als Schlußlicht. Dies lag weniger daran, daß es noch überwiegend mit seiner Reichsgründung beschäftigt war, als vielmehr am vollständigen Mangel an *modern* denkenden Persönlichkeiten in der Meteorologie. Und modern, d. h. zeitgemäß hieß damals vor allem, einen synoptischen Wettervorhersagedienst aufzubauen.

Dies spürte auch der Direktor der *1875* gegründeten Deutschen Seewarte in Hamburg (Abb. 5.4), die aus der Norddeutschen Seewarte (1868) hervorgegangen war, und berief für diese Aufgabe 1875 Wladimir Köppen (1846–1940) aus St. Petersburg als Leiter der Abteilung III für Wettertelegraphie, Küstenmeteorologie und Sturmwarnungen. Köppen bemerkte dazu viele Jahrzehnte später:
Durch Anstellung am Physikalischen Zentralobservatorium in Petersburg erhielt ich den Einblick in eine neue Welt. Denn hier hatte ich die dort seit kurzem (1873) begonnenen täglichen synoptischen Karten zu zeichnen und sah nun so vor meinen Augen die mächtigen Zyklonen und Antizyklonen dahinwandern. Erst durch die Li-

Abb. 5.4. Dienstgebäude der Deutschen Seewarte. (Nach van Bebber)

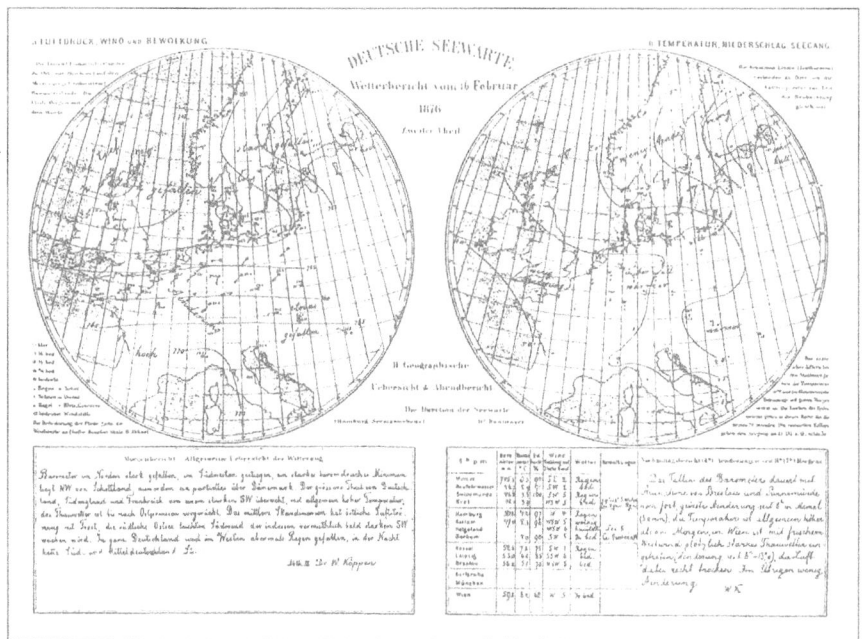

Abb. 5.5. Erste amtliche, aktuelle Wetterkarte Deutschlands vom 16. Februar 1876, herausgegeben von der Deutschen Seewarte, unterzeichnet von Dr. W. Köppen. Links: Luftdruck und Wind, rechts: Temperatur

nien gleichen Druckes – oder damals gleicher Druckabweichung – kamen ja in den Wirrwar der allerlei Windrichtungen die großen einfachen Züge hinein, welche die großen Störungen von den lokalen Ablenkungen zu unterscheiden gestatteten.... **Rings um Deutschland war eine neue Wissenschaft entstanden, für die sich im neuen Reich... kein einziger Vertreter fand** *[Hervorhebungen durch den Autor].*

Ab 16. Februar *1876* war W. Köppen für die täglichen Wetterkarten der Deutschen Seewarte verantwortlich (Abb. 5.5). Sie bestanden aus 2 runden Karten: a) für Luftdruck, Wind und Bewölkung, b) für Temperatur, Niederschlag und Seegang. Einem "Morgenbericht" mit einer allgemeinen Übersicht der Witterung folgte der "Nachmittagsbericht" mit den zwischenzeitlich erfolgten Änderungen. Neben Wetterangaben von Küstenstationen zwischen Memel und Borkum, gab es auch binnenländische Informationen von Kassel, Leipzig, Breslau, Karlsruhe, München und Wien. Kurze *Wetterprognosen* fügte Köppen erst ab August 1876 bei.

Schon an dieser Stelle (s. auch Kap. 8) sei daran erinnert, daß die Männer der "ausübenden Witterungskunde" sofort daran gingen, ihre Vorhersagen auf Glaubwürdigkeit hin zu prüfen. Die Resultate ihrer strengen und vorurteilsfreien Prüfung, nicht nur der von der Seewarte herausgegebenen Prognosen, sondern auch anderer Institute und "Prognosezentren" (Abb. 5.6.), wurden in monatlichen Übersichten regelmäßig *veröffentlicht* – ein guter und nützlicher Brauch, von dem man sich irgendwann wieder verabschiedete. Sollte der Wetterdienst in dieser Frage nicht recht bald wieder auf die Höhe seines Geburtsjahres zurückfallen? Einzig die

Abb. 5.6. Eine veröffentlichte Wetterkarte des Berliner Wetterbureaus vom 17. Mai 1902 und die Sonntagsprognose. Fronten oder Tiefausläufer sind noch unbekannt

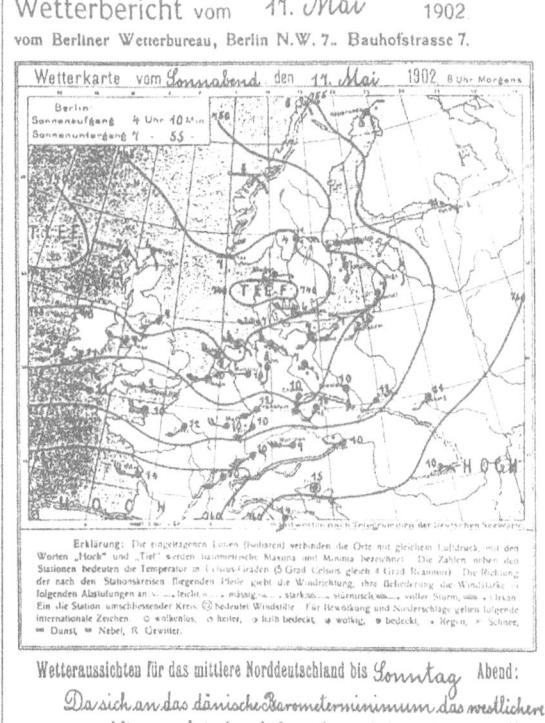

Berliner Wetterkarte des Meteorologischen Instituts der Freien Universität Berlin bewahrte – und vervollkommnete seit 1996 – diese Tradition.

Ideengeschichtlich begann die *empirische Ära* der Wettervorhersage 1816 mit Brandes. Der *Beginn der mathematischen Ära*, wie wir die Ablösung und Ergänzung empirischer durch die Entwicklung und Anwendung mathematischer Methoden zur Voraus*berechnung* des Wetters nennen wollen, läßt sich wieder ziemlich genau bestimmen. Er läßt sich auf den Januar 1904 datieren, in welchem der norwegische Physiker und theoretische Meteorologe Vilhelm Bjerknes (1862–1951) von der Universität Stockholm in der (deutschen) *Meteorologischen Zeitschrift* – auf nur 7 Seiten – ein kühnes Forschungsprogramm konzipiert. Es wurde ersonnen, um aus einer prinzipiellen Sackgasse herauszukommen, in der sich um die Jahrhundertwende die praktische Wettervorhersage befand:

1898, in der 5., über 400 Seiten starken und verbesserten Auflage seiner *Grundzüge der Meteorologie*, widmet Henrik Mohn (1835–1916), der Direktor des norwegischen meteorologischen Instituts, der "praktischen Meteorologie" und dem "Wetterdienst" ganze 6 Seiten! Den "Rest" beanspruchen allgemeine Meteorologie und Klimatologie. Allein dieser Befund spricht Bände über das Ansehen der "ausübenden Witterungskunde" bei der Mehrzahl der Meteorologen und über das Scheitern der ersten Hoffnungen, es in der Vorhersage des Wetters zu einiger Sicherheit zu bringen.

Aber [schreibt Mohn] die Bestimmung der Veränderungen des Luftdruckes ist eine Aufgabe, welche die Wissenschaft bis jetzt noch nicht gelöst hat, und die Vorherbestimmung des Wetters bleibt deshalb immer noch zum größten Teil ein erfahrungsmäßiges Gutachten ... Selbst Sturmwarnungen besagen eigentlich nur, daß ein barometrisches Minimum mit starkem Gradienten in der Nähe ist, und daß die Möglichkeit vorhanden ist, daß der dazu gehörige Wirbel über den betreffenden Ort hingehen wird. Mehr kann man vor der Hand in dieser Richtung nicht leisten.

Im Jahre 1900 charakterisierte V. Bjerknes die Situation der synoptischen Meteorologie wie folgt:

Es trat Mißmut ein unter den Pionieren der Meteorologie, die mit so großen Illusionen angefangen hatten. Auf Fortschritte der Wettervorhersage war nicht zu hoffen. Den schon begründeten Wetterdienst ließen sie schematisch weiterlaufen, der machte seinen Nutzen. Und ihre für Wettervorhersage errichteten Institute wendeten ihre wissenschaftlichen Interessen besonders einem friedlicheren Zweig der Meteorologie zu: der Klimatologie.

5.5   Das Bjerknes-Programm – die Geburtsstunde der modernen Wettervorhersage

Das erste Heft des neuen Jahrgangs 1904 der *Meteorologischen Zeitschrift* beginnt auf den Seiten 1–7 mit einem Beitrag von V. Bjerknes:

Das Problem der Wettervorhersage, betrachtet vom Standpunkt der Mechanik und der Physik.

Wenn es sich so verhält, wie jeder naturwissenschaftlich denkende Mann glaubt, daß sich die späteren atmosphärischen Zustände gesetzmäßig aus den vorhergehenden entwickeln, so erkennt man, daß die notwendigen und hinreichenden Bedingungen für eine rationelle Lösung des Prognoseproblems der Meteorologie die folgenden sind:

1.   Man muß mit hinreichender Genauigkeit den Zustand der Atmosphäre zu einer gewissen Zeit kennen.

2.   Man muß mit hinreichender Genauigkeit die Gesetze kennen, nach denen sich der eine atmosphärische Zustand aus dem anderen entwickelt.

Zu diesem Zeitpunkt hat die klassische Physik ihren Höhepunkt erreicht. Heinrich Hertz (1857–1894) wird sie Bjerknes in seiner Bonner Studienzeit vermittelt haben. Alle Physiker jener Jahre stimmten darin überein, daß es die Aufgabe der Physik sei, die Erscheinungen der Natur auf die einfachen Gesetze der Mechanik zurückzuführen, auch die atmosphärischen Erscheinungen:

Der Zustand der Atmosphäre zu einer beliebigen Zeit wird in meteorologischer Hinsicht bestimmt sein, wenn wir zu dieser Zeit in jedem Punkt die Geschwindigkeit, die Dichte, den Druck, die Temperatur und die Feuchtigkeit der Luft berechnen können.

Mit bestechender Klarheit fokussiert V. Bjerknes die den meisten seiner Meteorologenkollegen diffus erscheinenden Aufgaben der Vorherbestimmung des

Wetters auf zwei "einfache" Teilaufgaben: Diagnose bzw. Analyse des Anfangszustandes der Atmosphäre zum Zeitpunkt t und Anwendung mathematisch-physikalischer Prognosegleichungen, um den Zustand zum Zeitpunkt t + Δt zu berechnen. Sein rationaler Optimismus verschließt ihm natürlich nicht die Augen vor "zwei besonders empfindlichen Lücken", wenn er im Jahre 1904 an die Diagnoseaufgabe denkt:

Erstens sind die an dem täglichen Wetterdienst teilnehmenden Stationen nur Landstationen [und zweitens] werden die Beobachtungen nur unten an der Erde angestellt und alle Daten über den Zustand der höheren Luftschichten fehlen.

Dies ist das Problem der sogenannten dreidimensionalen Datenanalyse, d. h. vollständige Information über die gesamte Fläche und den über sie sich bis zur Obergrenze der Atmosphäre erstreckenden Raum. Da nicht alle 5 der vorhin genannten Zustandsgrößen von jedem Punkt zum exakt gleichen Zeitpunkt t bekannt sind, sondern zu verschiedenen, unter Umständen einige Stunden auseinanderliegenden Terminen, kommt in Wirklichkeit noch eine 4. Dimension, die Zeit, hinzu (vierdimensionale Datenassimilation).

Mit der jetzigen, rückblickenden Kenntnis der tatsächlichen Schwierigkeiten zur Lösung "nur" des ersten, des Diagnoseproblems, hätte man wahrscheinlich vor 100 Jahren resigniert aufgegeben und den Plan einer *Vorherberechnung* des Wetters ad acta gelegt. Bjerknes aber dachte an die sich entwickelnde drahtlose Telegraphie (Daten von Dampfschiffen) und die fortschreitende "aeronautische Meteorologie" (Daten von fliegenden Stationen) und meinte:

Die technischen Hilfsmittel, welche es uns möglich machen werden, diese beiden Lücken auszufüllen, besitzen wir aber schon.

Ähnlich optimistisch geht er eine vertrackte Komplikation in der zweiten, der eigentlichen Prognoseaufgabe an: Nur die Zustandsgleichung der atmosphärischen Luft, die die wechselseitigen Beziehungen zwischen der Dichte, dem Druck, der Temperatur und der Feuchtigkeit einer beliebigen Luftmasse beschreibt, läßt sich nämlich mathematisch in einer endlichen Form ausdrücken. Alle anderen sind nichtlineare partielle Differentialgleichungen:

...von einer strengen analytischen Integration des Gleichungssystems wird nicht die Rede sein können. Schon die Berechnung der Bewegung dreier Punkte, die sich nach einem so einfachen Gesetz wie dem Newtonschen gegenseitig beeinflussen, übersteigt bekanntlich weit die Hilfsmittel der heutigen mathematischen Analyse [durch die Astronomen].

Für die unter weit komplizierteren Wechselwirkungen vor sich gehenden Bewegungen sämtlicher Punkte der Atmosphäre ist dann selbstverständlich nichts zu hoffen.

Dies gilt übrigens auch noch heute! Aus dieser Not machte er aber sogleich eine Tugend,

denn um praktisch nützlich zu sein, muß die Lösung vor allem übersichtliche Form haben und deshalb unzählige Einzelheiten unbeachtet lassen, die in jeder exakten Lösung eingehen würden. Die Vorhersage darf sich also nur mit Durchschnittsverhältnissen über größere Strecken und für längere Zeiten beschäftigen, sagen wir beispielsweise von Meridiangrad zu Meridiangrad und von Stunde zu Stunde, nicht aber von Millimeter zu Millimeter und von Sekunde zu Sekunde.

Diese Idee einer räumlich-zeitlichen Rasterung der Atmosphäre und ihrer Veränderungen sollte sich in den darauffolgenden Jahrzehnten als außerordentlich fruchtbar herausstellen, auch wenn die Begründungen durchaus unterschiedlich sind: praktisch übersichtliche Ergebnisse auf der einen Seite und die prinzipielle Notwendigkeit von mathematischen Näherungslösungen auf der anderen Seite. Schließlich drängt auch der Wettlauf mit der Zeit zur Minimierung der zahlreichen Rechenschritte; denn was nützt ein Ergebnis einer 24stündigen Vorhersage, wenn es erst Tage, Wochen, ja Monate oder Jahre später vorliegt?

Schon 1904 schien V. Bjerknes zu ahnen, was da auf die rechnenden Meteorologen zukommen wird. Aber optimistisch-konstruktiv meinte er damals:
Wenn man genügend Erfahrung gewonnen und dadurch gelernt hat, Instinkt und Augenmaß zu verwerten, würde man wahrscheinlich auch leicht mit weit größeren Zeitintervallen arbeiten können, wie etwa 6 Stunden. Für eine Wettervorhersage auf 24 Stunden würde man dann 4mal die hydrodynamische Konstruktion der Temperatur und der Feuchtigkeit zu berechnen haben.

Viele Jahrzehnte später mußten die Meteorologen lernen, daß zwischen der Weite des räumlichen Rasters (horizontale Auflösung der Wirklichkeit im Modell) und der Länge der Zeitschritte ein ganz bestimmtes Verhältnis gewahrt werden muß, um überhaupt "vernünftige" Ergebnisse – sie müssen ja nicht gleich "exakt" sein – zu erzielen. Dazu später mehr. Jetzt sei dazu nur angemerkt, daß heutige Modelle der numerischen Wettervorhersage, wie z. B. die des Deutschen Wetterdienstes, Gitterweiten von 1/8, 1/2 und 1° aufweisen und die globalen Änderungen des Wetters alle 15 Minuten, die in regionalen Ausschnitten alle 4–5 Minuten neu berechnet werden müssen.

... und wie ging es weiter?

Zweigleisig! Der in gewisser Hinsicht weniger friedliche Zweig der Meteorologie, die Synoptik, erlangte in den Jahren des 1. Weltkrieges (1914–1918), ungefragt und ungewollt, wieder eine größere Bedeutung. Wetter, Wind und Wolken über ganz Europa zu kennen und vorherzusagen wurde wieder einmal militärisch interessant, nicht zuletzt wegen der sich rasch entwickelnden Fliegerei. Militärische Notwendigkeiten und nach Zahl und Qualität deutlich verbesserte Beobachtungsmöglichkeiten der "freien Atmosphäre" ließen einen neuen Zweig der Meteorologie entstehen, die sogenannte synoptische Aerologie, also die synoptische Darstellung und Verarbeitung aerologischer Beobachtungs- und Meßdaten. So ermöglichten es z. B. die auf beiden Frontseiten eingerichteten zahlreichen Pilotstationen, täglich Stromlinienkarten für die untere Troposphäre zu entwerfen. Und so wie die Front im Krieg die Grenze zwischen den beiden verschiedenen Heeren darstellt, so wurde die Grenzlinie zwischen den verschiedenen Luftmassen – verschieden nach Herkunft und aerologischem Zustand – als Front bezeichnet. Weniger "kriegerisch", wenn auch bedeutungsärmer, spricht man heutzutage meist nur noch von "Tiefausläufern" oder "Störungslinien".

Damals und bis in die 50er Jahre hinein meinte man, in der nun eröffneten dreidimensionalen Wetteranalyse *den* entscheidenden Wendepunkt in der Vorhersage des Wetters erblicken zu können. Gewiß bedeutet es einen Fortschritt, zwischen der "alten Druckfeldsynoptik" und der "modernen Frontentheorie und Luftmassensynoptik" eine Synthese herzustellen oder gar an einen *wechselseitigen* Zusammenhang zwischen (Tiefdruck-)Wirbelentstehung und Luftmassenverlagerungen zu denken.

Allein die atmosphärischen Prozesse sind dermaßen verwickelt und komplex, widersprüchlich und teilweise noch immer unerklärlich, daß das normale menschliche Denken in der Regel überfordert scheint, im Stress der mentalen Datenverarbeitung unter Echtzeit-(real-time-)druck in *jedem* Moment an *alles* zu denken. Nur so läßt sich erklären, daß auch Wissenschaftler dazu neigen, *einer* Seite der Wirklichkeit mehr Aufmerksamkeit und Gewicht zu verleihen und dadurch Ursachen und Wirkungen meist in nur *eine* Richtung denken. So blieb es bei "Druckfeldspezialisten" und "Luftmassenfanatikern" und dem Hang beider Richtungen, die Komplexität des Wetters aus dem Wirken vor allem ihrer für maßgeblich erachteten Faktoren zu erklären. Jene "maßgeblichen Faktoren" vermehrten sich mit jeder neuen Detailkenntnis, die in den folgenden Jahrzehnten – für den einen mehr, den anderen weniger – Furore machte: Höhenwetter- und Tropopausenkarte, Strahlstrom und Nullschicht, thermische Advektion und Stromfeldanalyse, Vorticity-Advektion und Q-Vektoren, stratosphärische Kopplung und Steuerung usw.

Nichts aber führt – im Leben, wie in der Wissenschaft – mehr in die Irre, als einzelnes aus dem Zusammenhang zu reißen und in seiner Wirkung zu verabsolutieren. Und so bedeutete in Wahrheit nicht die aerologische Synoptik oder die theoretische Erklärbarkeit atmosphärischer Detailerscheinungen an nachträglichen Einzelfallstudien die entscheidende Wende in der Geschichte der Wettervorhersage, sondern die Idee, sich ausschließlich der allgemeinen Gesetze der "Mechanik und der Physik" (V. Bjerknes, 1904) zu bedienen. Statt qualitativer, subjektiv gefärbter *Beschreibung*, nun also *Berechnung*, quantitativ und objektiv.

Denkt man in Meilensteinen, folgt gewöhnlich nach V. Bjerknes der englische Mathematiker Lewis Fry Richardson (1881–1953). Aber noch vor ihm, wenn auch anders, fing *Felix Maria Exner* (1876–1930) an, wirklich zu *rechnen*.

Im Dezember 1907 berichtet er, ebenfalls in der (deutschen) *Meteorologischen Zeitschrift*, "Über eine erste Annäherung zur Vorausberechnung synoptischer Wetterkarten" (Abb. 5.7). Um es gleich vorweg zu sagen, dieser und Richardsons Versuch 15 Jahre später blieben zu jener Zeit und für lange Zeit folgenlos in dem Sinne, daß sie die Praxis der Wettervorhersage leider nicht zu ändern in der Lage waren. Auch Exner weist sofort darauf hin, daß *es gleich zu Anfang gestattet sei, mitzuteilen, daß die Ergebnisse keine wirklich befriedigenden sind*. Zu viele Vereinfachungen mußte er vornehmen, um mittels von ihm abgeleiteter Differentialgleichungen *die zeitliche Änderung des Luftdrucks an einem Orte der Erdoberfläche darzustellen*. Um nur die wichtigsten zu nennen:

- der Luftdruck in und oberhalb 5 km Höhe bleibt konstant,
- in der Schicht bis 5 km weht der Wind parallel zu den Isobaren an der Erdoberfläche,
- die Zentrifugalbeschleunigung bei gekrümmten Isobaren wird vernachlässigt,
- die Wärmezufuhr bzw. -entziehung ist zeitlich konstant und nur eine Funktion der geographischen Länge und Breite.

Fig. 1.

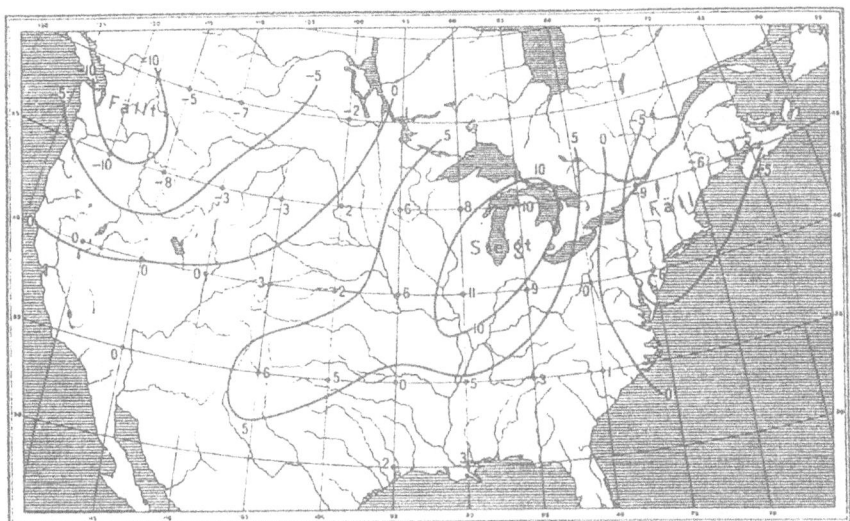

$p_t - p_1$ berechnet: Luftdruckveränderung vom 3. Januar 1895 8ᵖ bis 12ᵖ, in Hundertstel Zoll.

Fig. 2.

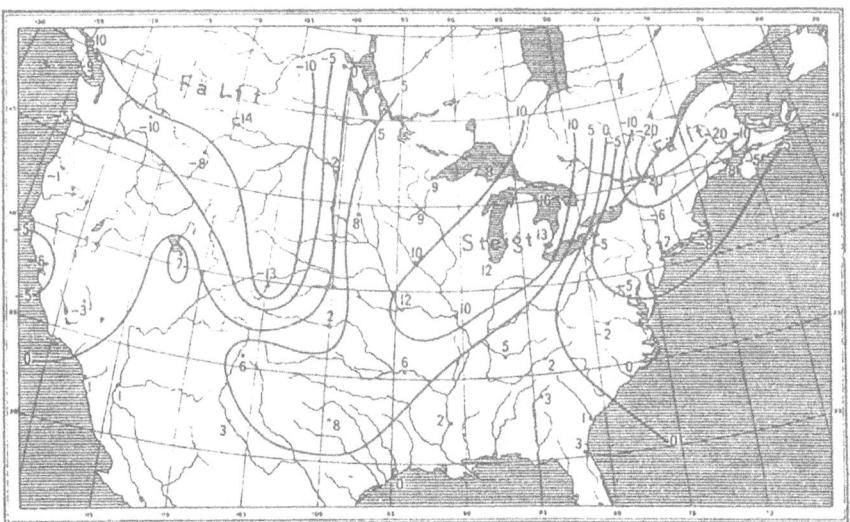

$p_t - p_1$ beobachtet; Luftdruckveränderung vom 3. Januar 1895 8ᵖ bis 12ᵖ, in Hundertstel Zoll.

Abb. 5.7. Der historisch erste Versuch einer (4stündigen) Voraus*berechnung* einer Luftdruckverteilung kommt von F. M. Exner. Hier die berechnete (oben) und die beobachtete (unten) Luftdruckänderung über Nordamerika vom 3. Januar 1895, 08–12 Uhr

Am Ende kommt eine *durch Wärmezufuhr modifizierte Westostbewegung einer Luftdruckverteilung* heraus. Anhand der Wiener Wetterkarten vom 1. und 2. Januar der Jahre 1898–1907 berechnete er jeweils die Druckverteilung für den 3. Januar und verglich sie mit der wirklich beobachteten. Auch wenn *die wesentliche Druck-verteilung in acht von zehn Fällen ziemlich gut erhalten wurde,* so gibt es doch auch völlig mißlungene Versuche, nicht zuletzt wegen fehlender Beobachtungsdaten westlich der europäischen Küste, so daß *eine halbwegs auf die Luftdruckberech-nung begründete Prognose* [der Isobaren, nicht des Wetters!] *zu machen, daher in Europa eigentlich nur für Rußland möglich wäre.*

Im Lichte heutigen Wissens muten seine "Zeitschritte" von anfangs 4, später 24 Stunden und die räumliche Auflösung von 5 Breitengraden und 10 Längengraden ebenfalls abenteuerlich an. Vom echten Pioniergeist beseelt berechnet er, zusam-men mit A. Defant (1884–1974), an der noch heute so genannten Zentralanstalt für Meteorologie (und Geodynamik) in Wien über mehrere Wochen tägliche Vorher-sagekarten.

Wirkliche Mißerfolge waren nicht zu leugnen. Es ist aber für den Prognosensteller schon ein großer Vorteil, irgend eine tatsächliche Grundlage für seine Voraussicht zu haben und seine Gedanken durch dieselben zu präzisieren.

Diesem Credo blieben alle treu, die nach ihm das Wetter zu *berechnen* suchten.

5.6   Richardson – der Rückschlag und die Konsequenzen

In einem Diskurs über die moderne, d. h. rechnende Wettervorhersage kommt man an L.F. Richardson aus mehreren Gründen nicht vorbei. Seine Beiträge zur Meteorologie – er kam von der Mathematik und wandte sich später den Proble-men menschlichen Verhaltens und der Friedensforschung zu – stellten nicht nur eine Pioniertat schlechthin dar, sondern sie enthielten Elemente und Hinweise, die sich auch 30 Jahre nach ihm als wichtig und richtig erwiesen; auch wenn das Er-gebnis seiner *11jährigen manuellen* Rechenarbeit eine einzige Enttäuschung war.

Als Angestellter in der Industrieforschung war er jahrelang mit dem Problem der Lösung partieller Differentialgleichungen[1] konfrontiert. Wie V. Bjerknes, des-sen Arbeiten er kannte, setzt er anfangs (1908) graphische Lösungsmethoden ein, doch ab 1910 findet er arithmetische Näherungslösungen. Der Witz besteht darin, daß die als unendlich klein gedachten Raum- und *Zeitdifferentiale* dx/dt durch endliche Raum- und *Zeitdifferenzen* $\Delta x/\Delta t$ ersetzt werden. Jetzt kann man die Gleichung lösen, aber nur um den Preis einer nicht-exakten Näherung. Dieser "Kniff" war für gewöhnliche Differentialgleichungen schon vor ihm bekannt. Ri-chardson war wohl der erste, der damit partielle Differentialgleichungen praktisch lösen konnte. Auch hier verhalf der Zwang der Praxis zu (schnellerem) Fortschritt in der Theorie, denn eines war ihm klar: der Arbeitsaufwand war abschreckend hoch und allein mit Spezialisten in der Handhabung graphischer Methoden nicht zu schaffen. Da konnte – wenn überhaupt – nur eine Unmenge unqualifizierten Personals, lediglich mit einfachster Arithmetik beschäftigt, weiterhelfen. Nach sei-

---

[1] In gewöhnlichen Differentialgleichungen treten nur Funktionen *einer* unabhängigen Veränderli-chen auf. Dagegen spricht man von einer partiellen Differentialgleichung, wenn die gesuchte Funk-tion von *mehreren* unabhängigen Veränderlichen, den Einflußgrößen, abhängt. Sie heißt linear, wenn die gesuchten Funktionen und Ihre Ableitungen nur linear und nicht miteinander multipli-ziert auftreten – wie in der Meteorologie üblich. Diese Nichtlinearität verhindert letzlich und auf immer eine exakte Wettervorhersage!

Abb. 5.8. Die Einteilung des Rechengebietes von L. F. Richardson ("staggered grid")

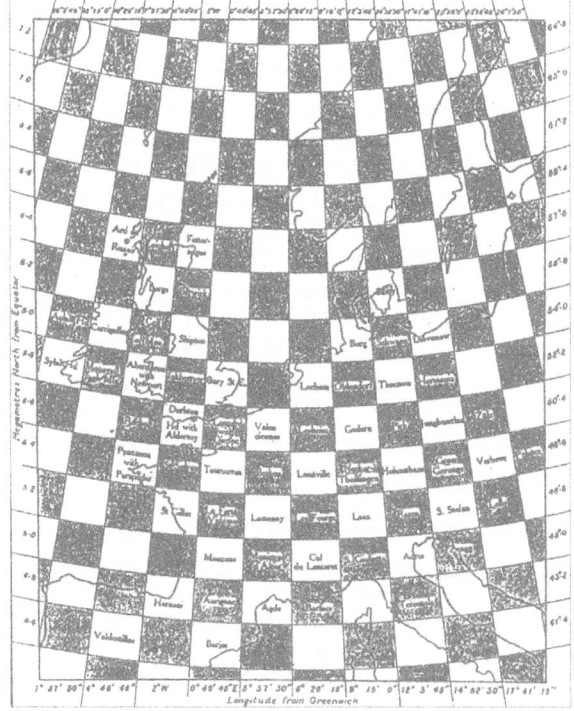

nen Schätzungen dachte er an 64.000 Mitarbeiter als "Rechenknechte". (Tatsächlich wären 4mal mehr erforderlich gewesen.)

In einer Art "Selbstversuch" unterzieht er sich zusammen mit seiner Frau Dorothy dieser Sisyphusarbeit. Ab 1911 interessiert er sich für die praktische Anwendung seiner speziellen numerischen Lösungsmethode. Und dabei erinnert er sich des Bjerknes-Programms als einer attraktiven Testmöglichkeit.

Die Geschichte liebt Analogien und Wiederholungen: Rund 3 Jahrzehnte später wird ebenfalls ein Mathematiker, John v. Neumann (1903–1957), die Nützlichkeit seines neuen Hilfsmittels – den elektronischen Computer – auch am Beispiel der Wettervorhersage demonstrieren. Und noch etwas verbindet beide: die Charakterisierung der Wettervorhersage nämlich als *zweitschwierigstes* Problem. Als wichtigstes und schwierigstes erscheint ihnen die Mathematisierung des menschlichen Verhaltens, insbesondere in Konfliktsituationen. Beim Nachdenken über den konkreten Inhalt einiger unabhängiger Variablen stößt Richardson übrigens vor allem auf soziale Faktoren, ganz im Gegensatz zur weithin geteilten Ansicht von Clausewitz, daß Kriege vor allem das Ergebnis rationaler außenpolitischer Entscheidungen seien. Die ersten Gedanken zu einer mathematischen Theorie menschlicher Konflikte – heute eher mit Modellen der Spieltheorie als mit Differentialgleichungen angegangen – kamen Richardson während des 1. Weltkrieges, als er in der französischen Armee als Fahrer einer Sanitätseinheit der Quäker diente. Neben seinen Ambulanzeinsätzen widmete er sich seinen Wetterberechnungen.

Die Aussicht auf Erfolg steht und fällt – damals wie heute – mit der Lösung zweier Hauptprobleme: die Effizienz und Korrektheit der *numerisch-mathematischen* Näherungslösungen und die ausreichende Kenntnis vom *Anfangszustand* der Atmosphäre. Richardson kommt entgegen, daß er vom 20. Mai 1910 einen unüblich kompletten Datensatz besitzt, vor allem was die 3. Dimension anbelangt. Dieser 20. Mai 1910 war ein sogenannter "Internationaler Ballon-Tag", an dem mit wesentlich erhöhtem Aufwand – an Qualität und Quantität – die Atmosphäre vermessen wurde. Übrigens bedient man sich dieser erfolgreichen Methode des zeitlich (oder auch geographisch) konzentrierten Einsatzes moderner meteorologischer Meßtechnik bis zum heutigen Tage. Denn nur Experimente solcher Art können Aufschluß darüber geben, welche Meßmethoden auch unter *täglichen* Routinebedingungen unverzichtbar sind und welche nicht.

Um die mathematisch erzwungene Ungenauigkeit (dx→Δx) zu mildern, entwirft er ein reguläres Netz "zentrierter Differenzen", bei dem "repräsentative" Mittelwerte über relativ große Raumelemente aus den Beobachtungen geschätzt werden. Außerdem ist die Kenntnis über bestimmte Modellvariablen räumlich so versetzt, daß in den weißen Feldern (Abb. 5.8) der Wind, in den schwarzen die restlichen Variablen Druck, Temperatur, Dichte und Feuchtigkeit bestimmt werden müssen ("staggered grid"). Leider sind mir nicht die Originaldaten bekannt, um nachzuvollziehen, wie Richardson es anstellte, über immerhin große Teile Europas und bis zu 20 km Höhe "plausible" Anfangswerte für seine dann anschließenden Rechnungen zu setzen. Ein Detail dagegen ist bekannt: v_z, die vertikale Luftbewegung, muß aus anderen, *bekannten* Variablen berechnet werden, so daß die "vollständigen" Gleichungen auf 6 reduziert werden.

Für eine 6-Stunden-Prognose, von 04 Uhr auf 10 Uhr für den Morgen des 20. Mai, und für 2 Quadrate benötigen er und seine Frau 6 Wochen Rechenzeit. 1921 liegt schließlich das Ergebnis vor: 6stündige Luftdruckänderungen bis zu 145 mbar (hPa), in Wirklichkeit blieben sie alle unter 1 hPa. Kurz: Nie wieder danach wurde mit so großem Aufwand und Mühe eine so falsche Prognose errechnet!

Als seine Methode und das Resultat 1922 in seinem Buch *Weather Prediction by Numerical Process* bekannt wurde, war man sehr beeindruckt und ernüchtert. Kein zweiter Versuch wurde in den nachfolgenden 2 Jahrzehnten unternommen, eigenartigerweise auch nicht von Richardson selbst. Die Ursachen seines Scheiterns wurden erst später aufgedeckt: Erstens waren die Rechnungen *mathematisch* instabil, weil ihm das kritische Verhältnis zwischen Δx und Δt (seine Zeitschritte waren viel zu groß) nicht bekannt sein konnte. Zweitens enthielten die "vollständigen" Bjerknes-Gleichungen auch Prozesse, die *physikalisch* "unerwünscht" waren und störten ("meteorologischer Lärm" in Gestalt von Schall-, Trägheits- und Gravitationswellen).

Richardsons Abschätzung des Rechenaufwandes indes hatte Bestand, wonach eine (allein schon mathematisch stets erwünschte und erforderliche) Halbierung der Gitterweite Δx einen 16fachen Rechenaufwand nach sich zieht. Ansonsten wurde das vollständige Scheitern seines kühnen Versuchs eher als Warnung denn als Anstoß, es besser zu machen, verstanden. Die Idee einer Integration der allgemeinen atmosphärischen Bewegungsgleichungen durch *manuelle* numerische Berechnungen war endgültig gestorben.

Zwischenspiel

Die Trennung zwischen Theorie und Praxis der Wettervorhersage war und blieb
für lange Zeit radikal. Weder hielten die "Praktiker" es für möglich, daß die "Theo-
retiker" ihnen jemals hilfreich sein könnten, noch glaubten letztere wirklich daran:

*Unser physikalisches Verständnis der atmosphärischen Prozesse ist so begrenzt, daß
es wenig Nutzen in der Wettervorhersage bringt (H.G. Houghton, noch 1946!).*

Trotz allem, die Bedeutung der Wettervorhersage nahm nach dem 1. Weltkrieg
einen nie zuvor gekannten und für möglich gehaltenen Aufschwung. Die wichtigste Nachfrage kam natürlich von der sich rasch entwickelnden Luftfahrt, aber auch
das Militär zeigte sich nach den Erfahrungen des Krieges sehr interessiert an Fort-
schritten in der Beobachtung und Vorhersage des Wetters. Ozeanreisen und Autoverkehr taten ihr übriges. Neue Technik und neues empirisches Wissen ließen (in
den USA) sogar die Hoffnung aufkommen, dereinst Hurrikane und Tornados vorhersagen zu können.

Ab 1. Oktober *1934* veröffentlicht die Deutsche Seewarte in Hamburg regelmäßig
Höhenwetterkarten aus dem 500 hPa-Niveau (Scherhag, Seilkopf, Rodewald, Rud-
loff), aber – erstaunlicherweise – noch immer keine Fronten in ihren (Bo-
den-)Wetterkarten. Dies geschah, vermutlich per zentraler Verfügung, erst mit
dem 15.1.1938 (Abb. 5.9).

1939 studiert Carl-Gustav Rossby (1898–1957) – ein schwedischer mathematischer Physiker, der ab 1928 in den USA die Meteorologie entscheidend vorantrieb
(zunächst am MIT, ab 1940 an der Universität Chicago) – das Verhalten (und die

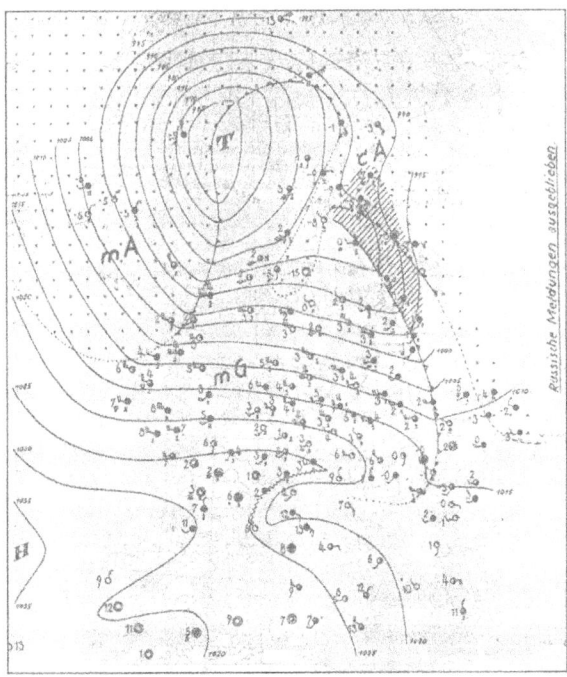

Abb. 5.9. Eine der ersten amtli-
chen Wetterkarten *mit* Luftmassenfronten. Hier vom Wetteramt
Breslau vom 26. Januar 1938, 08
Uhr. Aussichten für Schlesien
für den Folgetag: "Böige süd-
westliche bis nordwestliche
Winde, wechselnd bewölkt,
Schauer, kühler"

Verlagerung) der großräumigen, die ganze Erde umspannenden Wellen (Tröge und Rücken) der Westwindzone; die nach ihm benannten Rossby-Wellen.

"Rücksichtsloser" (aber erfolgreicher) als seinerzeit Richardson vereinfacht er die meteorologischen Gleichungen bis hin zu einem Wettermodell ohne Reibung, Strahlung und Wasserdampf. Hinsichtlich der Wellenverlagerung gelingt ihm sogar eine analytische Lösung einer dynamischen Gleichung. Im Anschluß daran entwickelt er mit seiner Vorticity-(Wirbel-)Gleichung und ihrer quasi-geostrophischen Näherung das sogenannte barotrope 1-Schicht-Modell der Atmosphäre mit einem divergenzfreien Niveau in Höhe der 500 hPa-Fläche. Auf dieses Niveau konzentriert sich auch in der Folgezeit die Aufmerksamkeit der theoretischen, rechnenden Meteorologie.

Das Überraschende und Ermutigende an Rossbys Ansatz war, daß seine Gleichungen die Beobachtungen im großen und ganzen richtig widerspiegelten. Fast noch wichtiger war: Der Gegenstand der Berechnungen galt Phänomenen, Strukturen der Atmosphäre, mit denen die Praktiker der Wettervorhersage etwas anfangen konnten, denn Höhenwetterkarten waren ihnen inzwischen vertraut und ein wichtiges Hilfsmittel. Jetzt sah es sogar aus, als könnte man sie vorausberechnen.

5.7   Charney und Neumann – der Durchbruch

Im Dezember 1946 fand an der Universität Chicago eine Meteorologenkonferenz statt. Einer der Tagesordnungspunkte galt der numerischen Wettervorhersage. Man stimmte darin überein, daß *die Zeit noch nicht reif ist für ein numerisches Vorhersagesystem*. Im gleichen Monat resümierte H. G. Houghton, der Präsident der Amerikanischen Meteorologischen Gesellschaft: *Eine objektive Vorhersagemethode, welche ausschließlich auf physikalischen Prinzipien beruht, scheint nicht in Sicht.*

In rückblickender Zusammenschau weiß man aber, daß bereits ab 1. Juli desselben Jahres ein von John v. Neumann initiiertes "Meteorologieprojekt" offiziell startete, wenngleich es noch lange Zeit an geeigneten Mitarbeitern und an Arbeits- und Wohnräumen in Princeton mangelte. Jedoch in weniger als 9 Jahren, im Sommer 1955, sollte ein elektronischer Rechner im US-Wetterdienst *täglich* Vorhersagen erzeugen, ebenso schnell und genau wie jene von erfahrenen Meteorologen.

Zwei Jahre lang dümpelte das Projekt vor sich hin. Dann kam durch zwei Ideen Bewegung in das ehrgeizige Unterfangen. Im Sommer 1948 stößt Jule Charney (1917–1981) zum Team, ein amerikanischer Meteorologe, der vorübergehend an der Universität Oslo arbeitete und dort vor allem der Frage nachging, wie die atmosphärischen Grundgleichungen zu modifizieren seien, daß sie, erstens, nur die meteorologisch *wichtigen* Lösungen erbringen und, zweitens, mit *numerischen* (Näherungs-)Verfahren in den Griff zu bekommen sind. Richardsons vollständige Gleichungen beschrieben ja auch meteorologisch unwesentliche, höherfrequente Schwingungen, wie die Schall- und Schwerewellen. Diese komplizieren unnötigerweise die Gleichungen und Ergebnisse und bilden obendrein eine Quelle numerischer Instabilitäten, die eine "vernünftige" Lösung verhindern können. Charney fand, daß seine quasi-geostrophische Näherung[2] in der Lage sei, die atmosphärischen Bewegungsgleichungen auf eine einzige, "stabilere" Gleichung zu reduzie-

---

2   Von einem geostrophischen Wind spricht man, wenn er genau parallel zu den Isobaren weht, den tiefen Druck zur Linken. In so einem Fall wirkt die Corioliskraft genau entgegengesetzt zur Druckgradientkraft. Kommen *zusätzliche* Kräfte ins Spiel, z. B. die Reibung an der Erdoberfläche, weicht der wahre Wind mehr oder weniger vom fiktiven geostrophischen Wind ab.

ren. Damit im Zusammenhang steht seine Entscheidung, die Atmosphäre als eine Schicht ohne vertikale Windänderung zu betrachten; ein sogenanntes "barotropes" Modell, dem die Kenntnis der meteorologischen Größen allein aus der mittleren Troposphäre, genauer aus dem Druckniveau 500 hPa, genügt. Diese waghalsige Vereinfachung der wahren atmosphärischen Prozesse war die eine, die meteorologische Seite der – wie sich herausstellen sollte – vorwärtsweisenden Ideen. Damit allein wäre aber die praktische Forderung, eine 24stündige Prognose in (deutlich) weniger als 24 Stunden zu berechnen, nicht zu erfüllen gewesen.

Letztlich entscheidend war daher der Einfall John v. Neumanns, daß der Computer nicht nur das berechnet, was der Mensch ihm Schritt für Schritt eingibt, sondern daß er immer wiederkehrende Teilberechnungen, bei wechselnden Daten, *selbständig* ausführt: das Programmieren eines Computers, das Speichern und Aktivieren eines Satzes von auszuführenden Befehlen und Anweisungen, war erfunden und damit die Grundlage *aller* späteren Computeranwendungen, nicht nur für die Meteorologie.

Als Computer stand dem Team des "Meteorologieprojekts" für 4 Wochen (im März/April 1950) die ENIAC (Electronic Numerical Integrator and Calculator) zur Verfügung, die für die US Army Geschoßbahnen berechnete. ENIAC war der erste Computer, der vollständig mit (18.000) Elektronenröhren arbeitete, d. h. ohne Einsatz mechanischer Teile auskam. Er war 2,40 m hoch und benötigte eine Fläche von 140 m². Ein- und Ausgabe (input/output) erfolgte über Lochkarten. Wegen des sehr begrenzten Hauptspeichers benötigte man 100.000 Lochkarten. Die Rechengeschwindigkeit war zu damaliger Zeit beeindruckend: 24 Stunden ENIAC – so lange dauerte die Berechnung einer 24stündigen Vorhersagekarte – entsprachen 5 Jahre Arbeit mit einem elektromechanischen Handrechner.

Zum ersten Mal hatten die Meteorologen guten Grund zu glauben, daß sie die beiden Hauptprobleme der numerischen, automatischen Wettervorhersage packen könnten: die Modellierung der Atmosphäre und die (rasche) Vorausberechnung. Die Vorhersagen – vier 24stündige und zwei 12stündige Prognosen der "Höhenwetterkarte" 500 hPa – waren überraschend gut. Dazu meinte Charney:
Die Ergebnisse zeigten, daß, mit bestimmten Ausnahmen, die großräumigen Eigenschaften der Luftströmung im Niveau 500 hPa barotropisch vorhergesagt werden können und sich somit Rossby's Vermutung bestätigte, daß die Meteorologie mit diesem Konzept eine neue Ära der praktischen Wettervorhersage eröffnet.

Nach diesem trotz aller Einschränkungen erfolgreichen Start in eine neue Ära, die nun auch prinzipiell in der Lage schien, die *meteorologische* Zukunft vorauszuberechnen, waren die nächsten Schritte klar vorgezeichnet: schnellere Computer und realistischere Modellannahmen. Der Wettlauf hatte begonnen, nicht nur an zahlreichen Instituten der USA, sondern auch, neben Schweden, in anderen Ländern Europas, vor allem in Belgien, Deutschland, Großbritannien und in der Sowjetunion.

Die unbefriedigendste Eigenschaft und Konsequenz *barotroper* Modelle war jedoch ihr Unvermögen, Neues *entstehen* zu lassen. Im wesentlichen verlagerten und modifizierten sie die Hauptstrukturen des atmosphärischen Strömungsfeldes im 500 hPa-Niveau, die Rücken und Tröge. Ein *neues* Tief aber konnte nicht entstehen, d. h. die Zyklogenese erforderte einen Modelltyp, in dem sich der Wind mit der Höhe ändern "durfte" und somit den Transport *verschieden* temperierter Luftmassen ermöglichte. Nicht weniger als 6 verschiedene, einfache *barokline* Modelle wurden in der kurzen Zeitspanne von 1951–53 entwickelt, alles Varianten des barotropen quasi-geostrophischen Charney-Modells von 1949. Die neuen "2-Parameter-Modelle" waren durch die horizontale Verteilung von 2 Variablen charakterisiert, entweder die Höhen von 2 verschiedenen Druckflächen (500 und 1000 hPa) oder Höhe und Temperatur in *einem* Druckniveau.

Eine Sturmkatastrophe am Thanksgiving Day 1950, die vor allem im Nordosten der USA über 200 Tote forderte und Millionen-Dollar-Schäden verursachte, forderte die Meteorologen heraus. Von den Synoptikern nicht ausreichend vorhergesagt, brach der Sturm unerwartet herein. Sollten etwa die neuen baroklinen Modelle in der Lage sein, so etwas besser vorherzuberechnen?

Im Sommer 1952 wußte man: Ja, sie können! Aber wie das mit nachträglichen Fallstudien immer so ist: *Entweder* man seziert den Einzelfall bis man glaubt, zu verstehen, was und wie alles vor sich gegangen ist. Aber man wird eben dadurch nicht in gleicher Weise erfahren, woran solch eine Situation in Zukunft sicher genug im voraus wiedererkannt werden kann. *Oder* – wie im Falle der numerischen Modellierer – man erliegt der naheliegenden Versuchung, bestimmte Koeffizienten in den Gleichungen solange hinzutrimmen, bis eine optimale Übereinstimmung zwischen Modellen und Beobachtungen erreicht wird. So gesehen – meint P. D. Thompson, ein Zeitzeuge – waren die Ergebnisse zwar ermutigend, aber doch etwas suspekt. Auch hier liegt keine unmoralische, unwissenschaftliche Absicht zugrunde, wohl aber das kardinale Erkenntnisproblem, im *Einzelnen* das *Besondere* aufzuspüren, was – ins *Allgemeine* kondensiert – *allein* in der Lage ist, Zukünftiges auszumachen.

Drei Jahre später, zwischen dem 6. und 15. Mai 1955, begann mit einer IBM 701 (und einem quasi-geostrophischen 3-Schichten-Modell) die "real-time" Routine der numerischen Wettervorhersage, d. h. reale, aktuelle Beobachtungsdaten werden unter "Echtzeitdruck" mittels Modell und Computer in (zunächst 24stündige) Vorhersagen "verwandelt", und das Tag für Tag. Unter allen, auch gestörten Bedingungen der Datengewinnung, der Telekommunikation, des Rechenbetriebes, der output-Verteilung usw.

Im Sommer 1958 beginnt das US Weather Bureau mit der Bildfunk-(Faksimile-)übertragung von Höhenwetterkarten, die mit Hilfe des quasi-geostrophischen barotropen Modells 1–3 Tage im voraus für die gesamte Nordhalbkugel der Erde berechnet werden. Mit entsprechender Empfangstechnik konnte jeder nationale Wetterdienst diese Informationen beziehen und verwerten.

In dieser Zeit hatten die Produkte der numerischen Analysen und Vorhersagen nur den Charakter von "Empfehlungen", verglichen mit dem, was die traditionelle Meteorologie zu leisten imstande war. Doch schon anfangs der 60er Jahre wurde (in den USA) klar, daß eine Computervorhersage der Höhenwetterkarte im 500 hPa-Niveau den empirischen Methoden klar überlegen war.

5.8 Hinkelmann – der deutsche Aufbruch

Doch wir eilen der Entwicklung zu schnell voraus, denn in der Zwischenzeit hatte sich auch in Deutschland, im Deutschen Wetterdienst (DWD), erstaunliches ereignet. Zwar

...waren die Mitarbeiter der Forschungsabteilung noch ganz auf die konventionellen alten Themen fixiert: statistische Methoden, Untersuchungen über die Struktur der Atmosphäre, allgemeine Zirkulation usw. Die einzige Ausnahme war K. Hinkelmann, eine herausragende Persönlichkeit und ein Glücksfall für den DWD ... Ohne ihn wäre die neue Entwicklung wohl verschlafen, der Anschluß für lange Zeit verpaßt worden[3].

Obwohl ich kein Zeitzeuge jener internen Diskussionen war, darf vermutet werden, daß angesichts der bedrückenden Nachkriegsverhältnisse mit ihrem ständigen Mangel an Arbeitsraum, Know-how und Geld auch die naheliegende Alternative nicht von der Hand zu weisen war, nämlich abzuwarten und zu verwerten, was potentere Gruppen und fortgeschrittenere Wetterdienste zu Wege gebracht haben. Ohne Hinkelmann (1915–1986) wäre es vielleicht so gekommen, aber spätestens seit dem Herbst 1952 machte er sich Gedanken, wie der amerikanische Modellansatz zu erweitern sei, um (noch) bessere Vorhersagen zu liefern.

Das Dilemma war ihm wohl bewußt. Eine 24stündige Vorhersage (eines Druckfeldes) auf der Grundlage *vereinfachter* Versionen der hydrodynamischen Grundgleichungen erfordert immerhin noch die Ausführung von ca. 10^9 numerischen und logischen Operationen. Um schneller als das Wetter zu sein, bedurfte es demnach einer Berechnungsleistung von ca. 10^4 Operationen je Sekunde – unmöglich daran zu denken, diese Modellvereinfachungen aufzuheben. Folgerichtig kam Hinkelmann in seiner Dissertationsschrift an der Leipziger Universität, "Quantitative Verfahren zur Voraussage atmosphärischer Zustandsänderungen" (1953), zu dem Schluß:

Damit scheidet das Verfahren, Wettervorhersagen durch numerische Integration der hydrothermodynamischen Grundgleichungen in ihrer ursprünglichen Form aufzustellen, für die praktische Verwertbarkeit aus.

Angesichts dieser Zwänge – kein Mensch konnte damals ahnen, zu welchen Steigerungsleistungen die Computertechnik einmal in der Lage sein sollte – wird sich Hinkelmann wohl der 50 Jahre alten Bjerknes-Idee einer Lösungsmöglichkeit mit *graphischen* Methoden erinnert haben. Der Einsatz "einer schweren, laut rumpelnden mechanischen Tischrechenmaschine", deren Teilergebnisse mit *grafischen* Verfahren weiterverarbeitet wurden, ließ schon nach einigen Monaten stumpfsinniger Zahlenarbeit im Frühjahr 1953 erkennen, daß – anders als bei Richardson 30–40 Jahre zuvor – die vollständigen, theoretisch wirklichkeitsnäheren Gleichungen prinzipiell lösbar sind, mit Ergebnissen, die auch tatsächlich der Wirklichkeit ähnlich waren und zum Fortschreiten ermutigten. Schon im Mai 1956 fand in Frankfurt/M. ein internationales Symposium über numerische Wettervorhersagen statt. Ab 1957 war es Hinkelmann möglich, "etwas [damals noch sehr teure] Rechenzeit auf den neuesten Computern in Paris, Boston und Washington zu mieten" und ohne grafischen Behelf den Nachweis einer vollautomatischen, durchgehend numerisch-digitalisierten Lösungsmöglichkeit zu erbringen.

Ich selbst, damals Meteorologiestudent in Leipzig, erinnere mich noch sehr gut jener Sternstunde im Jahre 1958, als uns der berühmte Hinkelmann seine Computervorhersagen atmosphärischer Druck- und Temperaturfelder präsentierte und wir seine naive Forscherfreude nachempfinden durften, daß diese Felder realen Wetterkarten nicht unähnlich waren – ja, in einem Fall einer durchgerechneten

---

[3]   aus: Die Geschichte der numerischen Wettervorhersage, Verkehrsnachrichten (1992), 10/11

Entwicklung einer Zyklone (Tiefdruckwirbel, -gebiet) zeigten sich sogar Strukturen, die wir ohne allzugroßes Wohlwollen sofort als Warm- und Kaltfront identifizieren konnten. Je nach Erfahrung und Überzeugung tendierten fortan Studenten, aber auch die gestandenen Fachleute dazu, gegensätzliche Positionen zu beziehen, wenn es um die Zukunft der praktischen Wettervorhersage ging:

Sie, die Numeriker, vermögen vielleicht eines fernen Tages, großräumige Zirkulationsfelder der Nordhemisphäre vorherzusagen, aber sobald es um wirkliches, lokales Wetter geht, wird es immer des erfahrenen Synoptikers bedürfen!

Dies etwa war die Überzeugung der Traditionalisten. Die theoretischen "Stürmer und Dränger", in der Regel bar praktischer Erfahrung, konterten:

Der Synoptiker wird überflüssig. Sein Job macht – eher als mancher denkt! – sehr bald der Computer.

Hermann Flohn (1912–1997), ein weltbekannter deutscher Meteorologe, wie Hinkelmann 1953 in Bad Kissingen, beteiligte sich nicht an der ideologischen Polarisierung, sondern wies ungemein konstruktiv und weitsichtig einen "dritten Weg". Auf der Berliner Meteorologentagung im Herbst 1953, meinte er zwar – an die räumlich-zeitliche Maschenweite des Meßnetzes und an die (störende) dynamische Instabilität denkend – *die numerische Vorhersage wird niemals in der Lage sein, ein Gewitter nach Ort und Zeit oder einen lokalen Nachtfrost vorherzusagen.* Ebenso schien ihm eine wirkliche, mittelfristige *Wettervorhersage anstelle einer Witterungsvorhersage auf numerischer Basis ebenfalls grundsätzlich ausgeschlossen.* Allerdings hielt er eine Koppelung statistischer und numerischer Verfahren für aussichtsreich – ein fruchtbarer Hinweis, der selbst zum Ende dieses Jahrhunderts noch aktuell ist.

Eines ist sicher:, meint er zusammenfassend, *In dem gegenwärtigen Entwicklungsstadium ist Stillstand gleichbedeutend mit Rückschritt. Neue Wege stehen offen: sehen wir zu, daß wir uns den Zutritt nicht verbauen durch Beharren auf einer überholten Tradition.*

Fünf Jahre später – das Hinkelmann-Konzept scheint erfolgversprechend – wird Flohn, wieder auf einer deutschen Meteorologentagung (September 1958 in Garmisch-Partenkirchen) noch deutlicher: Vor dem 2. Weltkrieg *bekannten sich viele deutsche Meteorologen zu einer gleichsam romantischen Auffassung von der Kunst der Wettervorhersage, die auf Erfahrung und Fingerspitzengefühl beruht; und bis jetzt hat sich daran noch kaum viel geändert. Aber unser Wissen ist ganz erheblich gewachsen. Diese Entwicklung macht auch die Gegenüberstellung und Diskussion verschiedener Schulmeinungen, die zumeist irgendeinen Mechanismus in den Vordergrund stellen, überflüssig. Die numerische Wettervorhersage liefert uns heute die Möglichkeit einer vollständigen Lösung wenigstens von Teilaufgaben, während die Betrachtungsweise früherer Jahrzehnte nur zu oft zu einer Diskussion von Schulmeinungen, um Fragen des 'Glaubens' führte, die in einer exakten Naturwissenschaft keinen Platz haben.*

Der Leser, die Leserin vermuten zu Recht, daß diese Zitate nicht nur historischnostalgischer Reminiszenz entspringen, sondern auch noch 40 Jahre danach aktuelle Bezüge nicht ganz vermissen lassen. Aber in einem kann ich den Leser und Empfänger von Wettervorhersagen beruhigen: Weder Angst noch "Glauben" entscheiden heutzutage, welche Verfahren und Produkte der Wettervorhersagen "bes-

ser" und leistungsfähiger sind als andere. Dies zu erläutern, wird Aufgabe des Ab-
schnittes über die *Verifikation* von Wettervorhersagen sein.

Zuvor aber sollen dem Interessierten die wichtigsten *Grundlagen* und *Besonderheiten* der modernen Wettervorhersage erläutert werden.

6 Grundlagen und Besonderheiten der mittelfristigen Wettervorhersage

Konrad Balzer

6.1 Das EZMW-Modell näher betrachtet

Die Installation des gigantischen World Weather Watch-Systems (WWW) im Jahre 1967 geht zurück auf den Wunsch und die Notwendigkeit, die Güte und vor allem den Vorhersagezeitraum der Routinemodelle der numerischen Wettervorhersage entscheidend zu erhöhen. Die Idee einer koordinierten internationalen wissenschaftlichen Anstrengung zur Lösung des Problems der mittelfristigen Wettervorhersage für 2 Tage bis 2 Wochen im voraus nahm 6 Jahre später Gestalt an. Im Oktober 1973 wird das ECMWF (European Centre for Medium Range Weather Forecasts, deutsch: EZMW) gegründet. Vorausgegangen war im Oktober 1967 ein allgemeiner Beschluß des Ministerrates der Europäischen Gemeinschaft, die nationalen Ressourcen in Wissenschaft und Technik zu bündeln. Ganz oben stand der Wunsch nach einer 10tägigen Wettervorhersage – damals noch ein Traum. Daher lautete der erste, realistischer erscheinende Auftrag: Das Wetter des 5. Folgetages so genau vorherzusagen wie die synoptische 2-Tages-Vorhersage in den 50er Jahren. Am 1. November 1975 ratifizierten 18 westeuropäische Länder in Reading bei London das Übereinkommen. Bereits 5 Jahre danach wurden täglich 10-Tages-Prognosen erzeugt und verbreitet.

Das Vorhersagesystem besteht aus zwei verschiedenen Teilen: ein *Prognosemodell* der allgemeinen Zirkulation der (Erd-)Atmosphäre und ein System der *Datenassimilation*, mit dem auf der Grundlage der anfallenden Beobachtungsdaten der (diagnostische) "Anfangszustand" der Atmosphäre festgelegt wird.

6.2 Das Prognosemodell

Anfangs, im Jahre 1979, bestand das Modell aus 15 Schichten in der Vertikalen und einer horizontalen Auflösung von 1,875° je geographischer Länge und Breite. Auf einem Großkreis (z. B. Äquator) entsprach dies einem Gitterpunktabstand von 200 km. 1997 gab es 31 Rechenflächen zwischen Erdoberfläche und der Stratosphäre im Druckniveau 10 hPa, das etwa einer Höhe von 30 km entspricht. Der für einige Berechnungen zugrunde liegende horizontale Abstand zweier Gitterpunkte beträgt ca. 60 km[1]. Insgesamt müssen an 4.154.868 Raumpunkten die meteorologischen

---

[1] Die meisten Rechnungen werden aber mit einem effizienteren Spektralmodell ausgeführt, d. h. die atmosphärischen Felder (Druck, Temperatur, Feuchte usw.) werden hier mit 213 trigonometrischen "Wellenfunktionen" beschrieben, was einer effektiven Auflösung von 0.8° (Länge und Breite) entspricht. Dieser Modelltyp wird "T213" genannt.

Variablen Wind, Temperatur, Feuchte (und der Luftdruck an den Bodengitter-
punkten) bestimmt werden, und zwar in Zeitschritten von 15 Minuten bis zu 10 Tagen im voraus. Die Anzahl der notwendigen Berechnungen beträgt
20.000.000.000.000 (2×10^{13}). Dafür wurden 1991 5 3/4 Stunden Rechenzeit benötigt. 1996 nur noch 2 Stunden. Schon 1 Jahr später brauchte der neue Fujitsu-
VPP700-Computer weniger als eine halbe Stunde. Seit Jahrzehnten nämlich
nimmt die Computerleistung im weltweiten System der numerischen Wettervorhersage nach einem einfachen Gesetz exponentiell zu. Es lautet:

$$FLOPS = 4.74 \times 10^{-5} \exp(0.352 \times J)$$

(FLOPS = floating point operations per second als Maß der Rechengeschwindigkeit; J = Jahre seit 1900). Ungefähr alle 6 1/2 Jahre verzehnfacht sich die Com-
putergeschwindigkeit. Bleibt es bei diesem exponentiellen Wachstum, werden die
Meteorologen um das Jahr 2007 Computer im Teraflop-Bereich einsetzen. (1 Te-
ra=1 Million mal 1 Million=$10^6 \times 10^6 = 10^{12}$) (Abb. 6.1).

H. v. Helmholtz (1821–1894) formulierte 1888 zum erstenmal 6 allgemeine Grundgleichungen, die die mathematisch-physikalische Basis für (fast) jedes Prognosemodell bilden:
1. Die Zustandsgleichung (für ideale Gase) beschreibt den diagnostischen Zusammenhang zwischen Druck, Temperatur und Dichte.
2. Die hydrostatische Gleichung beschreibt, ebenfalls diagnostisch, die Beziehungen zwischen Luftdichte und der Änderung des Luftdrucks mit der Höhe.
Die anderen vier Gleichungen sind "echt" prognostisch und beschreiben die *zeitlichen* Änderungen des horizontalen Windes, der Temperatur, des Bodenluftdrucks (Gewicht der darüber liegenden Luftmassen) und des Wasserdampfgehal-
tes eines "Luftpakets":

Abb. 6.1. Exponentielles Wachstum der Computerlei-stung in den letzten Jahr-zehnten

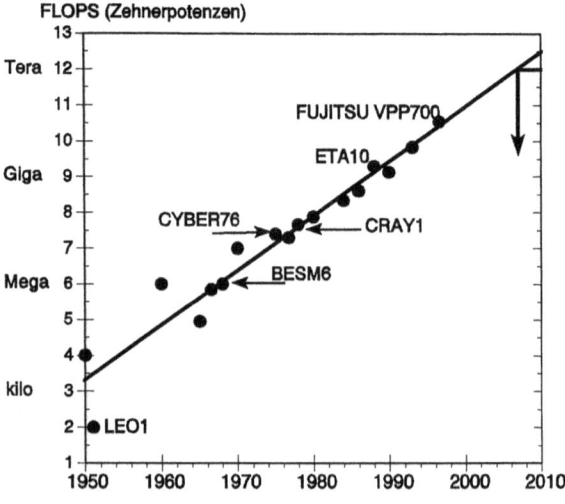

3. Die Kontinuitätsgleichung sichert den Erhalt der (Luft-)Masse und ermöglicht die Bestimmung der vertikalen Windgeschwindigkeit und der Bodendruckänderungen.

4. Die Bewegungsgleichung der Newtonschen Mechanik beschreibt, wie Änderungen der Windgeschwindigkeit mit dem horizontalen Druckgradienten und der Corioliskraft (rotierende Erde!) zusammenhängen und wie die Reibung nahe der Erdoberfläche die Luftbewegung nach Richtung und Geschwindigkeit beeinflußt. Es ist wirklich "nur" von einem *wechselseitigen* Zusammenhang die Rede, was den Meteorologen die Unterscheidung in (vorausgehende) Ursache und (nachfolgender) Wirkung strenggenommen unmöglich macht, auch wenn manche Fachkollegen ab und an von streng "kausalen" Beziehungen reden, um diese von den "unscharfen" statistischen Zusammenhängen abzugrenzen.

5. Die thermodynamische Gleichung (1. Hauptsatz der Wärmelehre) drückt aus, wie sich die Temperatur eines Luftpakets infolge vertikaler Änderung, freigesetzter latenter Wärme (infolge Kondensation des Wasserdampfes), Strahlungsströmen von der Sonne und der Erde, Reibung und Turbulenz ändert.

6. Die Kontinuitätsgleichung für Feuchte setzt Konstanz des Feuchtegehalts eines Luftpakets voraus, mit Ausnahme von ausfallendem Niederschlagswasser und Feuchtegewinn durch Verdunstung.

Schon bis hierher gewinnt man den Eindruck eines ungeheuer komplexen und äußerst detaillierten Modells der realen Atmosphäre. Doch dies allein wäre nicht in der Lage, vernünftige 10-Tages-Prognosen des globalen Wettergeschehens zu erzeugen. Der Grund liegt in der Tatsache, daß sich das wirkliche Wetter hauptsächlich *zwischen* den Maschen des Modells abspielt, von denen das Modell keine "Ahnung" hat. Deswegen mußte etwas ersonnen werden, um diese subskaligen Prozesse so zu beschreiben, daß es gelingt, diese räumlich kleineren und schnellebigen Vorgänge im Scale (Maßstab) und den Variablen des Modells abzubilden, d. h. an den vorgegebenen Gitterpunkten und im 15-Minuten-Abstand. Diese Technik nennen die Meteorologen *Parametrisierung*. Mit ihr wird außerdem versucht, komplizierte, (noch) nicht im deterministischen Gleichungssystem enthaltene physikalische Prozesse mit empirischen, statistisch formulierten Ansätzen abzubilden und dadurch doch noch teilweise zu berücksichtigen. Durch diese verschiedenen Zeit- und Raumskalen im Prozeß der Rückkopplung zwischen verschiedenen Prozessen wird der Berechnungsaufwand enorm in die Höhe getrieben. Andererseits könnte man zur Not bei einer nur kurzfristigen Wettervorhersage auf manche Parametrisierung verzichten, nicht aber bei einer Mittel- oder gar Langfristprognose.

An welche Phänomene denkt man vor allem? Zu nennen sind hier

- großräumiger Niederschlag einschließlich seiner festen Form (Eis, Schnee) und der Verdunstung während des Ausfallens,

- Konvektion, d. h. kleinräumiger Austausch von Wärme und Feuchte, sowie konvektive Niederschläge (Schauer, Gewitter),

- turbulente Prozesse vor allem in den unteren 1000 m der Atmosphäre (Grenzschicht), insbesondere an der energetisch so außerordentlich wichtigen Grenzfläche Wasser–Luft bzw. Erde–Luft, hinsichtlich Wärme, Feuchte und Wind,

- der Zustand der Erdoberfläche: Vegetation, Schneebedeckung, Meereisverteilung, Albedo, Wärme- und Feuchtegehalt des Bodens usw.,
- Strahlung einschließlich des astronomisch bedingten Tagesgangs der Sonneneinstrahlung und ihrer Wechselwirkung mit/auf Temperatur, Feuchte und Wolken,
- Schwerewellen in der oberen Atmosphäre, abgeschätzt aber anhand niedertroposphärischer Winddaten, der thermischen Stabilität und der Unterschiede orographischer Höhen der Erdoberfläche innerhalb jeder Gitterbox,

um nur die wichtigsten herauszugreifen. Kompromisse sind unvermeidlich. Ein bestimmter Gitterpunkt ist z. B. als "Land" gekennzeichnet, wenn mehr als die Hälfte der Referenzpunkte (1/6°×1/6°) "Land" ist. Korsika, Kreta und Zypern z. B. sind durch 2 Landgitterpunkte repräsentiert, Mallorca nur durch einen. Die Faröer Inseln, Rhodos und Gotland z. B. kann das Modell nur als Seegitterpunkte zur Kenntnis nehmen.

6.3 Datenassimilation

Das Prognosemodell kann noch so gut – ja perfekt – sein, es geht in die Irre, wenn der *Anfangszustand* beim Start der Prognose nicht gut genug beschrieben wurde. Hier wird übrigens eine weit über das Wetter hinausgehende allgemeine Quelle von (politischen, wirtschaftlichen, militärischen usw.) *Fehlprognosen infolge mangelhafter Kenntnis(nahme) der Ausgangssituation* sichtbar.

Die früheren, ziemlich einfachen 3-Flächen-Modelle kamen noch mit der Kenntnis des Luftdruckfeldes (genauer: der Höhe ausgewählter Druckflächen) aus. Die 10-Flächenmodelle benötigten schon zusätzliche Analysen der Feuchtefelder, während das Windfeld noch aus dem Druckfeld näherungsweise bestimmt werden mußte. Heute erfordern die besten und komfortabelsten Modelle täglich und weltweit numerische Analysen des Windfeldes mindestens aus der Troposphäre. Ebenso werden entsprechende Analysen der Wasseroberflächentemperatur aller Ozeane sowie der Meereisbedeckung benötigt – Informationen, die (seit Anfang der 80er Jahre) in aktueller Weise nur Satelliten liefern können. Früher konnten sie nämlich nur mittels klimatologisch bestimmter zeitlicher Mittelwerte grob abgeschätzt werden. Auch automatische Analysen des weltweiten Erdbodenzustandes (Vegetationsart, Bodenfeuchte) und der Schneebedeckung über Land sind seit 1983 möglich und seitdem Bestandteil der wirklich globalen und Rundum-die-Uhr-Diagnose eines großen Teils unserer geophysikalischen (und biologischen) Umwelt.

Die Datenflut des hier und bereits im Kap. 3.4 skizzierten globalen Beobachtungssystems (GOS) wird unter der Regie von 3 Weltzentren (Washington, Moskau, Melbourne) und ca. 25 Regionalzentren (u. a. Offenbach, Bracknell, Toulouse, Prag, Rom und Sofia für Europa) über das GTS verteilt und mit dem GDPS (global data processing system) verarbeitet (Abb. 6.2).

Dies sind die 3 Säulen des WWW, die routinemäßig, tagaus, tagein arbeiten. Für Forschungszwecke wird der Aufwand für eine begrenzte Zeit vervielfacht. Das erste wirklich global angelegte Experiment (FGGE) wurde vom Dezember 1978 bis November 1979 durchgeführt – 16 Jahre nach einem entsprechenden UNO-Beschluß (GARP) und 10 Jahre nach Einführung der Weltwetterwacht.

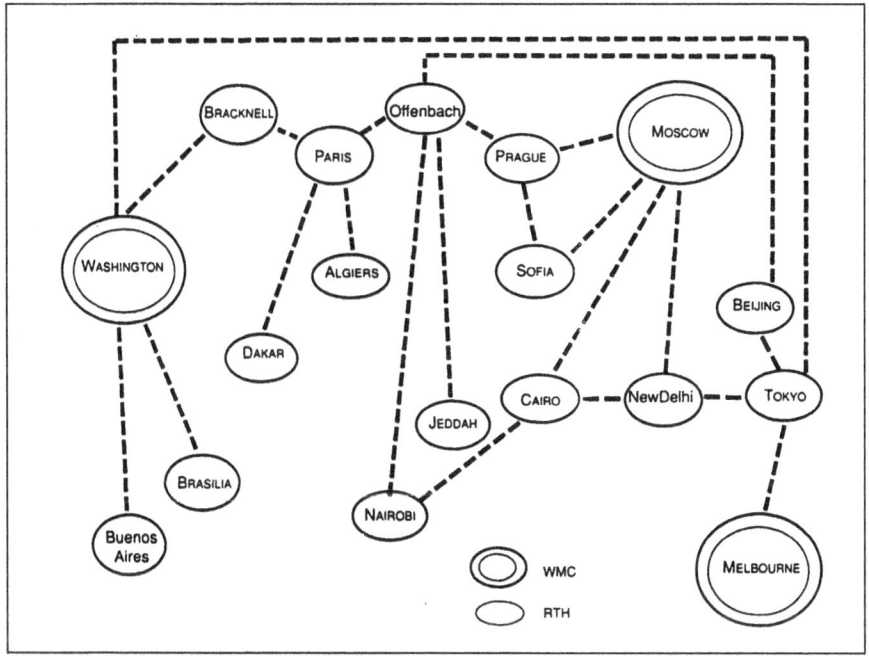

Abb. 6.2. Hauptverbindungen im Globalen Telekommunikationssystem (GTS) der WMO

Jedes Beobachtungssystem hat seine Vorzüge und Nachteile, wenn man an folgende wichtige Parameter denkt:
- Meßgenauigkeit und Kosten,
- Verfügbarkeit je Raum- und Zeitelement; Punkt oder Fläche, Boden oder Höhe, in unterschiedlich großem zeitlichen Abstand oder kontinuierlich,
- technologische Zuverlässigkeit. (Läßt sich die Information befriedigend digitalisieren, kontrollieren und als benötigte Anfangswerte in die Modelle der numerischen Wettervorhersage einbringen?)

Da moderne Meßmethoden (s. Kap. 3) atmosphärische Eigenschaften bestimmen, die *so* in den Modellen explizit gar nicht vorkommen, wird sogar daran gedacht, die Variablen und Gleichungen in den bisherigen Modellen so umzuschreiben, daß die neuartigen Meßdaten auch in Routinemodellen der numerischen Wettervorhersagen genutzt werden können.

Tabelle 6.1. Typische mittlere Windfehler bei der Kodierung von Meßdaten		
SYNOP/SHIP	3–4 m/s	
DRIBU	5–6 m/s	
TEMP/PILOT	2–3 m/s	
AIREP/SATOB	3 m/s	(untere Troposphäre)
	4–6 m/s	(obere Troposphäre)

Neben dem Problem der sehr unterschiedlichen Verfügbarkeit von meteorologischen Beobachtungsdaten eines bestimmten Meßsystems (SYNOP, DRIBU, TEMP, AIREP usw.), muß in irgendeiner Weise die unterschiedliche Datenqualität berücksichtigt werden. Dies meint nicht nur typische Differenzen zwischen den verschiedenen Meßsystemen, sondern auch "zufällige" Fehler bei der Kodierung der Meßdaten, in der geographischen Position von SHIP-Meldungen usw. (Tabelle 6.1).

Die erforderliche Qualitätskontrolle bedient sich u. a. folgender Vergleiche:

- mit räumlich benachbarten Meldungen,
- mit zeitlich vorangegangenen Meldungen (z. B. auch: kann die Position eines bestimmten Schiffes oder einer Driftboje überhaupt stimmen?),
- physikalische (hydrostatische) Kontrolle von TEMP-Daten (z. B. würde eine Temperaturänderung von >11 K/1000 m Höhenunterschied sehr suspekt sein und verworfen),

- mit 3-, 6- oder 9stündigen Modellvorhersagen (first guess field), die auf die Be-
obachtungszeit und -ort interpoliert werden.

Am EZMW gelangen nur syntaktische Kodierungsfehler per Bildschirm zum Men-
schen, der sie eventuell korrigieren kann. Alles andere läuft vollautomatisch. Andere Zentren lassen zweifelhafte Daten durch Experten mit Zusatzwissen (z. B. Satellitenbilder) beurteilen. Darüber hinaus gibt es für den Menschen nur noch die
Möglichkeit, über sogenannte Pseudodaten positiven Einfluß auf die Qualität einer
Analyse zu nehmen, z. B.''geschätzte'' Bodendruckdaten an besonders wichtigen
Punkten, wie die datenarmen Ozeane der Südhalbkugel oder die Positionen von
Wirbelzentren, die mittels Satellitenbildern recht zuverlässig bestimmt werden
können (Abb. 6.3).

Das eigentliche Modell der Datenassimilation ist über die Jahre immer an-
spruchsvoller geworden. Das jetzige nennt sich 4D-Var (vierdimensionale *Variati-*

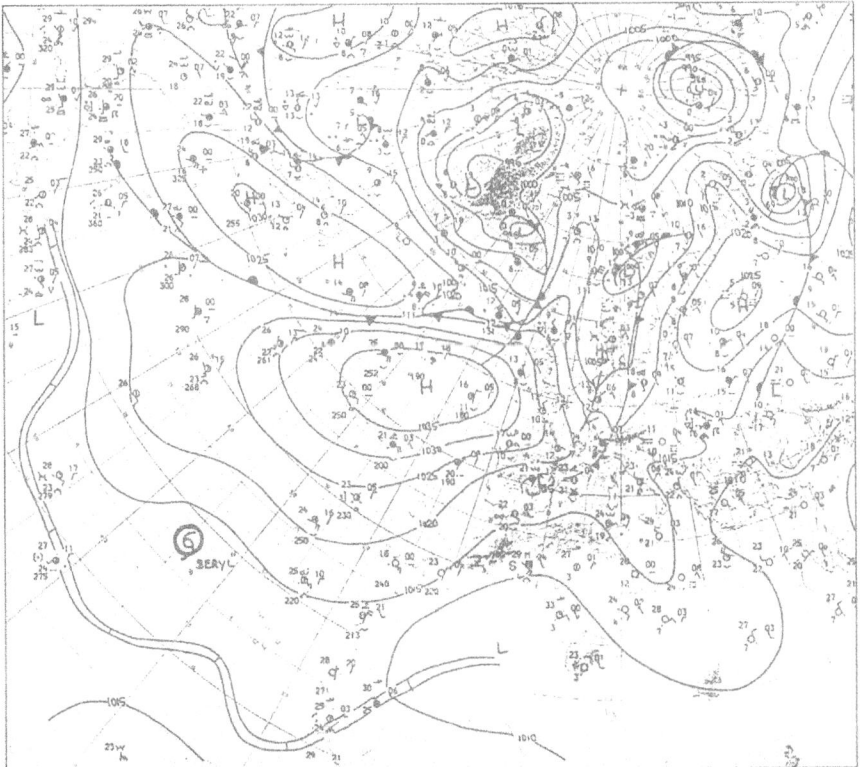

Abb. 6.3. *Vorher:* Kein Hurrikan entgeht dem geostationären Satelliten (hier: MeteoSat-2). Kaum hat
sich eine "tropische Störung" vor der Westküste Nordafrikas über dem tropischen Nordatlantik zum
Hurrikan entwickelt, wird er erfaßt und benannt: hier Nr. 2 der Saison des Jahres 1982 mit dem Namen
"BERYL". *Oben* die amtliche Wetterkarte des Deutschen Wetterdienstes vom 31. August 1982.

onsanalyse). Was ist das? Die 4D-Var-Technik vereinigt – in programmierter Form – Wissen und Erfahrung der fähigsten Meteorologen auf dem Gebiet der Analyse meteorologischer Felder. Sie nutzt nicht nur die letzte verfügbare Beobachtung, sondern schaut zugleich 12–24 Stunden zurück. Im Lichte dieses späteren Wissens können frühere Beobachtungen, die ursprünglich mit geringem Gewicht in die damalige Analyse eingingen, aufgewertet werden.

Irgendwo in den Weiten des Atlantik intensiviert sich unerwartet eine Störung. Zufällig nimmt ein gerade passierendes Schiff Notiz davon und setzt eine SHIP-Meldung ab. Diese "paßt nicht" ins Bild der, sagen wir, 06 UTC-Analyse und wird, wenn schon nicht völlig verworfen, dann aber so gering gewichtet, daß sie in der globalen Analyse kaum in Erscheinung tritt. 6 Stunden später aber haben sich Wolkenstrukturen entwickelt, die durch Meteosat "entdeckt" werden und in die 12 UTC-Datenassimilation eingehen. Im Lichte dieses Wissens wird eine verbesserte 06 UTC-Analyse gerechnet, die wiederum eine realistischere 6stündige Prognose als "first guess" liefert. Dies führt dazu, daß angezweifelte 12 UTC-Daten "rehabilitiert" sind usw. Außerdem berücksichtigt 4D-Var die Erfahrung, daß die Unterscheidung sicherer/unsicherer Daten mit Hilfe des 6stündigen Prognosefeldes abhängig sein muß vom Strömungsmuster, d. h. in der Umgebung rasch ziehender oder sich vertiefender Zyklonen müssen größere Differenzen zwischen "first guess" und aktueller Beobachtung akzeptiert werden als in Gebieten, wo sich kaum etwas ändert (z. B. in einem tausende Kilometer großen, winterlichen Sibirien-Hoch).

Mit anderen Worten: 4D-Var wird mit diesen schwierigen Problemen besser als jedes vorausgegange Analysenschema fertig, weil **der Einfluß jeder einzelnen Beobachtung zeitlich und räumlich kontrolliert wird durch die komplette Modelldynamik**. Der Aufwand, der hierbei getrieben werden muß – und demnächst wird – ist beträchtlich. Das EZMW geht davon aus, daß 37% der Computerzeit allein für das 4D-Var-Assimilationssystem benötigt werden. Für die "eigentliche" 10-Tages-Prognose reichen dagegen 9% aus.

6.4   Noch einmal zum Maßstabsproblem

Kleinräumige Störungen sind in der Lage, nach und nach immer größere Maßstabsbereiche zu infizieren, während umgekehrt die großen Scales auch auf die kleineren rückwirken und ihnen ganz bestimmte, mehr oder weniger begrenzte Spielräume zuweisen (Abb. 6.4).

Ein Beispiel: Ein fahrendes Auto hinterläßt eine Schleppe kleinsträumiger Turbulenz. Diese verwirbelte Luft beeinflußt die nächste Windspitze, welche die Verdunstung des Wassers eines nahe gelegenen Teiches verändert. Beides zusammen modifiziert vielleicht die Ausdehnung, Gestalt und den Zeitpunkt einer kleinen Wolke über dem nächsten Hügel. Diese wiederum verschiebt Zeit und Ort eines Regenschauers im Gefolge eines Gewitters, das den Durchzug einer Kaltfront zu verzögern vermag, was dazu führt, daß sich der zugehörige Tiefdruckwirbel weiter verstärkt.

Vorgänge dieser Art spielen sich laufend ab, auch wenn die Kausalketten im einzelnen nicht durch Messungen zu belegen sind; ganz abgesehen davon, daß eine

Abb. 6.4. Trägt man charakteristische horizontale Ausdehnungen und "Lebensdauern" meteorologischer Erscheinungen und Prozesse in einem Diagramm ein, erkennt man, daß sie in einem raum-zeitlichen Spektrum auftreten, das mindestens 10 Größenordnungen überdeckt und in welchem die räumlichen und zeitlichen Dimensionen enge Bindungen eingegangen sind. (Nach Orlanski 1975)

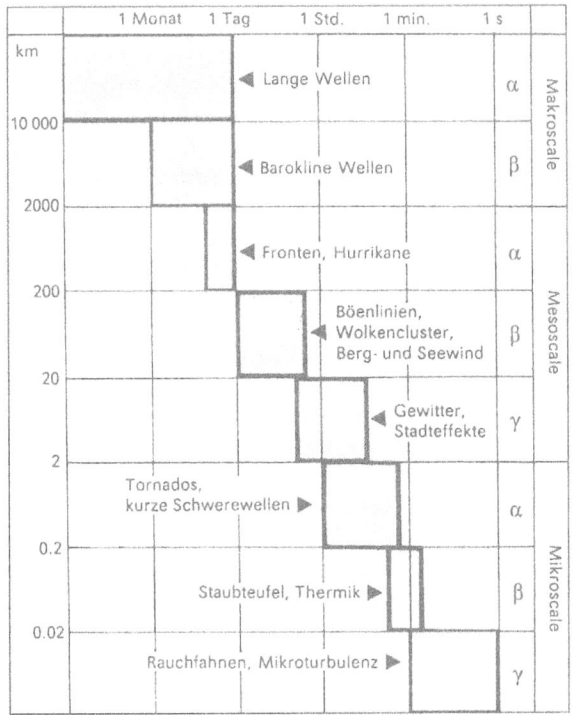

Meßtechnik zur Verfolgung mikroskaliger Prozesse den natürlichen Ablauf empfindlich stören und verfälschen würde.

Natürlich, viele Effekte mitteln sich aus, ohne eine erkennbare neue Wirkung zu setzen, denn die Reibung an der rauhen Erdoberfläche dämpft und zerstört schließlich die meisten turbulenten Störungen. Die Wahrscheinlichkeit ist also ziemlich gering, daß mein nächstes Niesen oder auch ein Raketenstart über Guayana verantwortlich sein könnte für die Intensivierung eines Unwetters über Südchina. Auch besagt dies nicht, daß solche geringfügigen Ursachen die Großwetterlage oder gar das Klima zu ändern vermögen, wohl aber sind *auch in ihnen* die zufälligen Ursachen für die raum-zeitlichen "Fluktuationen" individueller Wetterereignisse zu suchen.

Theoretische Studien und Experimente mit mathematischen Wettermodellen zeigen, daß kleinsträumige meteorologische Prozesse innerhalb weniger Tage auf großräumige Strukturen einwirken können. Dank der Rotation und der Schwerkraft der Erde aber verhält sich die Atmosphäre im großen und ganzen geostrophisch und hydrostatisch, so daß die Identität der großen Wettersysteme erhalten bleibt – im Mittel etwa für einen Zeitraum von 2 Wochen. Diese Zeitspanne gilt seit langem als äußerste, prinzipielle Grenze der Determiniertheit und Vorhersagbarkeit *individueller* Eigenschaften der Atmosphäre, wie sie uns beispielsweise beim Betrachten *täglicher* Wetterkarten in Erscheinung treten.

Die relative, vorübergehende Eigenständigkeit meteorologischer Prozesse unterschiedlicher Größenordnungen erlaubte es übrigens den forschenden Meteorologen, gewisse Maßstabsbereiche herauszugreifen und genau diesem Scale entsprechend zu modellieren. Abgesehen davon ist es aus verschiedenen Gründen (noch?) nicht möglich, eine Meso γ- oder Mikro α-Modellierung für den gesamten Globus durchzuführen.[2] Die Konzentration auf einen bestimmten Maßstabsbereich muß jedoch Möglichkeiten offenhalten, daß die in über- und untergeordneten Scales ablaufenden Prozesse *wechselseitigen* Einfluß nehmen können.

Bis heute wird dies international durch eine Art "Matrjoschka"-Prinzip erfolgreich gemeistert. Sie kennen vielleicht die mit buntem Lack bemalten russischen Holzpüppchen, in deren Innerem mehrere, immer kleinere "Mütterchen" verborgen sind. Im Deutschen Wetterdienst z. B. heißt die große Matrjoschka "GM" (Globales Modell, 1° räumliche Auflösung, Zeitschritt der numerischen Integration 15 Minuten), gefolgt vom kleineren "EM" (Europa-Modell, 1/2°, 5 Minuten), das unter sich "DM" verbirgt (Deutschland-Modell, 1/8°, 4 Minuten). Aber auch hier geht der Trend dahin, die Zahl der Matrjoschkas zu verringern, d. h. feinerskalige Modelle über größere Gebiete der Erde zu rechnen.

6.5   Instabilitäten wohin man schaut

Wir erinnern uns: Stabil wird ein Zustand genannt, wo Änderungen zwar auftreten, am Grundzustand aber nichts (wesentlich) ändern. Diese Definition ist so all-

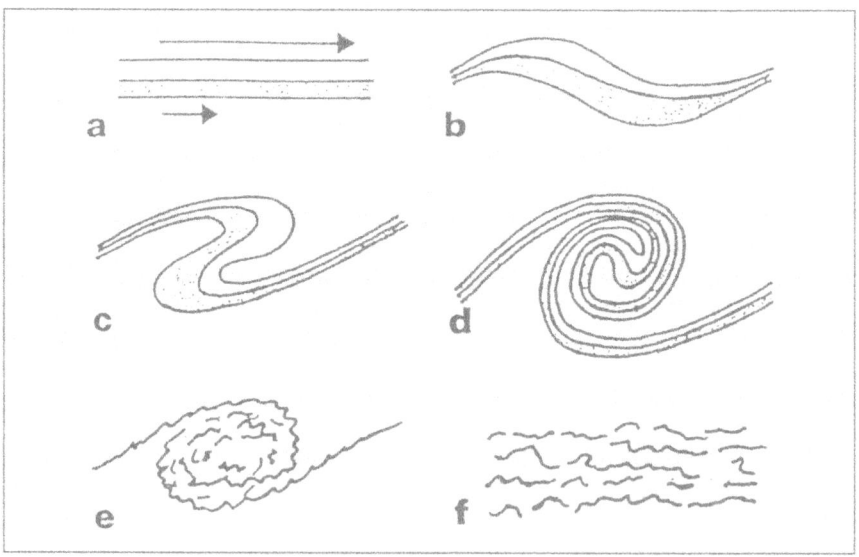

Abb. 6.5. *Oben:* Schema der Entstehung von Turbulenz aus einer ursprünglich stabilen Situation (nach Thorpe 1969); unten lagert kalte, dichte Luft; oben – bei stärkeren horizontalen Winden – wärmere, leichtere Luft *(a)*. Aber auch die Verwirbelung ehemals *neben*einander liegender, unterschiedlich warmer Luftmassen entlang der sogenannten Frontalzone (mit hochtroposphärischem Jet-Stream) geschieht nach ähnlichem Entwicklungsmuster *(b–f). rechte Seite:* Das Zwischenergebnis ist ein riesiges atlantisches Sturmtief mit Zentrum nordwestlich der Britischen Inseln. (Infrarotfoto von Nimbus-7 am 19. Dezember 1982, 14.50 UTC)

---

[2]   Aber dies ist offenbar nur noch eine Frage der Zeit, denn wer hätte sich vor 20 Jahren ein Meso α-Modell der Wettervorhersage vorstellen können, das routinemäßig global rechnet (EZMW-T213-Modell mit einem "physikalischen Gitter" von ca. 60 km).

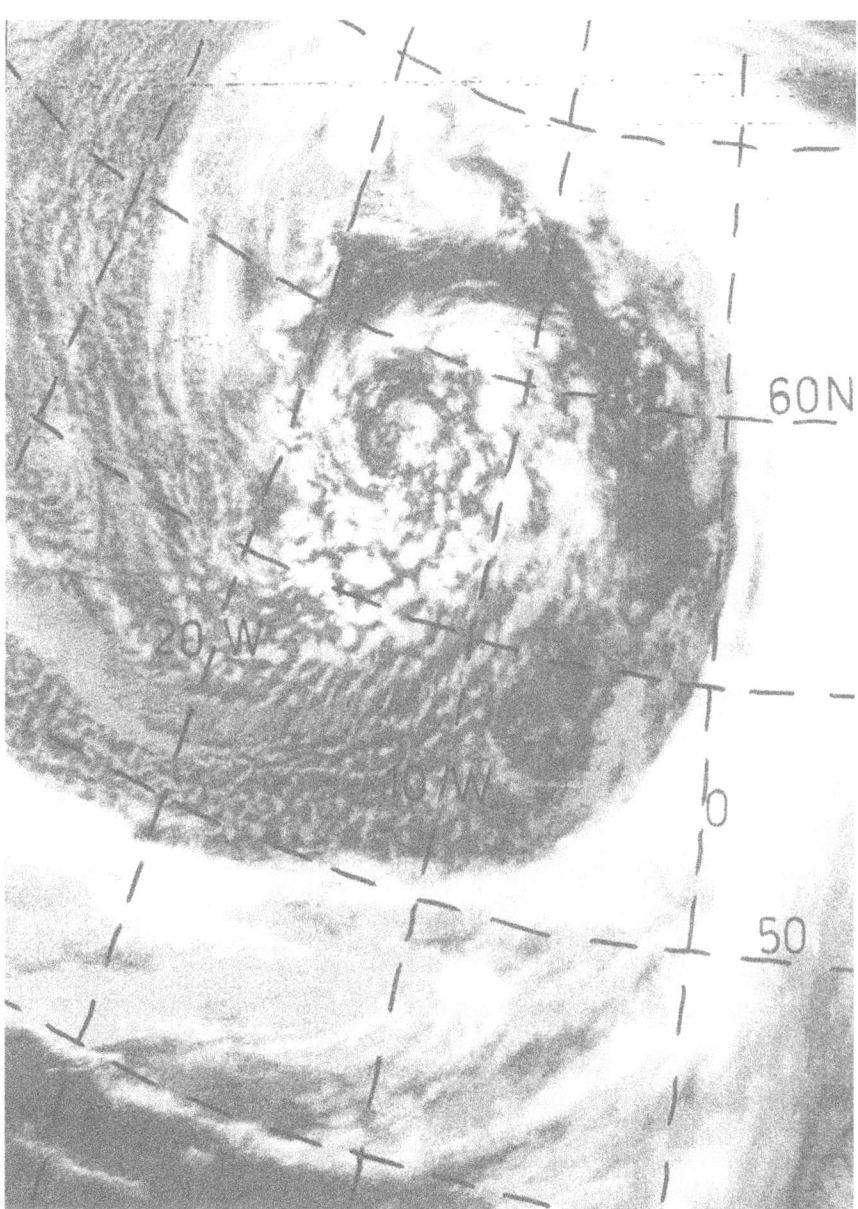

gemein, daß sie auf eine ganze Reihe analoger Phänomene aus der belebten und unbelebten Natur zutrifft.

Instabilität liegt dann vor, wenn (sogar sehr kleine) Änderungen eine Rückkehr zum vorangegangenen Zustand verhindern – ein umkippender Stuhl oder Kisten-stapel, ein plötzliches Umschlagen der Farbe einer chemischen Lösung, soziale Re-volutionen, der Wutausbruch eines ständig frustrierten Menschen – und natürlich das Wetter. Tagelang liegen über dem Nordatlantik polare und tropische Luftmassen "friedlich" nebeneinander; irgendwann wird der (horizontal) erträgliche Gegensatz überschritten und plötzlich entsteht eine neue Zyklone – die ehemals "glatte" Strömung wird turbulent verwirbelt mit dem schließlichen Ergebnis, daß der Wärmegegensatz wieder auf ein stabileres Niveau sinkt (Abb. 6.5).

Vertikale Instabilität liegt dann vor, wenn aufsteigende Luft (infolge thermischer oder orographisch bedingter Hebung) nicht wieder absinkt, sondern weiter aufsteigt. Jede Haufen- oder Gewitterwolke macht vertikal instabil geschichtete Luft sichtbar. Es genügt unter Umständen eine Erwärmung um 1/2°C, und innerhalb einer halben Stunde schießt ein Cumulonimbus (Gewitterwolke) aus dem "Nichts" in die Höhe, durchbricht die Tropopause, löst ein schweres Gewitter mit kurzzeitigen Sturmböen aus und verärgert den Meteorologen vom Dienst, da er frühmorgens annahm, die Luft in 2 m Höhe würde sich höchstens bis 30°C erwärmen – es wurden aber 31°C erreicht.

An dieser Stelle sei nur darauf hingewiesen, daß die Begriffe "Instabilität", "Turbulenz" und "Nichtlinearität" – und die sie beschreibenden Phänomene – ganz eng zusammengehören. Im stabilen, nicht-turbulenten Fall gilt gewöhnlich das lineare Wirkungsprinzip: kleine Ursachen – kleine Wirkungen, große Ursachen – große Wirkungen. Ein typisches Beispiel: Die Zufuhr ein und derselben Wärmemenge erhöht die Temperatur (des Wassers, der Luft usw.) um immer den gleichen Betrag. Bei Instabilität gilt aber, daß kleine, zuvor unwesentliche Änderungen plötzlich große, zuweilen katastrophale Auswirkungen zeitigen.

Ein zu Beginn der Modellversuche unterschätztes Problem bestand darin, daß die physikalischen Grundgleichungen *alle* in der Atmosphäre ablaufenden Phänomene in ihrem meist wechselseitigen Zusammenhang beschreiben, also auch solche, die nichts mit Wetter zu tun haben, wie Schall-, Schwere- und Trägheitswellen. Die Summe all dieser Vorgänge wird gewöhnlich mit "meteorologischem Lärm" bezeichnet. Akustische Störungen z. B. erzeugen in der Luft hochfrequente Schallwellen mit einer Ausbreitungsgeschwindigkeit von ca. 330 m/s. Sie beträgt ein Vielfaches der Windgeschwindigkeit, mit der sich die meteorologisch interessanten Wellen verlagern.

In diesem Zusammenhang stellte sich das ernste Problem der (linearen) *numerischen Stabilität*, das an sich physikalisch gänzlich unbegründet und nur eine Folge des numerischen Lösungsverfahrens ist, und zwar aus folgendem Grund:

Eine rein analytische Lösung der meteorologischen Prognoseaufgabe scheitert an der Nichtlinearität des simultanen, partiellen Differentialgleichungssystems. Trotz des glücklichen Umstandes, daß die zeitlichen Ableitungen der abhängigen Variable in den Gleichungen nur mit dem ersten Differentialquotienten auftauchen, ist die numerische Integration ein unerhört schwieriges und aufwendiges Unterfangen. Das Grundprinzip der numerischen Integration ist dabei noch recht einfach zu formulieren: Ersetze die abstrakten, unendlich kleinen Differentiale durch konkrete, endlich große Differenzen im Raum *und* in der Zeit. Die mit elementaren mathematischen Mitteln so erreichten Lösungen stellen Näherungslösungen der Differentialgleichungen dar, die um so ungenauer sind, je größer die Zeit- und Raumschritte gewählt werden.

Ist nun die räumliche Verteilung der abhängigen Variable, also z. B. des Luftdrucks, zum Anfangszeitpunkt gegeben, so kann bei einer bestimmten Wahl der räumlichen Differenz Δx (Gitterpunktabstand) die zeitliche Änderung der entsprechenden Größe an jedem Gitterpunkt für ein hinreichend kurzes Zeitintervall Δt direkt aus den Gleichungen berechnet werden. Daraus ergeben sich neue Feldverteilungen aller Variablen, aus denen erneut ihre zeitliche Änderung ermittelt wird. Diese Prozedur wird so lange wiederholt, bis der gewünschte Prognosezeitpunkt erreicht ist.

Sehr viele Sorgen bereitete anfangs die Wahl des "hinreichend kurzen" Zeitintervalls, denn natürlich wollte man es so groß wie nur irgend möglich halten, um den Rechenaufwand zu begrenzen. Es zeigte sich aber, daß völlig unrealistische Lösungen entstehen wenn die Bedingung

$$\Delta t \leq \frac{\Delta x}{c}$$

nicht eingehalten wird. Dabei stellt c die Geschwindigkeit dar, mit der sich ein atmosphärischer Prozeß ausbreitet. Für meteorologisch interessante Wellen kommt etwa die Windgeschwindigkeit mit maximal ca. 100–150 km/h (als atmosphärischer Mittelwert) in Frage, für Schwerewellen aber die Schallgeschwindigkeit von ca. 1200 km/h.

Ist also in den atmosphärischen Gleichungen der meteorologische Lärm noch enthalten, müßte bei einem $\Delta x=150$ km mit Zeitschritten von weniger als 8 Minuten gerechnet werden. Da in der dritten Dimension, der Vertikalen, wegen der um 2–3 Zehnerpotenzen größeren Gradienten der meteorologischen Elemente wesentlich kleinere Δx gewählt werden müssen, verringert sich dabei der maximal erlaubte Zeitschritt bis in den Sekundenbereich.

So sehr eine *Halbierung von Δx* immer erwünscht sein wird, so erfordert dies doch im Prinzip immer eine neue Computergeneration, denn eine Halbierung von Δx vervierfacht die Gitterpunktzahl, halbiert automatisch den Zeitschritt Δt und benötigt somit einen 8mal schnelleren Computer. Noch gravierender aber ist das Problem, in einem so feinmaschigen Netz die zusätzlichen Beobachtungsdaten zu gewinnen, um den detaillierteren Anfangszustand auch realitätsnah beschreiben zu können.

6.6   Unvermeidliche Fehlerquellen

Nicht genug damit, daß es ganz normale, meßtechnisch begründete Beobachtungsfehler oder Fehler bei der Kodierung, Übermittlung, Dekodierung usw. gibt, plagen die Meteorologen *zusätzliche Fehler* ganz anderer, prinzipieller Art.

Zu verschmerzen ist wohl gerade noch, daß die Luft eigentlich nicht – wie in der Gasgleichung – als ideales Gas behandelt werden darf, da sie u. a. Wasserdampf enthält, der in allen 3 Aggregatzuständen auftreten kann, also auch in fester und flüssiger Form.

Gravierender ist die mit ziemlich großen Fehlern behaftete Kenntnis über Niederschlag und Verdunstung an der Erdoberfläche. Aus der Atmosphäre liegen überhaupt keine direkten Meßdaten vor. Es wird jedoch viel unternommen, um das Niederschlagswasser wenigstens indirekt mittels Wettersatelliten zu bestimmen.

Eine echte Schwierigkeit bei der Festlegung des Anfangszustandes ergibt sich jedoch bei der vertikalen Windkomponente. Sie wird für die Zwecke der numerischen Wettervorhersage nicht beobachtet, obwohl die Vertikalbewegung der Luft vielleicht die wichtigste Komponente darstellt, wenn es um Wolken und Niederschlag geht. Im allgemeinen steigt die Luft auf oder sinkt nur in der Größenordnung 1 cm/s=36 m/h, verglichen mit 10 m/s=36 km/h für die *horizontale* Windgeschwindigkeit. Dreidimensionale Windmesser befinden sich nur an wenigen speziellen Forschungsinstituten und dort auch nur in den alleruntersten Luftschichten, nicht aber in der freien Atmosphäre. Der Vorteil der früher schon erwähnten hydrostatischen Näherung – die dritte Bewegungsgleichung für den Vertikalwind wird durch die hydrostatische Beziehung ersetzt – liegt gerade darin, daß in ihr Luftdruck und horizontales Windfeld die Vertikalbewegung des Windes eindeutig festlegen. Wir sehen also, daß aus meßtechnischen Gründen ein zwingender Grund vorhanden ist, mit dieser Annahme zu rechnen. Außerdem wirkt sie als hochwillkommenes Vertikalfilter, das die vertikale Ausbreitung von Schallwellen unterdrückt und erst dadurch Zeitschritte Δt im Minuten-, statt Sekundenbereich erlaubt. Umgekehrt entsteht daraus das ungemein schwierige Problem der Kenntnis gemessener Anfangswerte der Vertikalbewegung bei all jenen kleinskaligen Modellen, in denen sich eine hydrostatische Näherung physikalisch verbietet.

Auch andere wichtige Zustandsgrößen können *überhaupt noch nicht* gemessen werden, wenn man an die notwendige weltweite Routine im real-time-(Echtzeitdatenverarbeitungs-)Regime denkt. Luftelektrische und -chemische Angaben gehören z. B. hierher.

Eine ganz andere Fehlerquelle – auf den ersten Blick nicht erkennbar – liegt in der Unsicherheit von Beobachtungen hinsichtlich ihrer *raum-zeitlichen Repräsentativität*. Was hat es damit auf sich? Wegen der sich meist turbulent abspielenden Wettervorgänge ist es kaum möglich, "typische", "ungestörte" Meßdaten zu gewinnen. Denn im Unterschied zu den innerhalb des gewählten Maßstabs wohldefinierten Modellen, enthält eine Beobachtung immer Typisches *und* Zufälliges. Räumlich ist es nicht anders. Immer wird ein Windmeßgerät oder ein Temperaturmeßfühler – beispielsweise auf dem Flughafengelände einer nahen Großstadt – neben wetterlagen- und luftmassentypischen Anteilen auch Lokales und Vorübergehendes, also weniger Repräsentatives messen.

Wir bemerken, repräsentativ ist ganz und gar relativ. *Allein der Maßstab* – Europakarte oder Stadtplan – *entscheidet, was als "zufällig", was als "typisch" anzusehen ist.*

Es wird klar, daß es immer Unsicherheiten in der momentanen, "wahren" Kenntnis der Atmosphäre geben wird. Diese Unsicherheit ist unabwendbar, auch wenn sie noch durch bessere Meßtechnik vermindert werden kann. Würde es z. B. gelingen, den gegenwärtigen *Meßfehler* um die Hälfte zu verringern, könnte die Zeitspanne einer praktisch nutzbaren Vorhersage um weitere *3 Tage* verlängert werden. Jedoch selbst wenn der Wetterzustand im großen und ganzen, d. h. bei Gitterweiten von vielleicht 50 km, völlig fehlerfrei bekannt wäre, würden die unbekannten Ungenauigkeiten im Detail, die durch *Parametrisierung* nur notdürftig und vorübergehend abgefangen werden, bereits nach 1-2 Tagen unvermeidlich zu Fehlern im größerskaligen Atmosphärenzustand führen, die vergleichbar mit heutigen Analysefehlern sind.

Und als ob das alles noch nicht reichen würde, den Glauben an eine vielleicht doch mögliche perfekte Wettervorhersage zu erschüttern, machte Anfang der 60er Jahre der amerikanische Meteorologe E. N. Lorenz eine geradezu sensationelle Entdeckung.

7 Aktuelle Herausforderungen und erste Antworten

Konrad Balzer

7.1 Die Entdeckung der Grenzen in der (Wetter-)Vorhersage

Anfang des Jahres 1961 simulierte Edward N. Lorenz am berühmten MIT das Verhalten der Atmosphäre nicht nur über ein paar Tage, sondern über mehrere Monate. Sein einfaches baroklines Vorhersagemodell lief auf einem ebenso einfachen Computer(Royal McBee LPG-30), der zwar auf 6 Stellen (nach dem Komma) genau rechnete, aber nur auf 3 Stellen genaue Ergebnisse ausdruckte. Eines Tages entschloß er sich, den Vorhersagezeitraum dadurch zu verlängern, indem er sein Modell nicht wieder von Anfang an starten wollte, sondern etwa in der Mitte des vorangegangenen Laufs. Er ging davon aus, daß die erste Hälfte des neuen mit der zweiten Hälfte des alten Laufs übereinstimmen müßte, wenn er selber bei der Eingabe des Zwischenergebnisses (als Start des zweiten Laufs) keinen Fehler machen würde. Aber das erwies sich als falsch: die Lösungen des "identischen" Zeitraums liefen ziemlich schnell auseinander.

Bis zum Zeitpunkt dieser folgenschweren Entdeckung durfte man erwarten, daß (fast) alle physikalischen Prozesse die Eigenschaft besitzen, daß, wenn zwei identische Systeme mit sehr ähnlichen Anfangsbedingungen starten, sie auch ähnliches Verhalten zeigen. Dieses Prinzip war eine von der Praxis erzwungene, aber mit der Alltagserfahrung sehr wohl übereinstimmende Abschwächung des ursprünglich formulierten Kausalitätsprinzips: Gleiche Ursachen haben gleiche Wirkungen. Nun schien selbst der "schwachen" Kausalität – ähnliche Ursachen haben ähnliche Wirkungen – der Boden unter den Füßen entzogen.

Den Stochastikern unter den Naturwissenschaftlern war die Quintessenz des Lorenz-Experiments durchaus vertraut, hatte doch der britische Physiker J. C. Maxwell (1831–1879) schon 1876 folgendes zu bedenken gegeben:

Der Satz, ähnliche Ursachen bringen ähnliche Wirkungen hervor, ist nur dann richtig, wenn kleine Veränderungen in dem Anfangszustand des Systems nur kleine Veränderungen in seinem Endzustand zur Folge haben. Bei einer großen Anzahl von physikalischen Phänomenen ist diese Bedingung erfüllt; aber es gibt andere Fälle ... so wenn die Verrückung der Weichen einen Eisenbahnzug veranlaßt, in einen anderen hineinzurennen, statt seinen richtigen Weg einzuhalten.

Das nicht-deterministische Credo wurde danach immer vernehmlicher. Jules Henri Poincare (1854–1912), französischer Mathematiker, Physiker und Philosoph: Es gibt dynamische Systeme, in denen sich winzige Störungen im Laufe der Zeit dramatisch vergrößern können und somit das System selbst unvorhersagbar machen. 1922 resümierte der österreichische Physiker E. Schrödinger (1887–1961) bei seiner Antrittsvorlesung:

Die physikalische Forschung hat in den letzten vier bis fünf Jahrzehnten klipp und klar bewiesen, daß zumindest für die erdrückende Mehrzahl der Erscheinungsabläufe, deren Regelmäßigkeit und Beständigkeit zur Aufstellung des Postulats der allgemeinen Kausalität geführt haben, die gemeinsame Wurzel der beobachteten strengen Gesetzmäßigkeiten der Zufall ist.

Trotzdem blieb der Grundgedanke des Determinismus, "Wer hinreichend Kenntnisse hat, kann alles, was geschehen wird, nach den Gesetzen der Mechanik vorausberechnen", bei seinen Anhängern sakrosankt, da er nach ihrer Meinung noch nicht schlüssig widerlegt worden sei. Nach wie vor standen sich die zwei Lager – hier Determinismus, da Stochastik – "unversöhnlich" gegenüber, was nach meiner Meinung vor allem im ambivalenten Verhältnis des Menschen zu "Freiheit" einerseits und "Ordnung" andererseits begründet ist, genauer: in der schmerzenden Vorstellung des "sowohl – als auch". *Entweder* Freiheit (Chaos), *oder* Notwendigkeit (Ordnung) erscheint ihm einfacher und plausibler.

Die mathematische Beschreibung komplexer nichtlinearer Systeme, von denen das Wetter *das* Beispiel par excellence darstellt, ergibt vielfach Gleichungssysteme mit einer großen Anzahl von Freiheitsgraden (Variablen, Parametern). Es ist oft vermutet worden, daß das fremdartige, irreguläre Verhalten solcher Systeme auf die *große* Anzahl von Freiheitsgraden zurückzuführen ist. Das Revolutionäre in den Lorenz-Experimenten der Folgejahre bestand aber in der Erkenntnis, daß die Nichtlinearität des Systems schuld ist, auch schon in niedrigdimensionalen Gleichungssystemen.

In seiner berühmt gewordenen Arbeit über eine deterministische, nichtperiodische Luftströmung[1] geht es um ein äußerst vereinfachtes Konvektionsmodell, das nur aus 3 gewöhnlichen Differentialgleichungen (mit 3 Variablen) besteht. Bis zum 1650. Rechenschritt (Iteration) ist die Welt noch einigermaßen in Ordnung: nach einer schnellen Reaktion auf eine vorgegebene Anfangsstörung ergeben sich nur periodische Schwingungen um einen Gleichgewichtszustand. Rechnet man aber weiter, wird "plötzlich" ein kritischer Zustand erreicht, mit dem die Konvektion ins Irreguläre umschlägt und keine Perioden, d. h. identische Wiederholungen zu erkennen sind (Abb. 7.1).

Lorenz' Fazit, den Übergang von diesem simplen Teilmodell der Atmosphäre auf reale Modelle der gesamten Atmosphäre bedenkend, war:

Eine Vorhersage für beliebig lange Zeit im voraus ist unmöglich, egal mit welcher Methode und auch dann nicht, wenn der gegenwärtige Zustand exakt bekannt wäre. Da er dies nicht ist, scheint selbst eine präzise Langfristvorhersage nicht möglich zu sein.

Da diese Erkenntnis in einer *meteorologischen* Fachzeitschrift publiziert wurde, blieb sie lange Zeit nur Insiderwissen einiger weniger Meteorologen. Aber ab Mitte der 80er Jahre wurde Lorenz' Entdeckung in mehr als 100 wissenschaftlichen Arbeiten pro Jahr zitiert, und der Begriff *deterministisches Chaos*, zuerst 1975 auf

---

[1] Deterministic Nonperiodic Flow (1963), Journal of the Atmospheric Sciences 20: 130–141

Abb. 7.1. Die numerischen Lösungen der Konvektionsgleichungen. *Oben*: die ersten, *Mitte*: die zweiten, *unten*: die dritten 1000 Iterationen. (Nach Lorenz, 1963)

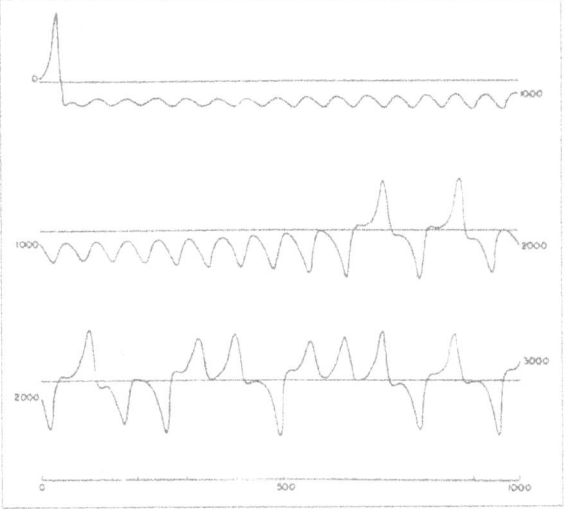

das Verhalten deterministischer nichtperiodischer Systeme angewandt, wurde allgemein benutzt, um analoge Phänomene aus den verschiedensten Bereichen von Natur, Technik und Gesellschaft zu charakterisieren. Es stellte sich sogar heraus, daß die sensible Abhängigkeit von den Anfangsbedingungen für Vorgänge, die in der Natur beobachtet werden, überraschenderweise sogar eher die Regel darstellt und keinesfalls nur einen Spezialeffekt für das Kuriositätenkabinett (Abb. 7.2).

7.2   Die Antwort heißt: Stochastik

Die Entdeckung chaotischen und somit überhaupt nicht mehr vorhersagbaren Verhaltens selbst in einfachsten, rein deterministisch definierten Systemen führte zum irritierenden Begriff des deterministischen Chaos, der sprachlich versucht, unvereinbare Gegensätze zu verbinden. Eigentlich hätte es dieser Wortschöpfung nicht bedurft, denn seit mehr als 3 Jahrhunderten beschreibt das auf den Baseler Mathematikprofessor Jakob Bernoulli (1634–1705) zurückgehende Konzept der

Abb. 7.2. Beispiel für Laserlichtchaos. E(t) = erzeugte Lichtenergie, t = Zeit. Unter bestimmten Bedingungen tritt an die Stelle der geordneten Lichtwelle des Lasers eine ganz irreguläre Lichtausstrahlung. (Nach Haken, 1975)

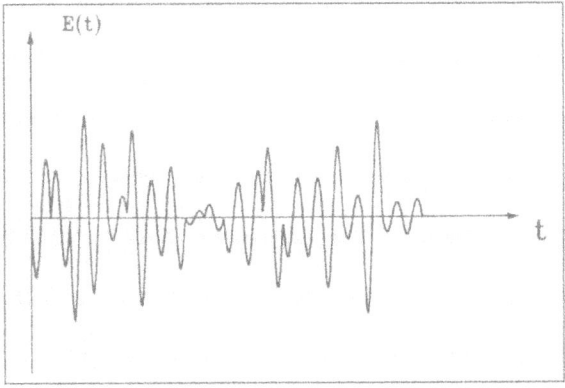

"Stochastik" und der "stochastischen Prozesse" genau diesen, nun auch von den Deterministen wiederentdeckten Sachverhalt.

Stochastische (oder statistische) Gesetze bringen Ordnung in den Zufall. Das einzelne Ereignis ist nicht mehr genau vorhersagbar, wohl aber die zwischen 0 und 1 schwankende Wahrscheinlichkeit p seines Eintreffens. Unschwer ist daran zu erkennen, daß sich das deterministische, dynamische Gesetz (mit p = 1) als Spezial- oder Grenzfall des umfassenden statistischen Gesetzes erweist. Andererseits wird mit p = 0 ersichtlich, daß nicht alles jederzeit möglich ist. Das Mögliche wird vom Unmöglichen geschieden; der Zufall, die Willkür, das Chaos wird also in seine mehr oder weniger genau angebbaren Schranken verwiesen – eine, wie ich finde, ermutigende Erkenntnis und Aufforderung zugleich, diese universellen stochastischen Prozesse immer besser zu verstehen.

Mit dem Wissen, daß Vorhersagen zukünftiger Zustände und Ereignisse idealerweise nur in Wahrscheinlichkeitsform (Wahrscheinlichkeitsverteilungen) erzeugt werden sollten, entwickelte der amerikanische Meteorologe E. S. Epstein 1969 das Konzept einer stochastisch-dynamischen (Wetter-)Vorhersage. Zumindest sollten die ersten beiden Momente der zu erwartenden Verteilung aller Möglichkeiten – Erwartungs- oder Mittelwert und ein Maß für die Streuung der vielen Einzelwerte um diesen mittleren Wert – bestimmt werden. Mit diesem Ansatz wäre es auch möglich, die (unterschiedliche) Unsicherheit der Anfangsdaten gebührend zu berücksichtigen. Aber es gab – und gibt noch heute – ungelöste theoretische Probleme im statistischen Verhalten eines jeden nichtlinearen Systems. Außerdem überstiegen die enormen Anforderungen an die Computerleistung die Grenze des damals Machbaren.

Einen praktikablen Ausweg aus dieser Misere fanden 1974 ein Student Epsteins, E. J. Pitcher, und C. E. Leith in der sogenannten *Monte-Carlo-Methode* der numerischen Wettervorhersage. "Monte-Carlo" steht hier für Glücksspiel, d. h. für den Zufall. Die Lorenzsche Erkenntnis, daß zufällige, beliebig kleine Fehler ε in den Anfangsdaten nach endlicher Zeit zu einer von ε unabhängigen Breite anwachsen und somit die Zukunft trotz "exakter" deterministischer Gleichung unvorhersagbar wird, hätte ja auch zu völliger Resignation führen können. Das weitverbreitete "Alles-oder Nichts-Denken" – entweder eine perfekte Vorhersage oder gar keine – läßt kaum eine andere Wahl.

Aber wenn man akzeptiert, daß wir in einer Welt von Wahrscheinlichkeiten leben, dann kann der Zufall dazu benutzt werden, uns *quantitativen* Aufschluß über diese Wahrscheinlichkeiten künftiger Zustände zu geben. Beispielsweise, indem nicht nur von *einer* Anfangsverteilung ausgegangen wird, sondern von vielen verschiedenen, die sich nur um unmerkliche Epsilons unterhalb der mittleren Meßgenauigkeit unterscheiden (Abb. 7.3).

Mit diesem hochinteressanten Monte-Carlo-Ansatz verfügten die Meteorologen nun über ein Instrument, mit dem sich innerhalb gewisser Toleranzen eine praktische Grenze der Vorhersagbarkeit bestimmen ließ. Die äußerste Grenze ist demnach dort erreicht, wo die Unterschiede zweier Vorhersagen mit dem gleichen Modell, aber mit minimal unterschiedlichen Anfangsbedingungen eine Differenz ihrer Ergebnisfelder aufweisen wie zwei völlig zufällig gewählte Wetterlagen. Man könnte dann die Rechnung durch reines Raten oder Würfeln ersetzen.

Abb. 7.3. Schema der Monte-Carlo-Idee. Links oben: T – der wahre, unbekannte (Anfangs-) Zustand der Atmosphäre mit "akzeptablem" Unschärfekreis E_0. Der Punkt mit kleinem Kreis symbolisiert das konventionell Übliche: *eine* kategorische Beobachtung – *eine* deterministische Lösung. Der stochastische Ansatz akzeptiert bzw. simuliert auch andere, ebenso wahrscheinliche Startpunkte. Rechts unten: T – der wahre, vorher unbekannte Zustand der Atmosphäre nach Ablauf der Zeitspanne Δt. $\bar{F}$ repräsentiert den Schwerpunkt der Ensemblelösung (z. B. arithmetisches Mittel aller Einzellösungen). Die Hoffnung und These besteht darin, daß $\bar{F}$ in der Regel näher bei T liegt als die konventionelle Einzellösung.

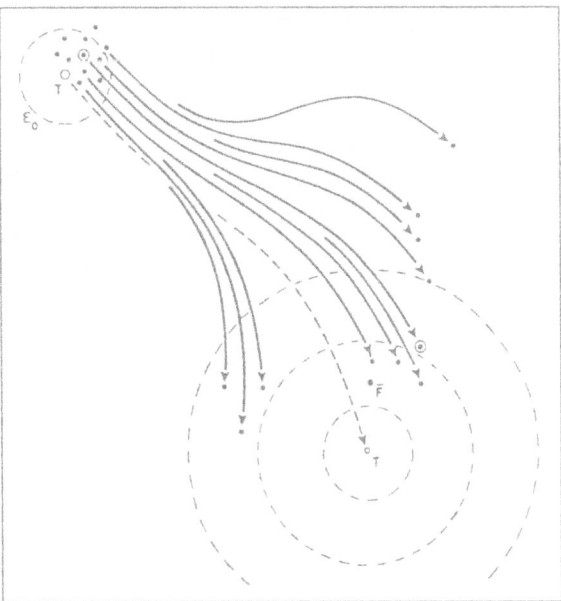

Die wesentlichsten Ergebnisse der bisher durchgeführten Experimente zur (prinzipiellen) Grenze der Vorhersagbarkeit sind die folgenden:

- Die Grenze der vorhersehbaren Zukunft ist eine Funktion des räumlichen *Scales*, hängt also vom Größenmaßstab der betrachteten meteorologischen Vorgänge ab. Das Azorenhoch oder das Islandtief beispielsweise sind für längere Zeiten vorhersehbar als ein Hurrikan oder gar ein Gewitter.
- Ganz eng damit zusammen hängt die Tatsache, daß eine gemittelte, ausgeglichene Strömung weiter in die Zukunft vorhersagbar ist als ein momentanes, auch räumlich nicht ausgeglichenes Stromfeld. Der Mittelwert ist eher stabil und besser vorhersagbar, aber um den Preis des Verlustes von Detailinformationen, deren Grenze der Vorhersagbarkeit aber schon *vorher* erreicht wurde.
- Auch die meteorologischen *Variablen* selbst sind sehr unterschiedlich vorhersagbar. Der Luftdruck oder die Temperatur an einem Ort können besser vorhergesagt werden, als beispielsweise die Bewölkungsmenge oder der Niederschlag nach Menge und Art.
- Trotz *physikalischer* Gesetze sind der Atmosphäre biologische Verhaltensmuster nicht fremd. Laufend entstehen und vergehen Strukturen, die an Individuen erinnern. Am auffälligsten erscheinen uns das Werden und "Sterben" von Zyklonen, allgemeiner: von Wirbeln jeder Größe und Lebensdauer. Als gesichert gilt, daß die Grenze der Vorhersagbarkeit sehr eng mit der jeweiligen Lebensdauer des zu prognostizierenden atmosphärischen Merkmals zusammenhängt. Eine einzelne, sommerliche Gewitterzelle zum Beispiel "lebt" selten länger als 2 Stunden. Hat sie sich aber mit anderen "verbündet" und einer gewissen Ordnung unterworfen, – z. B. Schauer- und Gewitterband an einer Kaltfront –, dann steigen die Chancen ihrer Vorhersagbarkeit auf etwa 6–12 Stunden. Große, steuernde Tiefdruckwirbel der gemäßigten Breiten (Zone zwischen Tropen und Po-

larregion) leben typischerweise 1 Woche und können heutzutage auch so weit
vorhergesagt werden, sogar dann, wenn ihre "Geburt" (Zyklogenese) noch gar
nicht erfolgte.

Das gegenwärtige Wissen über die begrenzte Vorhersagbarkeit des Wetters enthält
neben zeitbedingten und daher künftig noch veränderbaren Komponenten auch
prinzipielle, unüberwindbare Hemmnisse. Letztere sind vor allem der turbulenten
(instabilen, nichtlinearen) Natur atmosphärischer Prozesse zuzuschreiben. Es wird
immer eine Grenze geben, wo nicht mehr *jedes* Detail *beliebig weit* im voraus bestimmt werden kann. Aber das gilt natürlich nicht nur für Wetter und Klima, auch
wenn es bisher vor allem die Meteorologen waren, die sich mit diesem Phänomen
der begrenzten Vorhersagbarkeit auseinandersetzten. Sie kamen dabei zu dem
Schluß, daß es wahrscheinlich niemals möglich sein wird, eine einzelne Gewitterzelle 24 Stunden vorherzusagen, einzelne Tiefdruckwirbel länger als 1 Woche und
großräumige Strömungsfelder (z. B. eine Westwetterlage über Mitteleuropa, Azorenhoch oder eine Troglage über ganz Osteuropa) weiter als 2–3 Wochen.

Ein *Ensembleprognosesystem (EPS)* genanntes Konzept versucht nun seit Anfang der 90er Jahre mit probabilistischem (stochastischem) Ansatz, die gegenwärtigen Grenzen brauchbarer Prognoseinformation zu erweitern.

7.3   EPS – der gesteuerte Zufall

Die Grundidee kennen wir schon: die Monte-Carlo-Methode der numerischen
Wettervorhersage. Leider erfüllten sich im praktischen Experiment nicht die in sie
gesetzten Erwartungen. Die künstlich erzeugten, räumlich völlig zufällig verteilten
"Störungen" im Ausgangsfeld verhielten sich sehr unterschiedlich. Einige wurden
durch den mathematischen Apparat des Modells weggefiltert, unschädlich, wir-
kungslos gemacht. Andere wurden durch die Physik der Atmosphäre gedämpft, so
daß sich nicht die gewünschte Vielfalt verschiedener möglicher Lösungen entwickeln konnte. Nur ein Teil verhielt sich erwartungsgemäß. Man fand heraus, daß
die gezielt eingebrachten Störungen sich nur dort unterschiedlich entwickelten, wo
die Atmosphäre sensibel (instabil) genug war, um wie gewünscht zu reagieren.

An stabilen Tagen und in stabilen Regionen (außerhalb der Zone großer Tem-
peraturgegensätze) vermochten die Störungen nicht, den gegenwärtigen Aus-
gangszustand wesentlich "zu kippen".

Also mußte in einem vorausgehenden Arbeitsschritt erst einmal geklärt werden, ob und wenn ja, *wo* solche "empfindlichen" Gebiete existieren. Das EPS als
Nachfolger der Monte-Carlo-Idee identifiziert sie dort, wo sich die (sehr kleinen)
Störungen in den ersten 48 Stunden wesentlich vergrößern. Ende 1992 wählte man
am EZMW 16 solcher entwicklungsfähigen Störungsfelder aus; weitere 16 entstanden durch einfache Umkehr der Vorzeichen, so daß schließlich ein ganzes Ensemble von 32 verschiedenen, aber möglichen Lösungen der künftigen Wetterentwicklung zur Verfügung stand. Ab Dezember 1996 sind es sogar 50. Wegen der immer
begrenzten Rechnerleistung konnte der 32- bzw. 50fache Aufwand nur dadurch be-
wältigt werden, daß im EPS eine räumlich nicht so fein aufgelöste Modellvariante
benutzt wird. Allerdings – die Computerentwicklung macht's möglich – ist das jetzige EPS-Modell (T159) "feiner" als das Routinemodell anfangs der 90er Jahre.

Welche konkreten Ziele werden nun mit dem neuartigen und hochinteressanten EPS verfolgt? Es sind im wesentlichen die drei folgenden:

Vorhersage der Vorhersagegüte

Dies bedeutet nicht nur die Erzeugung einer Vorhersage, sondern gleichzeitig auch eine Vorab-Schätzung ihrer Güte, Zuverlässigkeit, Genauigkeit usw. Jedem Prognostiker (Forecaster, Synoptiker, Vorhersagemeteorologe) ist die Tatsache einer *wechselnden* Güte seiner Vorhersagen seit langem bekannt. Je nach Ausgangswetterlage fällt es ihm unterschiedlich schwer, in die meteorologische Zukunft zu schauen. Spätestens seit Lorenz, also seit mindestens 30 Jahren, ist sich ein zunehmender Anteil der Meteorologen sicher, daß es *auch der Atmosphäre je nach ihrem augenblicklichen Zustand unterschiedlich schwer fällt, sich zu entscheiden, wie es weitergeht,* daß also die verantwortliche Unbestimmtheit auch etwas Objektives, nicht zu Veränderndes an sich hat. Schließlich zeigt ja auch die Vorhersageprüfung (Verifikation), daß z. B. je nach Ausgangswetterlage unterschiedliche Fehler erwartet werden können.

Mit der EPS-Technik hoffte man nun, aus der (unterschiedlichen) Spannweite (spread) der probabilistischen Lösungen auf die zu erwartende Güte (skill) der Vorhersage schließen zu können. (Abb. 7.4)

Trotz vieler eindrucksvoller Belege für diesen plausiblen Zusammenhang gibt es auch viele Gegenbeispiele, also große Streubreiten, aber trotzdem eine ziemlich gute Vorhersage, zum Beispiel als Mittelwert aller EPS-Einzellösungen. Dieses Beispiel offenbart zugleich das enorme Risiko des Prognostikers, wenn er nur – wie früher üblich – *eine,* zufällige Lösung vom Computermodell erhält. Aber dies ist beileibe kein Spezifikum der "Maschine". Auch der Meinungsschwerpunkt von 10 Meteorologen ist in der Regel erfolgreicher als die Ansicht nur eines "Individuums" (Abb. 7.5).

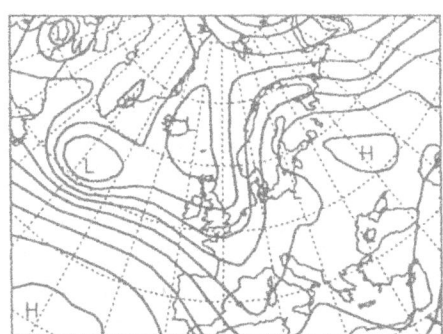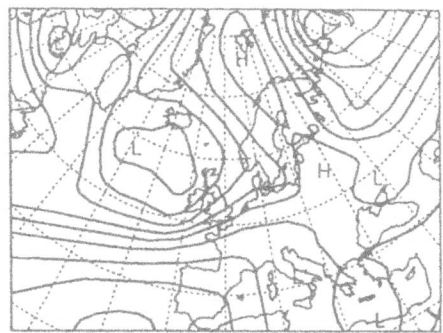

Abb. 7.4. Die objektive Unsicherheit (Wahrscheinlichkeit) zeigt sich in verschiedener Gestalt, z. B. in der *zeitlichen Inkonsistenz;* links: die EZMW-Druckfeldvorhersage vom 20.4.94, 12 UTC 192 Stunden im voraus, d. h. für den 28.4.94, 12 UTC; rechts: die 168stündige Vorhersage, einen Tag später gerechnet, ebenfalls für den 28.4.94, 12 UTC. *Beide* Lösungen können nicht stimmen. Die interessante These nimmt nun an, daß das Ausmaß dieses zeitlichen Widerspruchs ein Maß für die zu erwartende Zuverlässigkeit der Vorhersage abgeben könnte.

Abb. 7.5. Eine andere These vermutet, daß man aus der Breite (spread) aller mehr oder weniger unterschiedlichen *Ensemblelösungen* auf die zu erwartende Genauigkeit der Vorhersage schließen kann. Ein typisches EPS-Produkt vom 16.4.1996 zeigt die ganze Spannweite möglicher Entwicklungen der Mittagstemperatur für Potsdam. Als Kurven sind nur die Extreme aller 33 Lösungen angegeben und (dick) ihr mittlerer (Erwartungs-)Wert

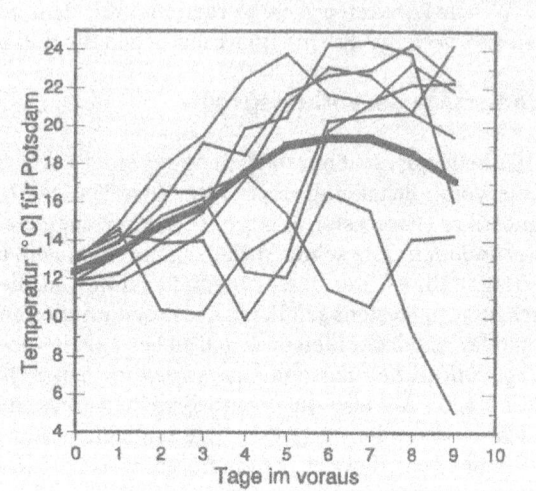

Auf diesem schwierigen, aber lohnenden Feld der "Vorhersage der Vorhersagegüte" wird international angestrengt gearbeitet. Eines erscheint aber inzwischen sicher: Die ursprüngliche Hoffnung, allein aus dem "spread" auf den künftigen "skill" zu schließen, hat sich nicht erfüllt. Es gibt (eher schwache) Zusammenhänge mit *anderen* Einflußfaktoren (Prediktoren), auf die wir später noch zurückkommen werden.

Steigerung der Vorhersagegüte

Sie hat zwei Aspekte. Zum einen soll die Zuverlässigkeit für einen bestimmten zukünftigen Zeitpunkt, sagen wir den 5. Folgetag, erhöht werden. Zum anderen soll dadurch die zeitliche Grenze der praktischen Vorhersagbarkeit hinausgeschoben werden. Dies gelingt tatsächlich, und Sie werden im Abschnitt "Prognosenprüfung" (Verifikation) typische Beispiele dafür finden. Ist der EPS-Ansatz schon im Mittelfristzeitraum der Wettervorhersage, vor allem jenseits des 4.–6. Folgetages eine willkommene Verbesserung, so scheint nach allem was wir bis jetzt wissen, eine Langfristvorhersage über 10 Tage, für einen Monat oder gar eine Jahreszeit ohne EPS überhaupt nicht vorstellbar (s. auch Kap. 10).

Quantifizierung der Unbestimmtheit

Neben den sicher *erscheinenden*, kategorisch formulierten Alltagswettervorhersagen (Höchsttemperatur 27°C, mäßiger Wind aus SW, Wolkenuntergrenze 500 ft usw.) gibt es seit Jahrzehnten auch solche in Wahrscheinlichkeitsform. In einer Zukunftswelt voller Wahrscheinlichkeiten müßte eigentlich *jede* Vorhersage probabilistisch formuliert werden – nicht nur der erwartete Ausgang eines Fußballspiels (7 gegen 3 für Bayern München).

Mit einer Zahl zwischen 0 und 1 (oder 100%) läßt sich quantitativ ausdrücken, mit welcher Sicherheit ein bestimmtes *Ereignis* erwartet werden kann. Dazu bedarf es aber zuvor der genauen Definition und Abstimmung zwischen dem Meteo-rologen und seinen Kunden, von welchem Ereignis die Rede sein soll. Und genau darin liegt die Schwierigkeit in der Praxis, denn der Erwartungswert eines meteo-rologischen Elements (Temperatur: 27°C, Windgeschwindigkeit: 8 m/s, Sichtweite: 4500 m) ist kein Ereignis, dessen Eintreten geschätzt werden kann, wohl aber das *Über-/Unterschreiten bestimmter Schwellenwerte* (Frost-, Sturm-, Nebelwahr-scheinlichkeit) oder "natürlicher" Ereignisse, wie z. B. Gewitter ja/nein.

Kurzum, diese Wahrscheinlichkeiten werden entweder vom Prognostiker sub-jektiv geschätzt oder mittels statistischer Vorhersageverfahren berechnet (Abb. 7.6).

Mit EPS eröffnete sich nun die "kuriose" und faszinierende Möglichkeit, mit ei-nem *deterministischen* Modell *probabilistische* Vorhersagen zu erzeugen (Abb. 7.7).

Für jene Wetterdienste, die nicht über Routineverfahren der statistischen Inter-pretation verfügen – wir werden noch erfahren, was es damit auf sich hat – ist dies die einzige objektive Möglichkeit, Vorhersagen in Wahrscheinlichkeitsform zu erzeugen oder vom EZMW zu erhalten.

7.4   Muß das EPS erweitert werden?

Wie vorhin erwähnt, wurde das erste Ziel des neuartigen EPS-Ansatzes bisher weitgehend verfehlt. Der erhoffte Zusammenhang zwischen der Breite möglicher Lösungen (spread) und ihrer zu erwartenden Treffersicherheit (skill) erwies sich, zumindest hier in Mitteleuropa, als zu schwach, um von praktischem Interesse zu sein.

Übrigens – dies sei hier kurz eingefügt – erwuchs der Wunsch nach dieser zu-sätzlichen Prognoseinformation von dem Tage an, als die Modelle der numeri-schen Wettervorhersage immer besser in der Lage waren, weiter in die Zukunft zu schauen. Und dabei wurde man gewahr, daß nicht nur der mittlere Fehler mit zu-nehmendem Vorhersagezeitraum anwächst – das ist bekannt und unabänderlich –,

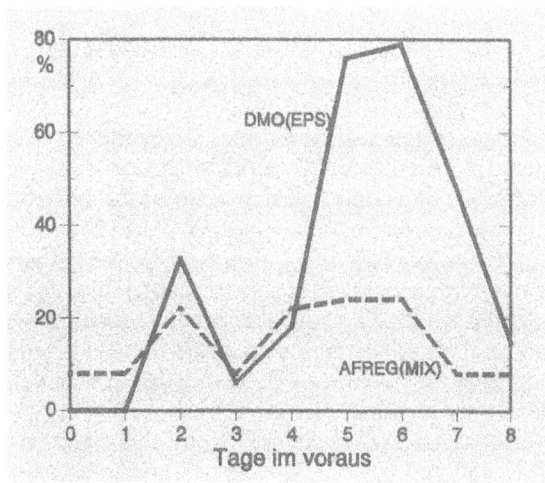

Abb. 7.6. Anhand des Ensembles von 33 Einzellösungen läßt sich z. B. durch einfaches Aus-zählen die relative Häufigkeit der Fälle mit ≥5 mm Nieder-schlag/d in Potsdam bestimmen und als Wahrscheinlichkeit für den 18.–26.12.95 für 0–8 Tage im voraus angeben (DMO(EPS)). Aber auch eine statistische In-terpretation, wie AFREG(MIX), vermag dies. Sofort entsteht die Frage, welcher Ansatz ist besser?

x

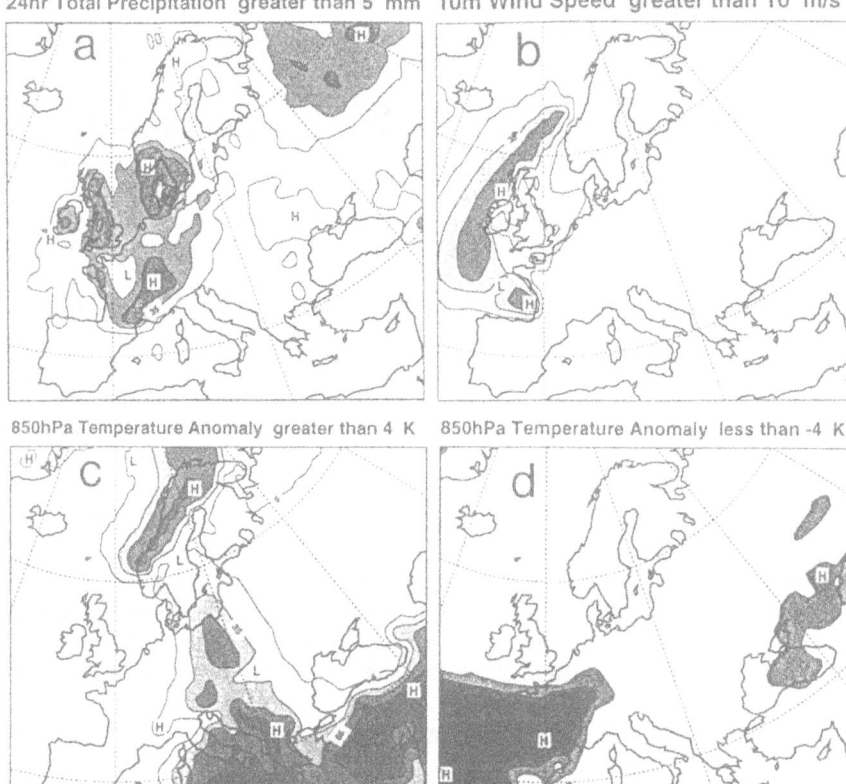

Abb. 7.7. Was die Abb. 7.6 für *einen* Ort, aber *mehrere* Tage zeigte, gilt nun für eine *Zeitspanne*, aber für *ganz* Europa: **a** Wahrscheinlichkeit für eine Niederschlagsmenge >5 mm/d, Isolinien bei 5, 35, 65 und 95%; **b** Risiko einer mittleren Windgeschwindigkeit (in 10 m Höhe) >10 m/s (36 km/h); **c** Wahrscheinlichkeit einer um mindestens 4 K übernormalen Temperatur in der Druckfläche 850 hPa (~ 1.5 km Höhe); **d** wie **c**, aber dieses Bild zeigt, wo es besonders kalt werden soll; **a–d** zeigt nur einen kleinen Teil des europaweit verteilten Routineoutputs des am EZMW installierten EPS vom 17.6.97, 12 UTC für 120 Stunden im voraus

sondern in gleichem Maße auch die zeitliche Variabilität der Fehler. Damit meint man nichts anderes als die Tatsache, daß bei 8tägigen Vorhersagen die Aufeinanderfolge von ziemlich genauen und sehr fehlerhaften Prognosen als störender empfunden wird als *relativ* gleich fehlerhafte Prognosen bei 1tägigen Vorhersagen. Anders ausgedrückt: ein 10 K-Fehler bei der Vorhersage der morgigen Höchsttemperatur ist heutzutage so gut wie ausgeschlossen, für eine Woche im voraus aber nicht (Abb. 7.8). Es wäre daher schon viel gewonnen, *vorher* zu wissen, ob die Prognose als relativ sicher oder unsicher zu bewerten ist.

Der zweifellose Erfolg in der Ausdehnung des praktisch verwertbaren Prognosezeitraumes führte also gleichzeitig zu einem neuen Problem, denn mit 8tägigen Vorhersagen mußte man sich früher nicht auseinandersetzen; es gab sie nicht, weil

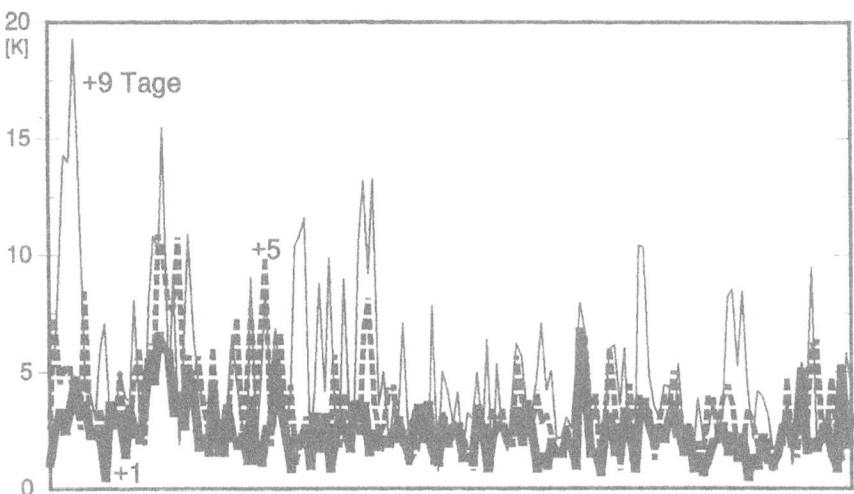

Abb. 7.8. Zeitreihe von Vorhersagefehlern im Zeitraum 1.4.–30.9.96 für die tägliche Maximaltemperatur von 4 deutschen Orten mittels der statistischen AFREG-Interpretation des EZMW-Modells. Unterschieden sind die Fehler für 1-, 5- und 9tägige Vorhersagen (für den gleichen Zieltag)

man so weit nicht vorausschauen konnte. Dies ist ein altbekannter Kreislauf in der Wissenschaft: ein "gelöstes" Problem erzeugt wieder neue.

Die unbefriedigend schwachen Spread-skill-Relationen haben ganz offensichtlich mit einer Voraussetzung des EPS-Ansatzes zu tun, die nicht erfüllt ist. Man untersucht die Auswirkungen von (unvermeidlich) mit gewissen Fehlern behafteten Meßdaten, die den Anfangszustand für *Modelle* liefern, *die zwar ebenfalls nicht perfekt sind, aber im Rahmen des bisherigen EPS-Ansatzes als solche betrachtet werden.* Wenn man aber bedenkt, daß an allen Ecken und Enden Ungenauigkeiten lauern, um eine perfekte (deterministische) Zukunftschau zu erschweren oder gar zu verhindern, darf man sich nicht wundern, wenn mit dem Studium nur *einer* Fehlerquelle nicht *alles* erklärbar wird. Wer dagegenhält, daß das Ausmaß mangelhafter Perfektion des Wissens um den *Anfangszustand* um ein Vielfaches gewichtiger sei als gegenwärtig noch vorhandene *Schwächen der Modelle* selbst, verkennt, was Lorenz warnend vor Jahrzehnten herausfand.

Wie wir wissen, studierte Lorenz das Verhalten einfacher dynamischer Systeme. Das wohl einfachste nichtlineare System, das man sich für so ein Experiment ausdenken kann, könnte wie folgt formuliert werden:

$$Y(n+1) = a \times Y(n) - Y^2(n)$$

Gestartet wird mit n = 0, man benötigt also den Anfangswert Y(0). Damit läßt sich, wenn außerdem die Konstante a bekannt ist, die Lösung für Y(n+1) berechnen. Diese Lösung (von der linken Seite) wird als nächster Wert für n = n+1 auf die rechte Seite gebracht und in die Gleichung eingesetzt; damit läßt sich Y(2) berechnen usw. Zu diesem Iterationsprinzip einer schrittweisen Berechnung muß immer dann gegriffen werden, wenn die mathematischen Gleichungen so kompliziert sind, daß sie nicht mehr analytisch für den Endschritt n+t hingeschrieben und ausgerechnet werden können.

Die oben angeführte einzelne quadratische Differenzengleichung 1. Ordnung enthält die Konstante a. Wenn a zwischen 0 und 4 liegt und der Startwert Y(0) zwischen 0 und a, erzeugt diese Gleichung eine Folge von Y(0), Y(1), Y(2), Y(3), ... mit Y(m) zwischen 0 und a für alle denkbaren Werte von m.

Es existieren nun die *verschiedensten Quellen von "Unschärfe"*, von Ungenauigkeit, die unter realen Bedingungen nicht immer und nicht vollständig auszuschalten sind und deswegen wenigstens teilweise den Charakter von unvermeidlichen Fluktuationen (als eine Erscheinungsform des objektiven Zufalls) annehmen können. Unterscheiden sollte man wohl zwischen *Beobachtungsfehlern* und *Modellfehlern*. Erstere verwischen die Schärfe des Anfangszustandes, gleichgültig, ob es sich um Fehler des Beobachtungssystems oder um Mängel in der Repräsentativität der Messung für den Ort s und den Zeitpunkt t handelt. Modellfehler entstehen hauptsächlich durch mathematische Näherungsverfahren, zu denen gegriffen werden muß, um überhaupt eine Lösung zu erhalten; durch physikalische Näherungen und durch computereigene Trunkation, d. h. die Notwendigkeit, mit Zahlen einer endlichen Anzahl von Dezimalstellen rechnen zu müssen. Lorenz simulierte nun die Effekte folgender drei Fehlerquellen:

1. *Beobachtungsfehler.* Zum "wahren" Anfangswert Y(0) = 1,5 wurde ein sehr kleiner Fehler = 0,001 addiert. Man kann zeigen, daß die nach nur wenigen Rechenschritten auftretenden chaotischen Effekte bei *beliebig* kleinen Fehlern eintreten, also auch bei Differenzen, die weit unterhalb der praktischen Meßgenauigkeit meteorologischer Grundgrößen liegen.

2. *Modellfehler.* Eine physikalische Näherung kann simuliert werden, indem beispielsweise die "Naturkonstante" a = 3,7500 nicht genau bekannt ist, sondern durch den Wert 3,7510 angenähert wird.

3. *Computerfehler.* Die Auswirkungen unterschiedlicher, computerspezifischer Rundungen (Trunkationen) werden dadurch untersucht, daß statt mit vier nur mit drei Dezimalstellen gerechnet wird (Abb. 7.9).

Das Ergebnis ist verblüffend. Zunächst, d. h. etwa bis zum zehnten Rechenschritt, stimmen die Lösungen aller 3 "gestörten" Gleichungen untereinander und mit der "wahren" Lösung überein. Nach weiteren zehn Rechenschritten erkennt man ein völlig irreguläres Verhalten jeder einzelnen Lösung in jeder der 3 Varianten. Und Lorenz kommt zu dem Schluß, daß es, solange die Fehler nicht zu groß sind, *keine Rolle spielt, an welcher Stelle sie ins Modell eindringen* bzw. welchen Ursprungs sie anfänglich einmal waren.

Natürlich wissen wir, daß dieses einfache Experiment nicht den Anspruch erheben kann, als Modell der atmosphärischen Bewegungen zu gelten. Aber in vielen Modellen der Meteorologie tauchen solche nichtlinearen Terme auf, beispielsweise bei der Beschreibung von Advektion, also der strömungsbedingten Verlagerung bestimmter physikalischer Eigenschaften, wie Temperatur, Feuchte, Maße der Verwirbelung (Vorticity) usw. Diese Terme sind ebenfalls quadratisch und enthalten das Produkt aus advehierter Größe und dem Wind, der die Advektion verursacht und ausführt. Man kann nun zeigen, daß gerade diese Terme verantwortlich sind für das unvermeidliche Anwachsen kleiner Ungenauigkeiten zu im-

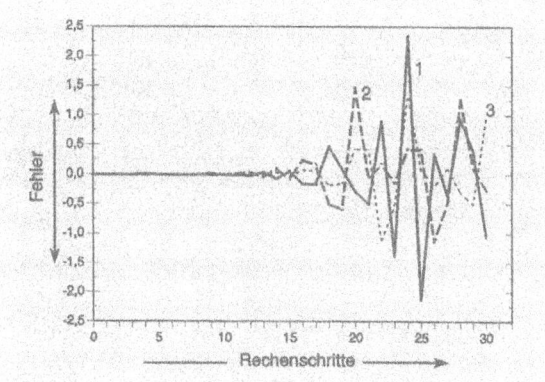

Abb. 7.9. Selbst einfachste mathematische Gleichungen können "kollabieren", wenn kleinste Fehler in irregulärer Weise anwachsen und die Lösungen überwuchern. Es spielt dabei keine Rolle, ob die Ungenauigkeit von den Beobachtungswerten herrühren (1) oder von der physikalischen Modellierung (2) oder vom Computer (3). (nach Daten von Lorenz, 1984)

mer größer werdenden Fehlern zwischen Modell und Wirklichkeit, je mehr Zeitschritte berechnet werden (Abb. 7.10).

Nach all dem stellt sich nun die praktische Frage: Wie kann das Wissen um den eigentlich *stochastischen* Charakter unserer deterministischen Modelle für die Wettervorhersage fruchtbar gemacht werden? Die Entwicklung hat gerade erst begonnen. Zwei Möglichkeiten werden gesehen.

In Analogie zur EPS-Idee könnte man der Stochastik dadurch gerecht werden, daß an *den* Stellen im Modell, die über einige Freiheitsgrade der Formulierung und Erkenntnis verfügen, unterschiedliche Versionen gerechnet werden. In Frage kommen praktisch alle "Parametrisierungsbehelfe" und die Modellierung der Orographie. Dieser Versuch ist tatsächlich vor kurzem im kanadischen Wetterdienst unternommen worden, zunächst als Experiment.

Die zweite Möglichkeit ist weniger aufwendig, aber in Deutschland seit 1988 erfolgreiche Routinepraxis. Sie bedient sich der Ergebnisse *mehrerer Vorhersagezentren*, deren leicht unterschiedliche Modelle von leicht unterschiedlichen Analy-

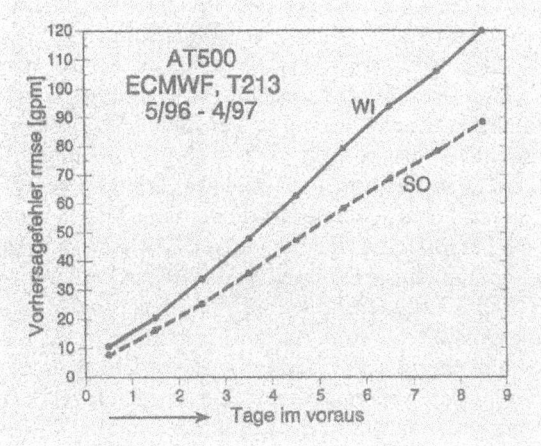

Abb. 7.10. Die Fehler in der mathematischen Vorhersage des Höhendruckfeldes (hier als Höhenfehler der 500 hPa-Fläche) steigen regulär mit der Anzahl der numerischen Integrationsschritte bzw. mit zunehmender zeitlicher Vorhersagedistanz. Vor allem infolge größerer *advektiver* Änderungen im Winter wachsen die Fehler dort schneller an als im Sommer.

sen starten und auf Computern mit leicht unterschiedlicher Trunkation gerechnet werden (s. Abschnitt 7.5 und Abb. 7.13 und 7.14).

Worin liegt nun der Ausweg in der Konfrontation widersprüchlicher Modellergebnisse? Oder gar ihr Vorteil? Wir wollen im nächsten Abschnitt darauf zu sprechen kommen, wie moderne Mittelfristvorhersagen vollautomatisch gewonnen werden können. Danach lassen sich die eben gestellten Fragen besser und anschaulicher beantworten.

7.5 Die Automatisierung der Wettervorhersage

Bei Lichte besehen verdiente die sogenannte numerische *Wetter*vorhersage lange Zeit nicht diesen Namen, da sie kaum über die Berechnung zukünftiger *Luftdruck*felder hinausreichte. Diese Druckfelder oder Zirkulationsmuster konnte nur der erfahrene Vorhersagemeteorologe in richtiges Wetter umsetzen. Es gab dabei nicht wenige, die sich mit dieser "bloßen Interpretationsarbeit" nicht zufrieden gaben und statt dessen von ihren eigenen Vorstellungen in der Weiterentwicklung einer bestimmten Wetterlage ausgingen. Diese erwuchsen um die Wende der 50er/60er Jahre entweder aus empirischen Regeln zur Konstruktion von Vorhersagekarten oder aus allgemeinen, meist qualitativen Erfahrungen. Ging es um die Vorhersage von Höhenwetterkarten (etwa aus dem 500 hPa-Niveau) oder um Vorhersagezeiten über 1–2 Tage hinaus, wurden die "Maschinenprodukte" schon eher akzeptiert, da ihnen der Synoptiker nichts Gleichwertiges entgegensetzen konnte.

Am Anfang einer jeden Neuentwicklung von Verfahren und Produkten der praktischen Wettervorhersage – z. B. automatische Druckfeldvorhersagen, Analysekarten, bis hin zu lokalen Vorhersagen "echten" Wetters – gab es genügend Defizite in den Modellen, die teilweise durch das spezielle Know-how erfahrener Vorhersagemeteorologen überwunden werden konnten. Dieses konstruktive Herangehen an die neuartigen Herausforderungen des Experten durch "die Maschine" wurde in der Meteorologie seit Anfang der 60er Jahre mit dem Begriff "Mensch-Maschine-Kombination" oder MMM (man-machine-mix) beschrieben. Im Grunde genommen ging und geht es aber dabei nicht nur um die bis zum heutigen Tage emotional belastete Konfrontation "Mensch" oder "Maschine", sondern auch um die viel aufregendere und *letztlich entscheidende* Frage, welche Fähigkeiten des Experten sich so weit algorithmisieren lassen, daß mit Hilfe eines statistisch-dynamischen Modells mindestens sein Leistungsniveau erreicht wird.

Zwei Gründe gab es, die die Entwicklung solcher (meist statistischer) Interpretationsverfahren in Gang setzten. Bemerkenswerterweise rief zunächst der Vorhersagemeteorologe selbst nach solchen, ihn unterstützenden Hilfsmitteln, vor allem dann, wenn es um neue, ungewohnte oder schwierige Prognoseaufgaben ging. Ironischerweise ging er Mitte der 60er bis Mitte der 70er Jahre – zu Unrecht, wie sich herausstellte – davon aus, daß Vorhersagen über 36 Stunden im voraus, wenn überhaupt, besser von rein statistischen Verfahren zu erbringen seien.

Der andere Grund war schwerwiegender. In jenem Jahrzehnt verbesserte sich die Qualität der numerischen Vorhersagekarten (des Boden- und Höhendruckfeldes) in einem Ausmaß, der die eigentliche tägliche *Wetter*vorhersage nicht folgen konnte. Mit anderen Worten, die riesigen Investitionen ins World Weather Watch-System der WMO, in die Computer- und Satellitentechnik sowie in die Verbesserung der Vorhersagemodelle zahlten sich *am Ende* nicht so recht aus. Der Beratungsmeteorologe tat sich offenbar schwer, die unbestreitbaren Fortschritte der numerischen Druckfeldprognosen in genaueres Wetter umzusetzen. Dies führte dazu, daß vereinzelt ab Ende der 60er Jahre – vor allem in Schweden, den USA und (Ost-)Deutschland –, verstärkt aber ab Ende der 70er Jahre statistische Algorithmen entwickelt und praktisch eingesetzt wurden, die die Transformationsarbeit "Großräumiges Druckfeld → lokales Wetter" in "objektiver" und daher automatisierbarer Weise übernahmen (Abb. 7.11). Sämtliche klassischen statistischen Ansätze, wie z. B. multiple Regressions- und Diskriminanzanalysen, wurden erprobt, aber auch moderne Hinweise aus Spieltheorie, Kybernetik und künstlicher Intelligenz (selbstlernende Verfahren, Mustererkennung, Expertensysteme usw.) wurden aufgegriffen.

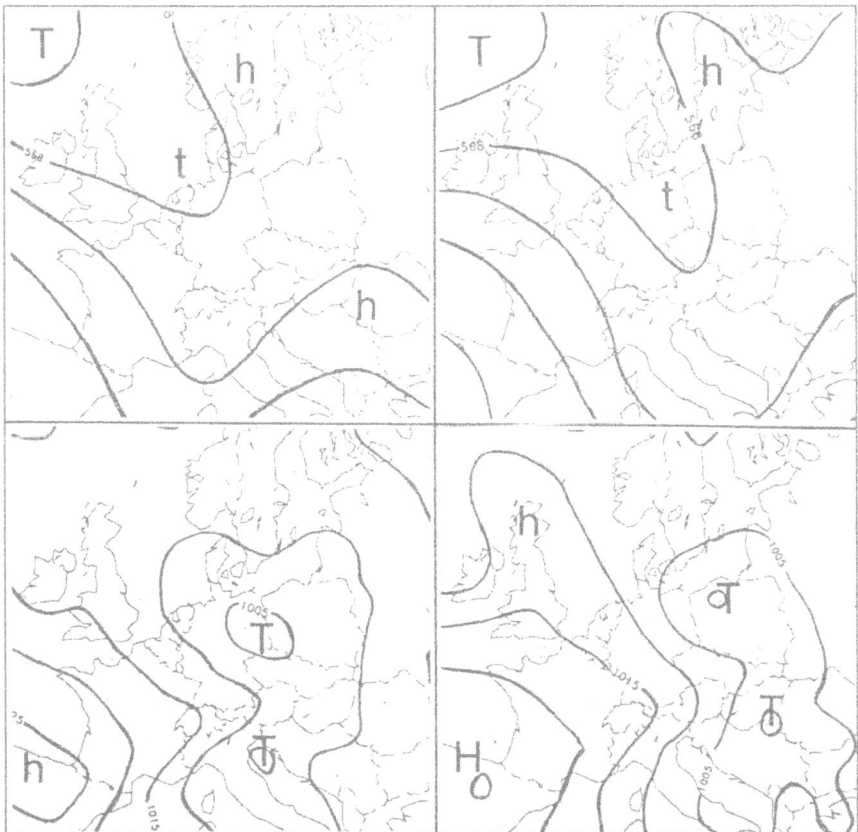

Abb. 7.11. Nehmen wir als Beispiel Dienstag, den 22.7.1997. Das numerische Modell "GM" des Deutschen Wetterdienstes übermittelt aus Offenbach allen Vorhersagemeteorologen u. a. folgende 4 Prognosekarten: für die mittlere Troposphäre (500 hPa, oben) und Meeresniveau (Bodendruck, unten), links: 72 Stunden, rechts: 96 Stunden im voraus. Und welches Wetter – Temperatur, Wind, Niederschlag, Sonnenscheindauer usw. folgt daraus für Berlin am Freitag, den 25.7.97 zwischen 00 und 24 UTC?

Ein ziemlich erfolgreiches, in Deutschland vervollkommnetes Verfahren der automatischen, mittelfristigen *Wetter*vorhersage bis 10 Tage im voraus sei im folgenden etwas näher beschrieben.

AFREG

ist ein interessanter Ansatz innerhalb der statistischen *Interpretations*verfahren. Sie stellen in gewisser Weise die Umkehroperation zur früher erwähnten Technik der Parametrisierung dar, da nunmehr der umgekehrte Schritt, vom großräumigen Druckfeld zum lokal interessierenden Wetter, vollzogen werden soll.

AFREG steht für *Analoge* (ähnliche) *Fälle* und *Regression*. Es orientiert sich im ersten Schritt an bewährten Prinzipien der traditionellen, synoptischen Wettervorhersage, nämlich am Erkennen von typischen *Mustern*, also speziellen Wetterlagen, die unter Beachtung der Jahreszeit die Vielfalt möglicher Wetterzustände ganz erheblich einengen. Man denke etwa an eine "zyklonale NW-Lage im Mai" mit unterdurchschnittlichen Temperaturen und häufigen Schauern oder an eine winterliche Hochdrucklage mit trockenem Südostwind, viel Sonne und verhältnismäßig großen Temperaturschwankungen zwischen Tag und Nacht.

AFREG sucht nun aus einem historischen Archiv von mehr als 25 Jahren im Zeitraum von ±30 Tagen um das aktuelle Datum die 35 ähnlichsten Druckfeldmuster heraus. Ein Muster besteht dabei aus *vier* verschiedenen Wetterkarten: Die mitteleuropäischen Druckfelder – genauer die 1. Ableitung davon, also räumliche Differenzen – von Boden (1000 hPa) und Höhe (500 hPa), von 00 und 24 Uhr GMT definieren dabei ein ziemlich komplexes, vierdimensionales Muster, mit dem nicht nur das Strömungs-, sondern auch das (nieder-)troposphärische Temperaturfeld beschrieben wird. Mit Hilfe des Ensembles aller 35 ähnlichsten Fälle wird dann das jeweils dazugehörige lokale Wetter herausgesucht. Allein mit diesem ersten Schritt gelingen schon recht befriedigende Vorhersagen der Nebel-, Gewitter- und Niederschlagswahrscheinlichkeit und der relativen Sonnenscheindauer. Zur Interpretationsvorhersage von Temperatur und Wind bedarf es noch eines nachfolgenden, zweiten Schrittes, in dem bisher nicht explizit berücksichtigte Information, wie z. B. die mittlere Temperatur der unteren Troposphärenhälfte, die Höhe des Bodenluftdrucks und der letzte Meßwert der vorherzusagenden Variable mittels Regression prognostisch verwertet werden. Als Ergebnis gelangt unter anderem ein vollautomatisch erzeugtes *Meteogramm* auf den Bildschirm des Arbeitsplatzrechners beim Meteorologen vom Dienst (Abb. 7.12).

In Deutschland übernimmt der zentrale Großrechner des DWD in Offenbach diese Interpretationsarbeit, die einen Teil des sogenannten statistischen Post-Processing darstellt. Darunter werden alle Anschlußverfahren verstanden, die die mehr oder weniger rohen Zwischenprodukte der numerischen Wettervorhersage statistisch "veredeln". Nicht nur das DWD-eigene Globale Modell (GM) wird dabei interpretiert, sondern auch die Ergebnisse anderer großer meteorologischer Zentren in Reading (EZMW), Bracknell (britischer Wetterdienst) oder Washington (US amerikanischer Wetterdienst).

Und plötzlich entsteht ein neuartiges, nicht triviales Entscheidungsproblem, *unabhängig* davon, ob diese Zwischenprodukte subjektiv, d. h. traditionell durch den Meteorologen, oder objektiv, d. h. automatisch, in lokales Wetter transformiert

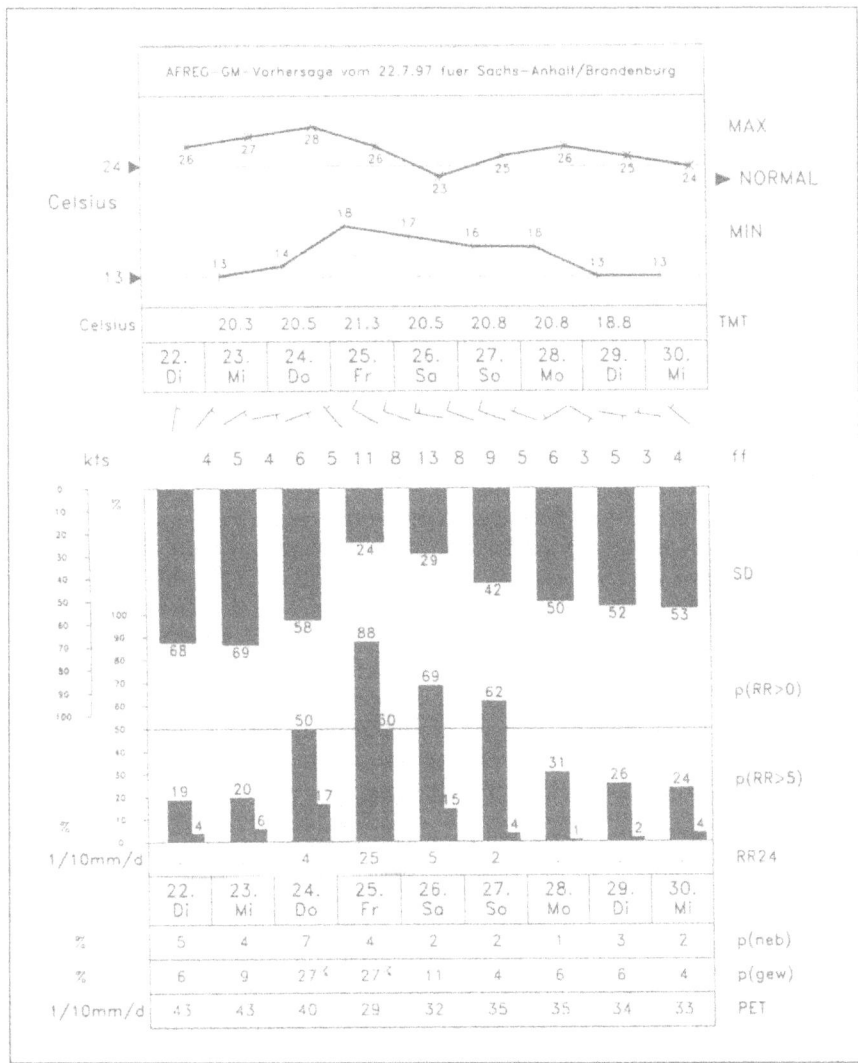

Abb. 7.12. Die kompakte, vollautomatische Antwort auf die Frage der Abb. 7.11 für Freitag, 25. Juli 1997: Tiefsttemperatur 18°C, Höchsttemperatur 26°C, schwacher bis mäßiger NW-Wind zwischen 5 und 11 Knoten (2–5 m/s), nur 24% der astronomisch möglichen Sonnenscheindauer, mit 88%iger Sicherheit wird es Niederschlag geben, mit einem Risiko von 50% werden es >5 mm/d sein, geschätzt wird 2,5 mm/d. Die Nebelwahrscheinlichkeit ist verschwindend gering (4%), aber Gewitter sind möglich (27%). Die erwartete potentielle Verdunstung wird 2,9 mm/d betragen. Aber zum Wochenanfang soll sich das Urlaubswetter bessern: wieder wärmer, mehr Sonne, geringe Niederschlagsneigung, höhere Verdunstung

werden sollen: Infolge der Verbesserung der dynamischen Vorhersagemodelle konnte der verwertbare Prognosezeitraum ständig erweitert werden, von anfangs (50er Jahre) 1–2 Tage bis nunmehr (Ende der 90er Jahre) 7–10 Tage im voraus. Und dabei offenbarten sich nicht nur unterschiedliche Modellösungen *von Tag zu Tag,* sondern auch von *Modell zu Modell*. Sind sich anfangs im Kurzfristzeitraum die Modelle noch ziemlich "einig", so divergieren sie zunehmend mit größer werdendem Vorhersagezeitraum (Abb. 7.13).

Was nun? Schaut man sich als Meteorologe die Vorhersagepraxis in verschiedenen Ländern an, bemerkt man, daß sich an diesem neuartigen Problem wieder einmal die Geister scheiden, *diejenigen* nicht mitgerechnet, für die die "Welt noch in Ordnung ist", weil sie nur 1 Modell zur Verfügung haben und somit nicht mit den ärgerlichen Widersprüchen *zwischen* Modellen verschiedener Zentren konfrontiert sind. Das *Ignorieren* von Widersprüchen ist daher auch die menschlich offenbar naheliegendste Sofortreaktion. Aber sie bleibt auf Dauer unbefriedigend.

Und so entwickelte sich die Idee und Hoffnung, daß ein erfahrener Vorhersagemeteorologe doch in der Lage sein sollte, a priori zu erkennen, welchem Modell *heute* eher vertraut werden sollte. Dieser zweite Ansatz – das *Selektieren* – ist deswegen nicht so einfach, weil sich die *mittlere* Qualität der verschiedenen Modelle kaum noch deutlich voneinander unterscheidet. Leider haben vieljährige Überprüfungen dieser These ergeben, daß auch der erfahrenste Synoptiker – zumindest in der 4- bis 10tägigen, mittelfristigen Wettervorhersage – nicht in der Lage ist, mit ausreichender Sicherheit einzuschätzen, ob die Lösung A *oder* die Lösung B näher an der künftigen Wirklichkeit liegen wird. Gelegentliche Ausnahmen dürfen wir als "zufällig" betrachten. Sie bestätigen die Regel.

Die dritte Stufe in der Entwicklung schließlich sucht in einer Art Konsensverfahren, Widersprüche als Chance zu Besserem fruchtbar zu machen. Die Methode der Wahl heißt auch hier: *Kombinieren!* Da a priori jede Einzelversion als gleich wahrscheinlich erachtet werden kann und muß, läuft diese Strategie gewöhnlich auf eine arithmetische Mittelung hinaus, eine Maxime von so allgemein erwiesener Nützlichkeit, daß sie auch die Wettervorhersage voranbringt.

Abb. 7.13. Eine zunächst störende Konsequenz der Vielfalt numerischer Vorhersageprodukte: Am 21.2.1996 erhält der Meteorologe vom Dienst die unterschiedlichsten Empfehlungen auf den Tisch, je nachdem, welches Modell (GM, EC, EPS) zugrundeliegt und ob es dynamisch oder statistisch interpretiert wird. Für den 29.2.96 hat er die Qual der Wahl zwischen strengem Frost (-12 °C) und frühlingshaften +10 °C!

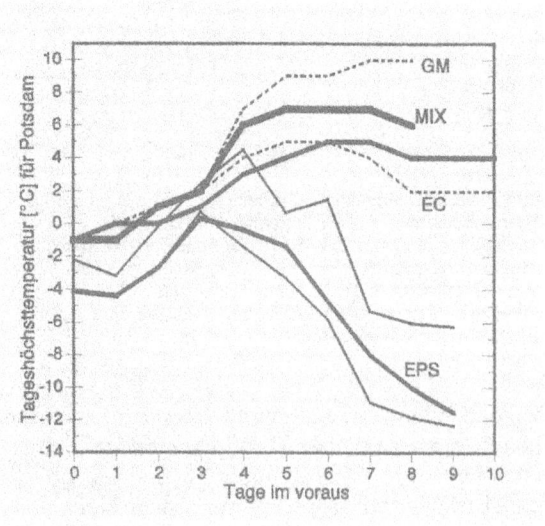

Abb. 7.14. Ein Beispiel: Am 4.Juni 1996 (o. Tag) ergab die statistische Interpretation der Vorhersagekarten von 4 verschiedenen Zentren die in der Abbildung dargestellte Entwicklung der Tageshöchsttemperatur für Potsdam. Bis zum 3. Folgetag stimmen alle Modelle ziemlich gut überein, danach wird es konfus. Am 8. Folgetag schwankt die automatische Prognose zwischen angenehmen 22°C (GM = DWD) und tropischen 34°C (EC = EZMW). Die "Super-MIX-Strategie" bildet das Mittel aus allen Modellen, "MIX" nur aus GM und EC. Nur die Verifikation vieler Einzelfälle kann nun klären, welche Strategie in der Regel die größte Erfolgschance besitzt; wie erwartet: *Super-MIX*

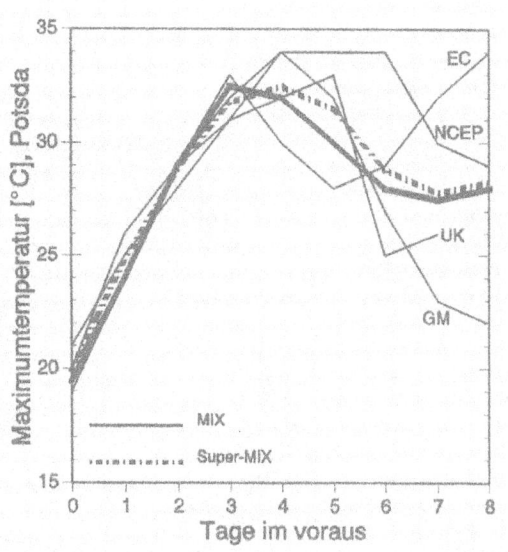

7.6   Die MIX-Philosophie

Anfangs gab es nicht wenige gestandene Vorhersagemeteorologen, die dieser, zugegeben simplen Art Widerspruchslösung ziemlich skeptisch gegenüberstanden: "Man kann doch nicht aus einer kühlen Nordwestströmung (Vorhersagemodell A) und einer warmen Südwestwetterlage (Modell B) einfach eine Westlage 'mixen', nur weil man sich nicht entscheiden kann." Doch, man kann! Und zwar aus zwei Gründen: Erstens mangelt es in der Regel auch dem erfahrensten Prognostiker an wirklich *stichhaltigen* Argumenten, um der Version A den Vorrang vor B zu geben, auch wenn es die "Berufsehre" des einen oder anderen (noch) nicht zuläßt, sich dies einzugestehen. Aber Überzeugungen, Meinungen, Behauptungen können in der Wissenschaft letztlich nicht darüber entscheiden, welcher These mehr Wahrheit zukommt. Zweitens also, hatte die wissenschaftliche Verifikation das letzte Wort: pro MIX (Abb. 7.14).

Wenn Sie sich an das Lorenz-Experiment erinnern (s. Abb. 7.1), wo "plötzlich" nach dem 10.–15. Rechenschritt nicht mehr so ohne weiteres entschieden werden kann, welche der 3 Versionen wohl der "Wahrheit" am nächsten sei, so kommt man unwillkürlich auf den Gedanken, dem ausgleichenden Mittelwert des Zufälligen den Vorrang einzuräumen. Ganz genau so geht man übrigens auch beim Ensembleprognosesystem (EPS) vor.

Der MIX-Ansatz eröffnet also nicht nur einen praktischen Ausweg in Situationen, in denen unvereinbar Gegensätzliches eine Entscheidung so schwierig erscheinen läßt. Er ist darüber hinaus in der Lage, die Genauigkeit der Vorhersage wesentlich zu erhöhen.

Interessanterweise nimmt dieser wünschenswerte Effekt mit zunehmendem Vorhersagezeitraum *zu* – ein Hinweis darauf, daß hinter dieser einfachen Strategie etwas grundsätzlich Neues, Richtiges zu vermuten ist (Abb. 7.15.).

Diese Vermutung wurde und wird bei der Untersuchung eines ganz anderen Problems bestätigt: Wir erinnern uns an eines der drei Ziele, deretwegen das ungeheuer aufwendige und wissenschaftlich aufregende EPS-Projekt vor einigen Jahren routinemäßig zu arbeiten begann. Es war das Ziel, die *täglich wechselnde Sicherheit* einer Wettervorhersage nicht nur im nachhinein – durch Verifikation – zur Kenntnis zu nehmen, sondern Anhaltspunkte aufzuspüren, um dies *vorher* zu wissen. Es geht also um nichts anderes, als um die *Vorhersage der Vorhersagegüte.* Als aussichtsreichste Einflußgröße (Prediktor) wurde dabei die "Breite" (spread) der Ensemblelösungsvielfalt erachtet. Ist sie schmal, sollte man vernünftigerweise erwarten, daß die Vorhersage ziemlich sicher ist, d. h. einen kleinen Fehler aufweisen wird. Umgekehrt dürfte man bei sehr divergierenden Lösungen annehmen, daß dem Ensemblemittel ein größerer Fehler anhaften wird, die Vorhersage insgesamt also unsicherer einzuschätzen ist. Wie früher schon erwähnt, haben sich diese Hoffnungen nicht erfüllt, jedenfalls nicht für praktische Bedürfnisse.

Mit anderen Worten: Es *gibt* die vermuteten Zusammenhänge, aber sie sind viel zu schwach, um uns in der täglichen Vorhersagepraxis voranzubringen. Der Grund dieser Enttäuschung liegt in der falschen Arbeitshypothese eines perfekten Modells, das nur infolge fehlerhafter Anfangsbedingungen nicht perfekt arbeitet. Dies trifft aber nicht zu, allein schon deswegen nicht, weil nicht selten die beobachtete Wirklichkeit außerhalb des durch das EPS abgesteckten Möglichkeitsrahmens anzutreffen ist (Abb. 7.16).

Es muß also *andere* Prediktoren geben, jenseits des jetzigen Ensembleansatzes, die uns besser Auskunft über die *zeitlich wechselnde* Sicherheit einer Wettervorhersage geben können. Man suchte sie in Parametern, die bestimmte Eigenschaften einer "schwierigen" Wetterlage charakterisieren. Beispielsweise kommt die

Abb. 7.15. Die Verifikation von automatischen 8- bis 9-Tages-Prognosen der Höchsttemperatur für München im Zeitraum Dezember 1996 bis Mai 1997 erbrachte klare Vorteile für den statistischen AFREG-MIX-Ansatz im Vergleich zur dynamischen Interpretation nur *eines* Modells, sei es deterministisch (T213, T159) oder probabilistisch (EPS) betrieben. MIX2(4): Kombination von 2(4) verschiedenen Modellen der numerischen Wettervorhersage

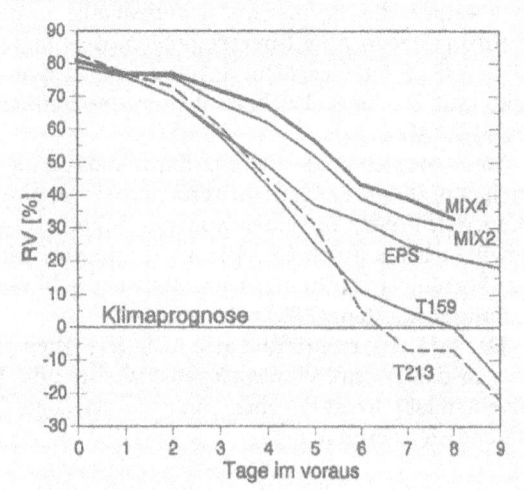

Abb. 7.16. Am 4.Juni 1996 prognostizierte das EPS am EZMW für Berlin/Potsdam und 9 Folgetage obige Mittagstemperaturen. Die gestrichelten Linien begrenzen die Spannweite aller 35 (verschiedenen) Lösungen, die dünne, ausgezogene Kurve repräsentiert ihren arithmetischen Mittelwert. Wie die dicke Kurve zeigt, liegt die Wirklichkeit zeitweise sogar *außerhalb* des vom EPS angegebenen Möglichkeitsspielraumes

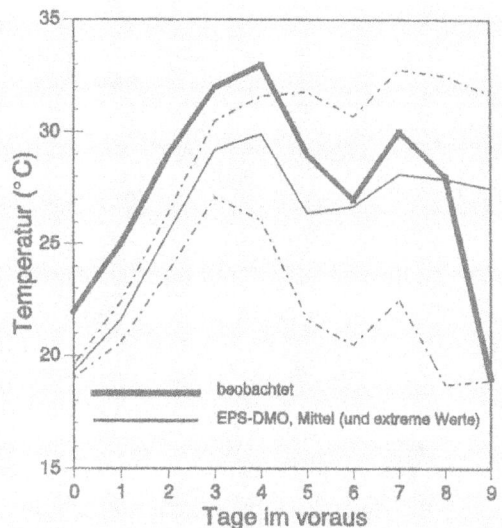

Größe des horizontalen Luftdruck- oder Temperaturgegensatzes in der Weise in Frage, daß mit wachsenden Unterschieden (Widersprüchen), die (meteorologische) Zukunft schwieriger zu bestimmen sein wird als beim Dominieren "stabiler Muster" – ein Prinzip von großer Allgemeingültigkeit übrigens. Die vermuteten Zusammenhänge existieren tatsächlich, leider nicht in der erwünschten Strenge(Tabelle 7.1). In Nordamerika jedoch scheinen die Dinge etwas günstiger zu liegen.

Als stärkster Prediktor hat sich bisher in verschiedenen internationalen Untersuchungen die Inkonsistenz (der Widerspruch) *zwischen verschiedenen* Modellen der numerischen Wettervorhersage herausgestellt, ein zwingender Hinweis darauf, daß der bisherige EPS-Ansatz um weitere stochastische Elemente innerhalb der Modellphysik als Quellen von Unbestimmtheit erweitert werden muß.

Das Ergebnis:

		beobachteter Fehler		
		klein	groß	Treffer
vorherberechneter	klein	205	132	61%
Fehler	groß	131	123	48%

Analoges Ergebnis für die Niederschlagswahrscheinlichkeit > 5 mm/d:

238	33	88%
161	135	46%

Fazit:

Sind die Prognosedifferenzen zwischen verschiedenen Modellen gering, kann man mehr oder weniger von einer vergleichsweise sicheren Vorhersage ausgehen. Überdurchschnittliche Prognoseunterschiede dagegen lassen keinen Hinweis auf eine sichere/unsichere Vorhersage zu!

Tabelle 7.1. Für 7 verschiedene Wetterelemente, 4 Orte in Deutschland und verschiedene Vorhersagezeiträume (+1 ... +8 Tage im voraus) wurde anhand mehrerer Halbjahresstichproben und 10 potentiellen Einflußfaktoren (Prediktoren) untersucht, ob sich die wechselnde Vorhersagegüte vorhersagen läßt. Nur ein Prediktor ergab einen (schwachen) Zusammenhang mit dem Fehler.
Der (absolute) Fehler der Maximumtemperaturvorhersage mittels AFREG-MIX für den 7. Folgetag ergab sich im Winterhalbjahr 10/96–3/97 zu: $2,46+0,216 \cdot x_1$ [K]; x_1 = ein Maß des *Unterschieds zwischen verschiedenen Modellen* der numerischen Wettervorhersage bezüglich der vorhergesagten Maximumtemperatur

8   Prognosenprüfung – Wie gut oder schlecht sind Wettervorhersagen?

Konrad Balzer

8.1   Verifikation tut not

Nach dem, was einige Printmedien von sich geben, ist die Sache eigentlich klar, oder?
Verblüffende Hintergründe: Wettervorhersage – nie dran glauben
Dann der Hinweis: *Wetter: Wer irrt sich denn da immer?* Also: *Wettervorhersage – der große Bluff. Regen statt Sonne, kalter Nordost statt milder Brise: Meteorologen sagen das Wetter oft falsch voraus. Die Mehrheit von 120 befragten Bundesbürgern traut den Vorhersagen nicht, hält sie in vielen Fällen für falsch,* obwohl die Meteorologen von sich behaupten, *sie lägen bei 24-Stunden-Prognosen in neun von zehn Fällen richtig (Hörzu, 33/1996).*

   Die TV-Wettermacher [von Meteomedia und Meteo Consult] haben ihre Prognose-Genauigkeit nach eigener Aussage inzwischen auf 90 Prozent gesteigert. 1975 lag die Trefferquote noch bei 80 Prozent, 1989 bei 86 Prozent. DWD-Sprecher Uwe Wesp: "Da werden wir wohl stehenbleiben. Viel genauer wird die 24-Stunden-Prognose nicht mehr werden" (TV TODAY, 3/1995).
   Und wie sieht es um die langfristige Wettervorhersage aus?
   Wird es weiße Weihnachten geben? Unser Röder verrät's. Zweimal hat Meteorologe W. Röder für "FF dabei" eine langfristige Wetterprognose gewagt. Und jedesmal hat er richtig gelegen. Hier ist seine Voraussage für den Winter ... (FF dabei, 12/1995).
   Und wie wird denn nun der Sommer, Herr Kachelmann?
   Weiß ich nicht. Mein Film [am 20.6.97, ARD] handelt von Kollegen, die das zu wissen glauben. Ich gehöre nicht zu diesen Leuten. Meine These dazu hat zwei Stufen: Erstens, man kann es nicht – und falls das nicht zutrifft, zweitens, ich kann es nicht.
   Für einige Zeitgenossen und für einen Teil der Medien ist nichts langweiliger, als der "Schnee von gestern", auch dann, wenn jemand behauptet hätte, er fiele aus. Sind begründetes Vertrauen und sich auszahlende Solidität bei Prognosen jeder Art wirklich so unmodern geworden und statt dessen purer Unterhaltung geopfert? Manchmal kann man diesen Eindruck gewinnen. Fragen Sie bloß keinen, der etwas von 80, 86, oder 90% Trefferquote erzählt, wie er darauf gekommen ist und *wie* man so etwas berechnet. Auch wenn es noch so ungeheuerlich klingt, es ist pure Zahlenspielerei. Der willkürlichen Zahlen- und Erfolgsmanipulation sind nämlich Tür und Tor geöffnet. Wie das?

Behauptungen und Prognosen zu überprüfen, zu verifizieren reicht für sich genommen eben nicht aus. Es kommt darauf an, die "wirkliche Wahrheit" zu erkennen, nicht eine – bewußt oder unbewußt – vorgeschobene. Kein Gebiet der praktischen Meteorologie ist so umstritten und mißverständlich zugleich, wie das der Prognosenprüfung, eines Versuchs also, mit wenigen Worten oder gar nur einer einzigen Zahl die Güte meteorologischer Vorhersagen zu beschreiben. Was anfangs noch allen leicht zu bewerkstelligen schien, blieb schwer, auch wenn heute noch manche glauben, leichthin urteilen zu können. Es gibt kaum einen überzeugenden Grund, denen zu widersprechen, die sagen, daß es oft einfacher ist, Prognosen auszugeben, als die Frage nach ihrer Güte zweifelsfrei zu beantworten. Das liegt allein schon daran, daß eine wissenschaftliche Prognosenprüfung, die ihren Namen verdienen soll, mehrere Ziele verfolgt, und daß viele Fragen zu klären sind.

8.2   Wozu Prognosenprüfung?

Ganz am Anfang steht der Wunsch, etwas Zuverlässiges über die Vorhersagegüte an sich zu erfahren: Wie steht es aktuell um die Prognosekunst? Wie genau kann man das Wetter vorhersagen? Aber auch: Wie weit im voraus können die Meteorologen gegenwärtig das Wetter in welchen Details erkennen? Hinzu kommen laufend Fragen folgender Art:

- Welche Methode der Wettervorhersage ist am besten? Ist die Methode A (das Modell, der Meteorologe, die Wetterdienststelle, das Land) besser als die Methode B (ein anderes Modell, ein anderer Meteorologe ...)? Machen Meteomedia oder Meteo Consult bessere Vorhersagen als der DWD, oder ist es umgekehrt? Und warum? Was muß deshalb verändert werden? Lohnt sich die Einführung eines neuen Vorhersageverfahrens in die praktische Nutzung, auch wenn es nur sehr wenig genauer ist als sein Vorgänger? Und was heißt "sehr wenig"?
- Gibt es einen Trend der Prognosengüte? Wie sieht er aus? Geht es aufwärts, oder sind trotz großer internationaler Anstrengungen die erhofften Erfolge noch nicht eingetreten? Oder vielleicht nur auf bestimmten Gebieten? Ist es möglich, zu erkennen, welchen Ursachen wir einen Aufwärtstrend verdanken?
- Welche Seiten des Wetters, welche meteorologischen Elemente also, sind gegenwärtig recht gut/durchschnittlich/sehr schlecht/überhaupt (noch) nicht vorhersagbar? Was müßte demzufolge zur Verbesserung des Zustandes getan werden?

Wir sehen, an kritischen Fragen mangelt es nicht, auch nicht an unliebsamen Antworten. Aber die Meteorologen stellten sich diesen Fragen vom ersten Tage ihrer Öffentlichkeitsarbeit an, die mit der Gründung der modernen Wetterdienste im letzten Drittel des 19. Jahrhunderts begann. Das Bemühen um diese Art praktischer Wahrheitsfindung bei ständig eingeschalteter Öffentlichkeit (Selbstkritik auf offenem Markt) ist bisher von anderen Wissenschaftsdisziplinen mit ähnlich komplexer Vorhersageaufgabe weder annähernd erreicht noch übertroffen worden.

Im langwierigen Prozeß der Suche des Menschen nach Erkenntnis der Wirklichkeit führt aber auf lange Sicht kein Weg an der Verifikation vorbei. Erst die "Probe aufs Exempel", das Überprüfen eines Modells der Wirklichkeit an der

Abb. 2.3. Vorhergesagte Regenmengen für die Zeit vom 4.–8. Juli 1997: **a** nach dem Europa-Modell (Maschenweite 60 km) und **b** nach dem Deutschland-Modell (Maschenweite 14 km) des DWD; **c** gemessene Regenmengen. Die Ergebnisse des Deutschland-Modells stimmen sehr gut mit den gemessenen Werten überein. (mit freundlicher Genehmigung des Deutschen Wetterdienstes)

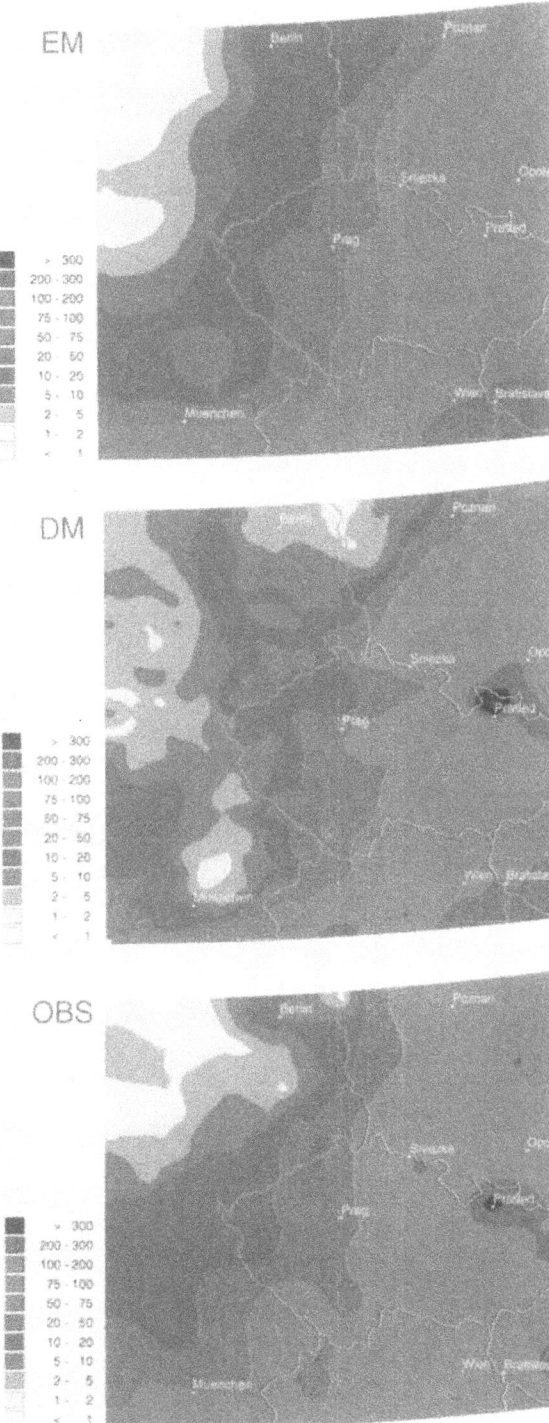

Abb. 3.4. Wetterhütte mit den
vier Thermometern für Tempe-
ratur- und Feuchtemessung
(senkrecht stehend) sowie für
Maximal- und Minimaltempera-
tur (waagrecht).
(Foto: M. Eckardt)

Abb. 3.2. (links) Satellitenbild mit einem Gewittercluster vom 14.9.1997. Über Mittelitalien ist ein kompaktes Wolkenfeld entstanden. Es besteht aus zahlreichen Gewitterzellen, die zu diesem großen Komplex zusammengewachsen sind. An seiner Südwestflanke ist bereits eine schwache Drehbewegung erkennbar, die daraufhindeutet, daß ein Tiefdruckgebiet entsteht. (NOAA 14, AVHRR = Advanced Very High Resolution Radiometer, Überlagerung von sichtbarem Licht und nahem Infrarot, Inst. f. Meteorologie, FU Berlin)

Abb. 3.5. Das Bodenmeßfeld einer Wetterstation: Links im Bild vorne ist das waagrecht befestigte Erdbodenthermometer (85 cm über dem Boden) erkennbar. Weiter rechts ragen insgesamt 6 Thermometer mit ihren Ableseskalen aus der Erde für 2, 5, 10, 20, 30 und 40 cm Tiefe; von einem 7. Thermometer (50 cm Tiefe) ist lediglich der Holzknauf zu sehen. Im Hintergrund stehen Regenmesser.
(Foto: M. Eckardt)

Abb. 3.6. Windmeßgerät für die Messung von Windrichtung und -geschwindigkeit.
(Foto: M. Eckardt)

Abb. 3.7. a Solarimeter zur Messung der Globalstrahlung (direkte plus diffuse Einstrahlung): Die Sonne erwärmt ein Meßplättchen, ein beschattetes zweites Plättchen wird elektrisch auf die gleiche Temperatur gebracht. Die dafür aufgewendete Energie entspricht der Energie der Einstrahlung. Derartige Geräte werden Kompensationsmesser genannt.

Abb. 3.7. b Die diffuse Himmelsstrahlung wird prinzipiell genauso gemessen, nur wird die direkte Sonnenstrahlung ausgeblendet, erkennbar am "Heiligenschein" um das Gerät. (Fotos: M. Eckardt)

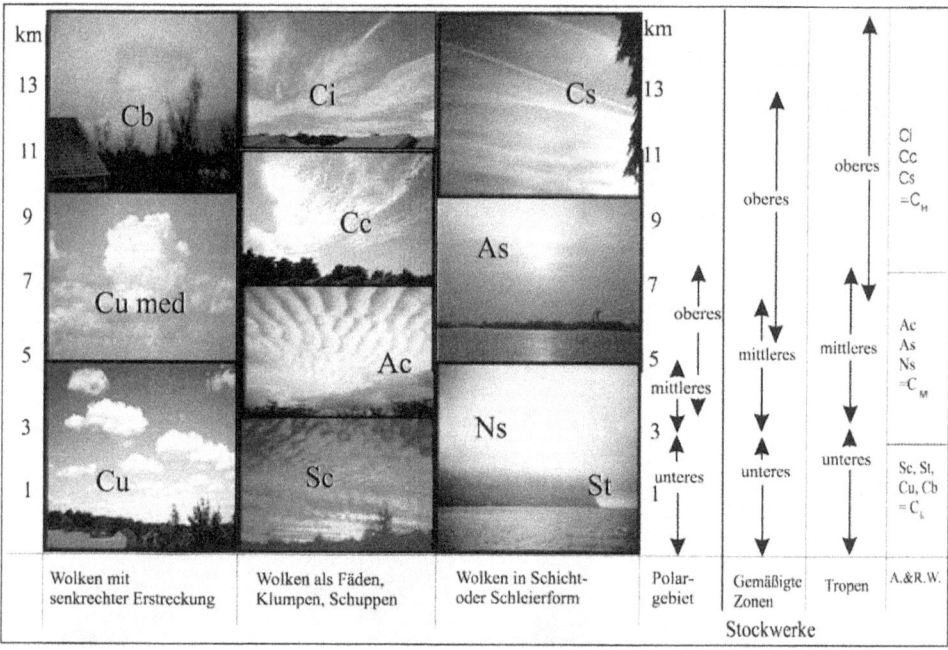

Abb. 3.8. Die Wolkenstockwerke der Atmosphäre in der von der Weltorganisation für Meteorologie vorgegebenen Einteilung (Fotos: F. Krügler, Graphik: A. u. R. Wehry) Meteorologisch gebräuchliche Wolkennamensabkürzungen: Cu = Cumulus, Cu med = Cumulus mediocris, Cb = Cumulonimbus, Sc = Straotocumulus, Ac = Altocumulus, Ci = Cirrus, St = Stratus, Ns = Nimbostratus, As = Altostratus, Cs = Cirrostratus. Am rechten Graphikrand kennzeichnet C_L = Tiefe ("Low") Wolken, C_M = Mittelhohe Wolken, C_H = Hohe Wolken.)

Abb. 3.9. a Start einer Radiosonde: Der nur schlaff gefüllte Ballon erreicht in der um das 1000fache dünneren Luft in ca. 30 km Höhe etwa die 20fache Größe, bevor er platzt und das Gespann (Radiosonde plus Target) an einem kleinen Fallschirm zur Erde sinkt. Das Target dient der besseren Reflexion der Radarstrahlen, die die Lageänderung erfassen und damit die Windmessung ermöglichen.

Abb. 3.9. b Radiosondenfüllhalle und *(links)* Anlage zum automatischen Radiosondenstart, Meteorologisches Observatorium Lindenberg bei Berlin des DWD. (Fotos: K. Wehry)

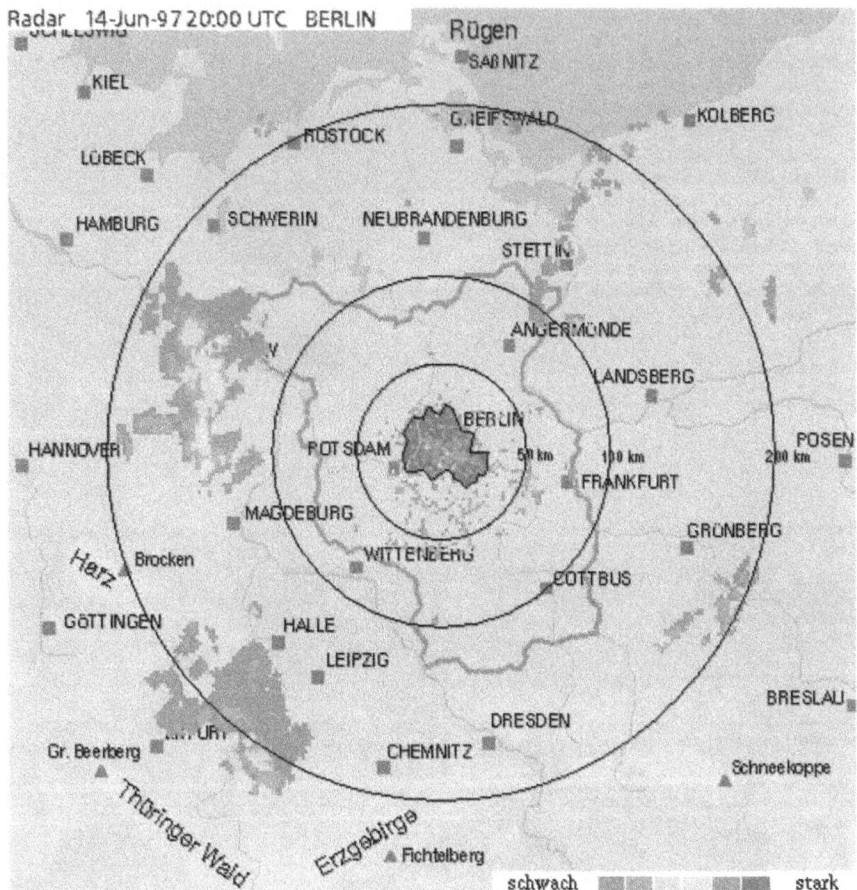

Abb. 3.10. Am 14. Juni 1997, 20 Uhr UTC, zeigte das Radarbild nordwestlich von Berlin ein stark ausgeprägtes Niederschlagsfeld mit eingelagerten (gelbe und rote Farbe) Gewittern. (Inst. f. Meteorologie, FU Berlin)

Abb. 3.11. (rechts oben) Registrierung von Blitzen am 14.6.1997 in der Zeit von 20 Uhr MESZ bis 02 Uhr MESZ am 15.6.1997. Jede Farbe stellt die Blitzorte während einer Stunde dar: Hellgrün von 20–21 Uhr bis Dunkelrot von 01–02 Uhr. (DWD-MAP, mit frdl. Genehmigung des DWD)

Abb. 3.12. (rechts unten)Ozonverteilung in der unteren Atmosphäre bis ca. 1500 m Höhe (vertikaler Scan) am 10.6.1997, 10–22 Uhr über Berlin, Charité. (Messungen unterhalb von 400 m sind gestört.) Ein typischer Sommertag ist erfaßt: Vormittags startet der Tag mit 60–80 $\mu g/m^3$ in ca. 1000 m Höhe. Ab 14 Uhr erfolgt ein starker Anstieg auf 240–280 $\mu g/m^3$ in fast allen Höhen bis 1200 m. Am Abend drehte an diesem Tag der Wind von West nach Nord, und die Ozonschwade wurde südwärts abgedrängt. (Abbildung von F. Immler, AG Wöste, Inst. f. Experimentalphysik, FU Berlin)

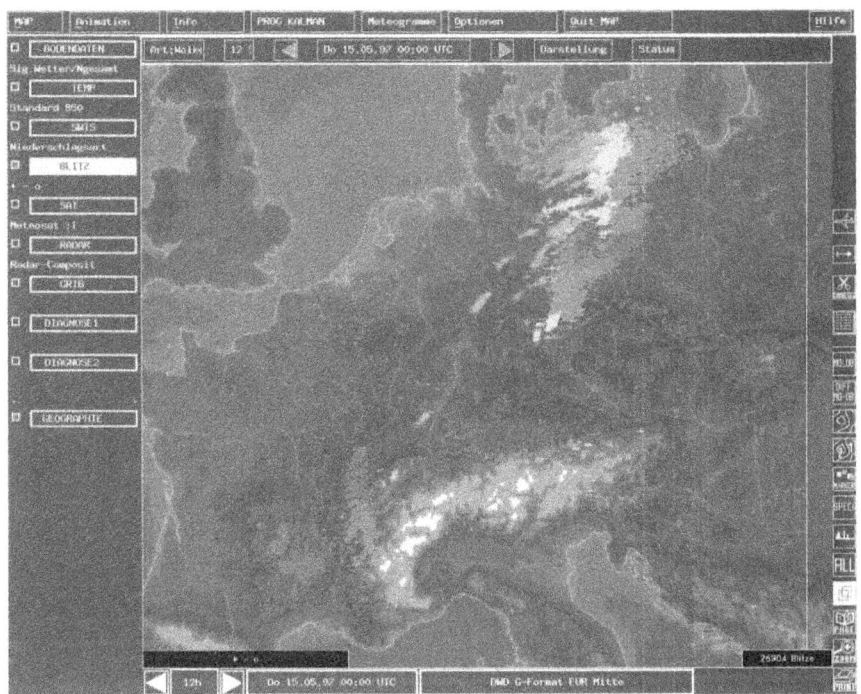

LIDAR-Messung der vertikalen Ozonverteilung

LIDAR-Station Charité, Berlin-Mitte
Institut für Experimentalphysik, FU Berlin   10.06.97

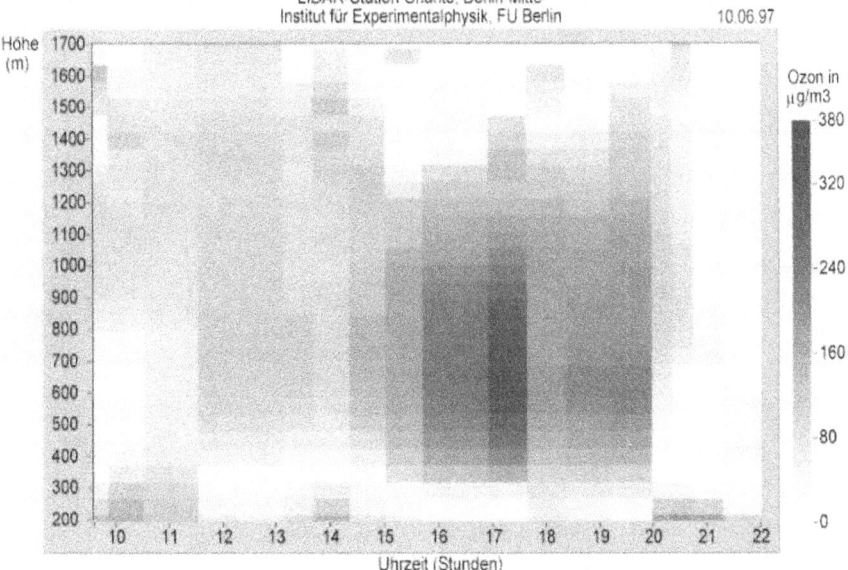

Abb. 3.13. Satellitenbild von Mitteleuropa, 29.8.1996. Ein Wirbel liegt über den Beneluxländern, und ein spiralförmiges Wolkenband erstreckt sich über die Nordsee und Skandinavien hinweg zum Baltikum und weiter nach Süden zur Balkanhalbinsel. Als Landmarken sind deutlich das westliche England sowie Frankreich und vor allem der Alpenbogen erkennbar. (NOAA 14, AVHRR, Überlagerung von sichtbarem Kanal, nahem Infrarot und thermischem Infrarot – Kanäle 1, 2 und 4. Inst. f. Meteorologie, FU Berlin)

Abb. 3.15. Die beiden Windprofiler-Radarsysteme (WPR) des DWD in Lindenberg bei Berlin. **a** Das auf 1290 MHz arbeitende WPR, das für die unteren Bereiche der Atmosphäre Temperatur- (bis 1300 m) und in hoher Auflösung Winddaten (bis 2 km) liefert; links daneben ist ein SODAR montiert. **b** Das auf 482 MHz arbeitende WPR. Gut erkennbar sind die vier Schalltrichter und auf dem Tisch die 120 Antennenelemente, die elektromagnetische Signale aussenden und die reflektierten Signale empfangen. (Fotos: H. Steinhagen, DWD)

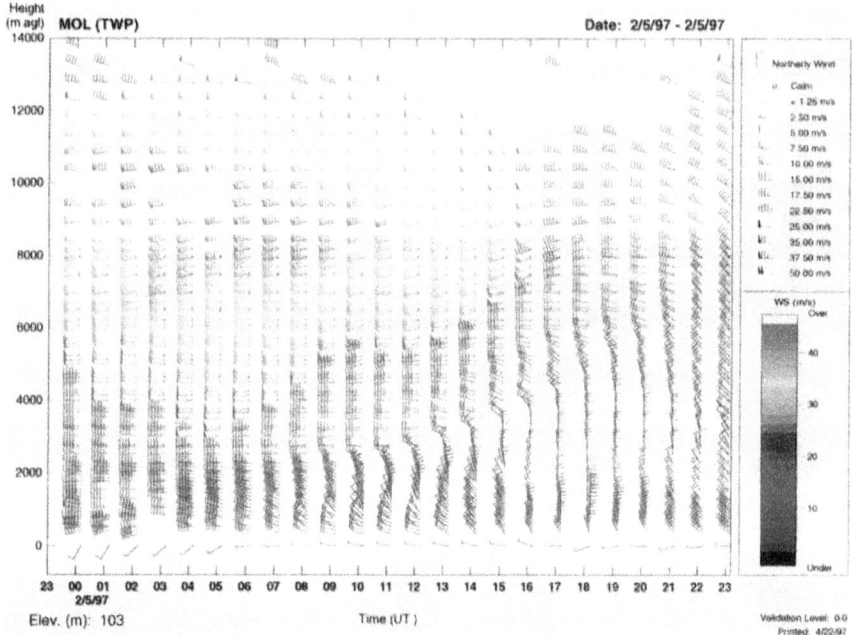

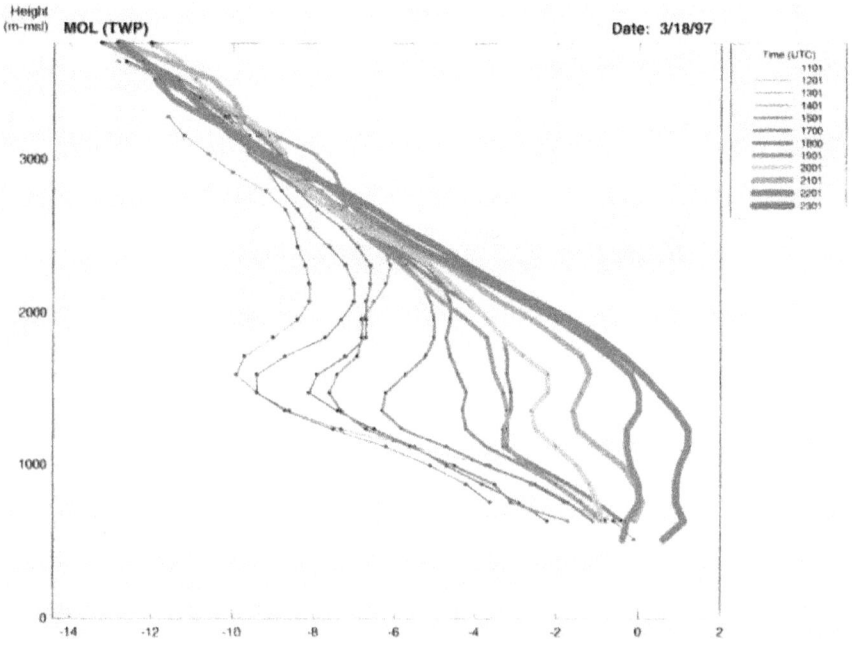

Abb. 3.16. (links) Beispiel einer Windregistrierung des Profiler-Systems des DWD vom 5.2.1997, Mitternacht bis 10 Uhr: Die Drehung und das gleichzeitige Nachlassen des Windes in den unteren Schichten sind gut erkennbar. (Steinhagen et al. 1997)

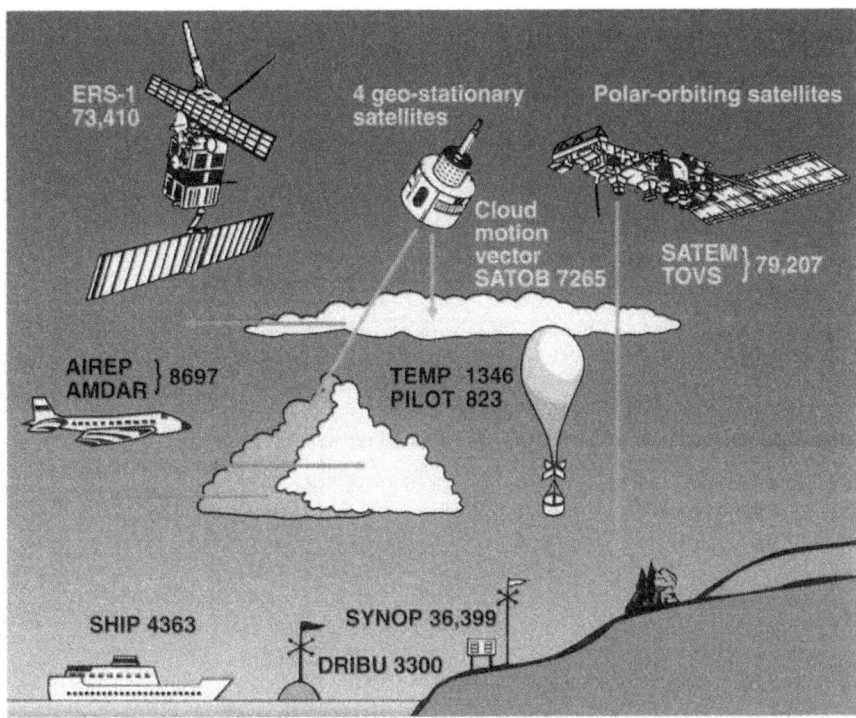

Abb. 3.19. Zusammenstellung "konventioneller" Meßmethoden. Aufgeführt sind alle an einem beliebigen Tag des Jahres 1993 beim Europäischen Zentrum für mittelfristige Wettervorhersagen (EZMW) eingegangenen Daten: ERS (European Remote Satellite), die 6 geostationären und 3 polumlaufenden Satelliten NOAA 12 und 14 sowie Meteor überdecken die gesamte Erde, allerdings mit sehr unterschiedlichen und nicht ohne weiteres vergleichbaren Daten. Flugzeugmessungen (AIREP und AMDAR) kommen meist aus den vielbeflogenen Höhen von etwa 9–12 km. Temp/Pilot kennzeichnen Radiosondenaufstiege. Erdgebunden melden ca. 10.000 sogenannte Synop-Stationen meist 8mal pro Tag, regional (z. B. auf Flughäfen) bis zu 48mal. Etwa 7000 Schiffbesatzungen haben sich verpflichtet, während ihrer Fahrt Wetter zu beobachten, zwischen 1000 und 2000 davon melden täglich mehrfach. Gut 1000 DRIBUs (Driftende Bojen) gibt es inzwischen auf den Meeren und auf dem nordpolaren Eis.

Abb. 3.17. (links) Beispiel einer Temperaturmessung des Profiler-RASS des DWD am Observatorium Lindenberg bei Berlin am 18.3.1997: Dargestellt ist die "virtuelle Temperatur", die sich ergibt, wenn man die in der Feuchtigkeit gespeicherte Wärme, die bei Kondensation frei gesetzt werden würde, der gemessenen Temperatur zuschlägt. Diese Temperatur steigt also desto stärker, je feuchter die Luft wird. Hier ist der Durchzug einer Warmfront erfaßt, die sich in Bodennähe nur wenig, in etwa 1500 m Höhe jedoch mit einer Temperaturänderung von mehr als 10°C bemerkbar machte. (Steinhagen et al. 1997)

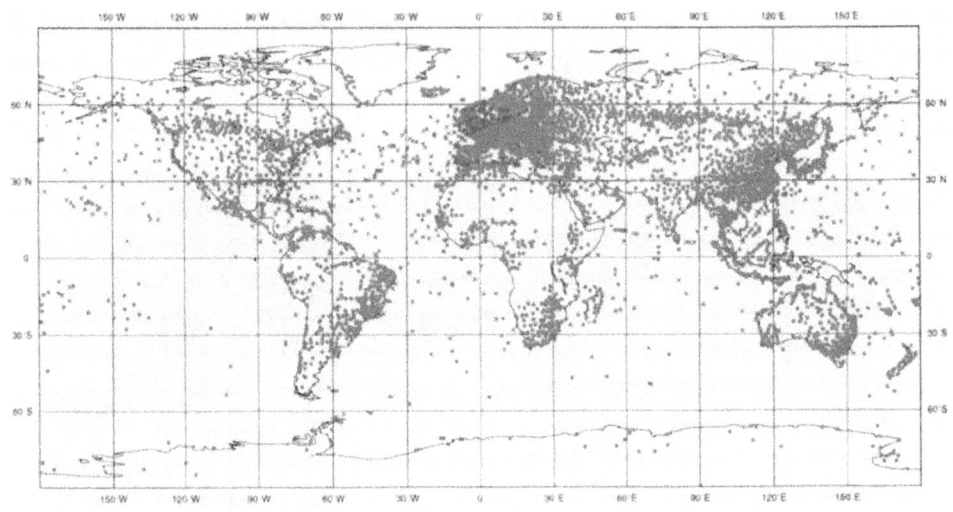

Abb. 3.20. Die Meldungszahl hat in den vergangenen Jahren weiter zugenommen. Am 30.1.1997 gingen allein zum 12-Uhr-Weltzeit-Termin 12.303 Meldungen von Landstationen und Schiffen beim EZMW ein. Man erkennt aber gut die Lücken im Netz, die in Afrika, Südamerika und auf dem Südpazifik besonders ausgeprägt sind

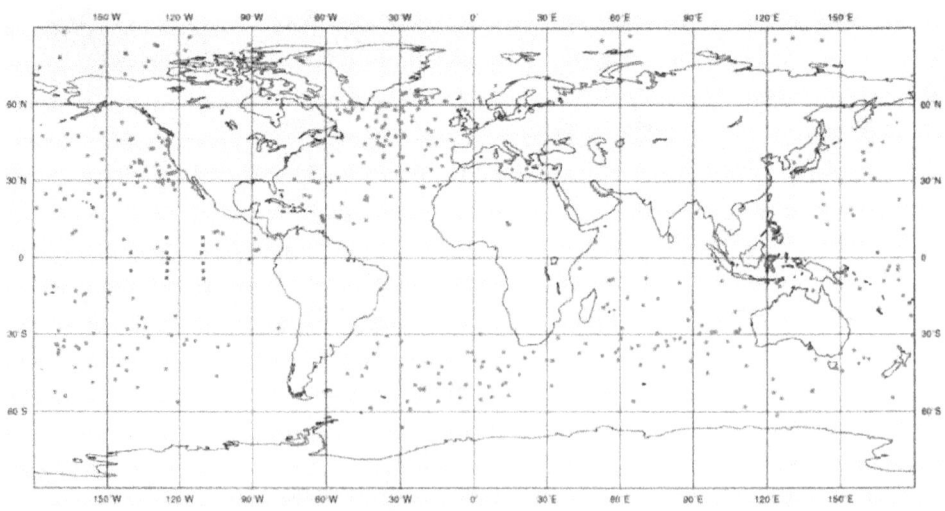

Abb. 3.21. Am 30.1.1997 erreichten für den 12-Uhr-Termin 1.153 Meldungen von driftenden Bojen das EZMW

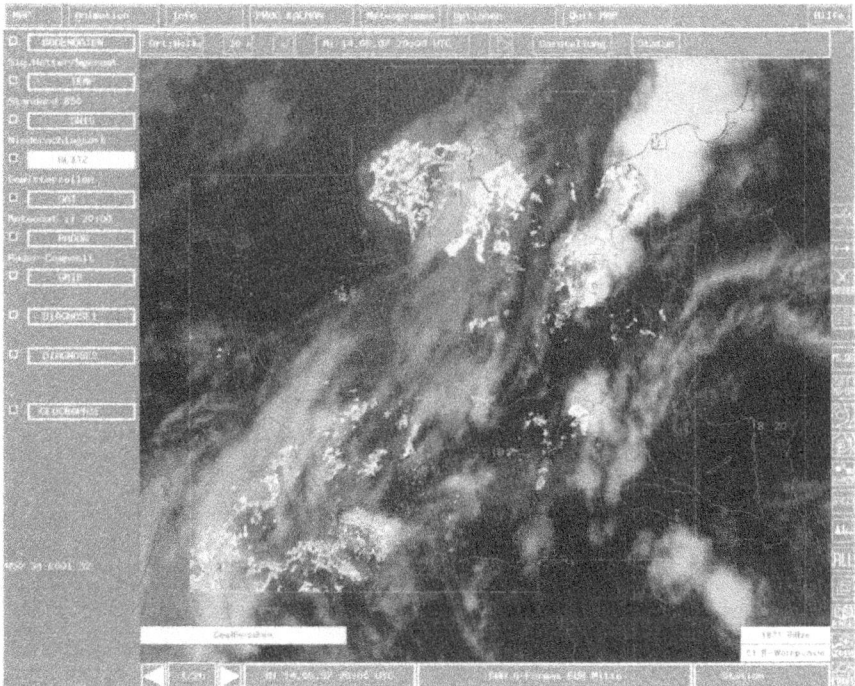

Abb. 4.1. Kombination von Satelliten- und Radarinformation für den 14.6.1997, 20 Uhr MESZ: Über die flächige Wolkendarstellung des Satellitenbildes ist die farbige Radarinformation gelegt, wobei die hellsten Wolkenteile den stärksten Radarechos entsprechen. Daraus kann geschlossen werden, daß an diesen Stellen die intensivsten Gewitter liegen. Das MAP (Meteorologisches Applikations- und Präsentationssystem) des DWD erlaubt, mehrere Datenarten übereinanderzulegen, so daß verschiedene meteorologische Informationen zusammen betrachtet werden können

Abb. 4.3. Aufquellende Schauerwolke, die bereits eine Höhe von 5–6 km erreicht hat, aber in ihrem oberen Teil noch klar abgegrenzte Formen aufweist (blumenkohlförmig). Sie ist demnach noch nicht vereist, obwohl in dieser Höhe Temperaturwerte von –10 bis –20°C herrschen; sie besteht also aus stark unterkühlten Wassertröpfchen, die bei nur geringem weiteren Aufwachsen innerhalb von 2–5 Minuten vereisen und dann gewittrigen Starkniederschlag bringen können. (Foto: F. Krügler)

Abb. 11.9. Synchroner Anstieg des atmosphärischen CO_2, der globalen Mitteltemperatur und des Meeresspiegels

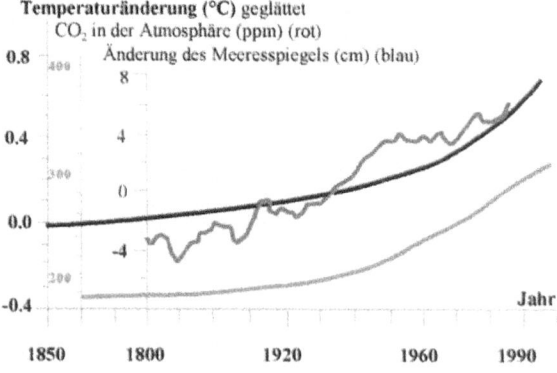

Temperaturänderung (°C) geglättet
CO_2 in der Atmosphäre (ppm) (rot)
Änderung des Meeresspiegels (cm) (blau)

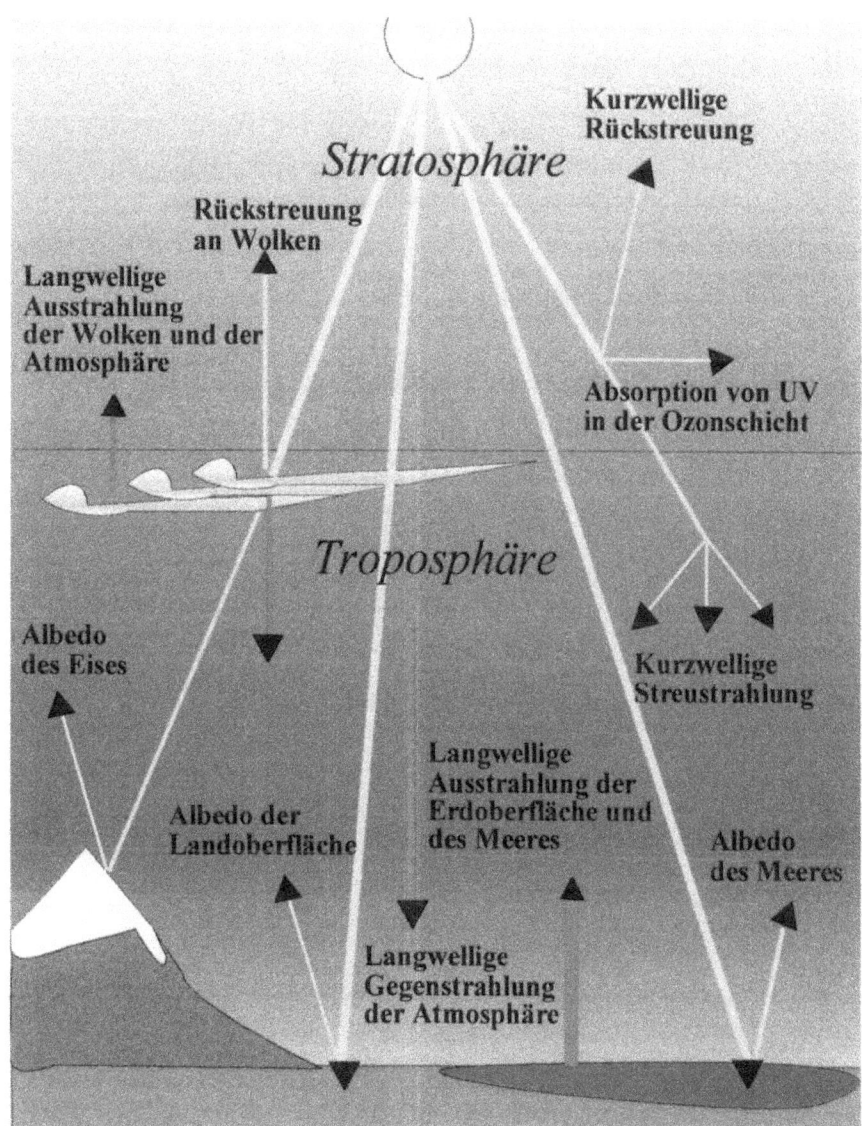

Abb. 11.2. Schema der kurz- und langwelligen Strahlungskomponenten

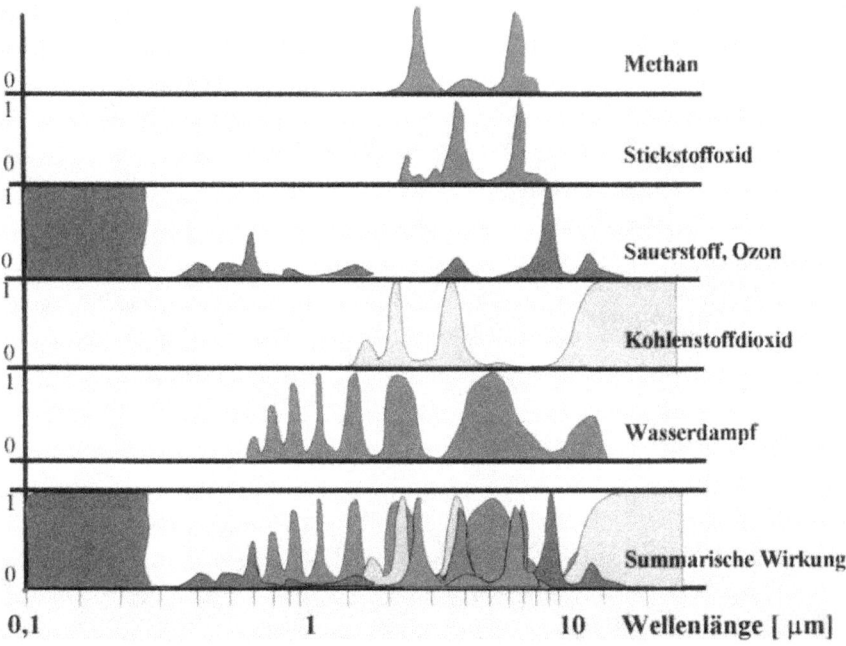

Abb. 11.1. Absorbtion der lang- und kurzwelligen Strahlung für Luftbestandteile: 0 = keine, 1 = vollständige Absorption (Nach Balzer, K; Weitere Aussichten wechselhaft, Verlag Neues Leben, Berlin 1986)

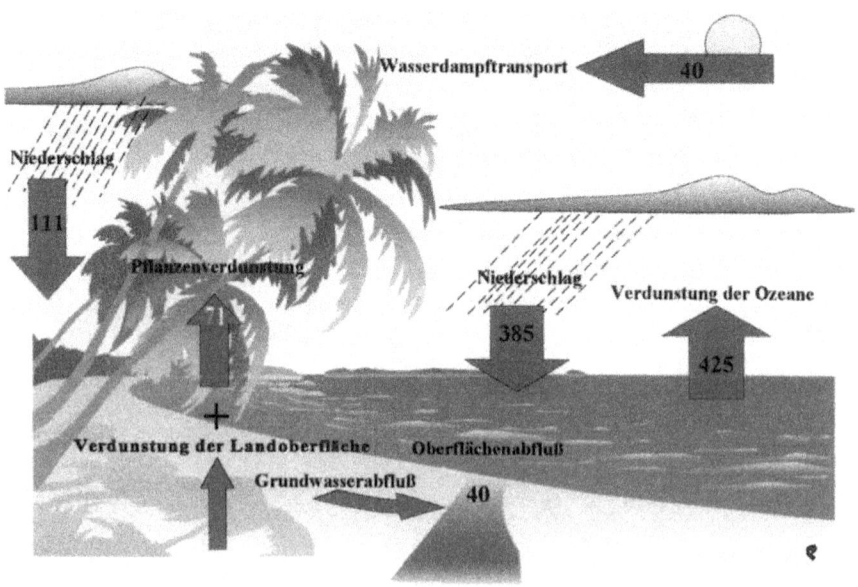

Abb. 11.3. Schema des globalen Wasserkreislaufs (Milliarden Kubikmeter)

Wirklichkeit selbst, verschafft uns die notwendige Sicherheit im Einschätzen dessen, was das Modell leistet, welche Teilergebnisse wir schon jetzt praktisch anwenden dürfen und sollten, welche Seiten der Realität uns noch verborgen sind und was am Modell, an der Theorie verändert werden muß.

8.3   Interessen contra Objektivität

Das Interesse der möglichen Nutzer von Wettervorhersagen ist außerordentlich breit gefächert. Sehr viele interessieren sich nur für ganz bestimmte Teile des Wetters. Die übrigen kümmern sie nicht, selbst wenn sich die Prognose dort als besonders zuverlässig erweisen sollte. Sie benötigen dieses Wissen nicht.

So interessiert den Seefahrer auch heute noch vor allem der *Wind* als Verursacher störenden Seegangs und hinderlicher Strömung (Abb. 8.1). Fliegen heißt Starten und Landen, und dabei spielen die vertikalen und horizontalen *Sichtverhältnisse* immer noch eine entscheidende Rolle.

Die Energieversorgung blickt vor allem auf die *Temperatur*, die Land- und Wasserwirtschaft besonders auf den *Niederschlag*, wobei ihnen die Extreme – zu wenig/zu viel Niederschlag – die größten Sorgen bereiten. Das millionenfache Interesse des einzelnen Bürgers ist wohl auf das Wetter im Urlaub, am Wochenende und an Feiertagen gerichtet. Es dürfte um so größer sein, je mehr sich Prognose oder wirkliches Wetter vom ersehnten Ideal – 25°C Mittagstemperatur, viel Sonne, kein Regen – entfernt haben.

Diese unterschiedlichen Interessenlagen bergen folgende Konsequenzen in sich: Da jedes Wetterelement mit unterschiedlicher Güte vorhergesagt wird, ge-

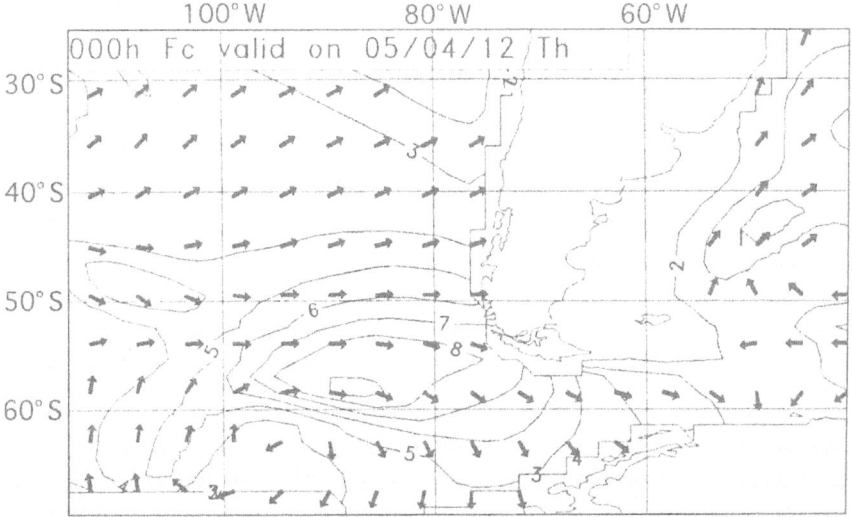

Abb. 8.1. Eine Seegangsanalyse des Seegebietes um Kap Hoorn für den 4. Mai 1995, 12 Uhr. Die Isolinien stellen gleiche Seegangshöhe dar (2–9), die Pfeile geben die Laufrichtung der Wellen an. Es werden auch bis zu 10tägige Vorhersagen für alle Welt- und Randmeere angeboten. (Nach Seewetteramt, Hamburg)

nießt die Wettervorhersage vor allem dort ein kaum zu erschütterndes Ansehen, wo die Nachfrage *und* die Güte besonders hoch sind. Dies ist zum Beispiel bei der Seefahrt und dem Wind der Fall. Es ist kein Zufall, daß gerade die praktischen Bedürfnisse der Seefahrt unmittelbar zur Gründung der Wetterdienste Anlaß gaben, während küstenferne Nationen sich schwerer taten und nicht so recht wußten, wie die Ergebnisse und Möglichkeiten der Wettervorhersage praktisch und mit Gewinn zu nutzen seien.

Auch die *Häufigkeit der Nachfrage* nach meteorologischer Information ist sehr unterschiedlich und prägt ganz wesentlich die Meinung über den Wert der Meteorologie im allgemeinen und der Wettervorhersage im besonderen. Eigentlich vermittelt nur eine ständige Nutzung beim Kunden den Eindruck, daß er, wenn auch nicht in jedem Einzelfall, so doch in der Summe gut beraten ist, meteorologische Prognosen mit ins Kalkül seiner Entscheidungen einzubeziehen.

Die Beurteilung der Meteorologie und ihres Könnens bleibt hingegen dann völlig dem Zufall überlassen, wenn etwa nur *einmal* im Jahr eine bestimmte Wettervorhersage benötigt wird und diese entweder völlig danebengeht oder sich zu 100% als richtig erweist. Verständlicher Zorn auf der einen, grenzenlose Hochachtung auf der anderen Seite trüben dann den Blick auf das Wahre. Aus dieser Erfahrung heraus sind beim Meteorologen vom Dienst vor allem Feiertage, wie Ostern, 1. Mai und Pfingsten, gefürchtet.

Aus all dem wird klar, daß wir uns besonderer, eben *wissenschaftlicher* Methoden bedienen müssen, wenn wir die vorhin aufgeworfenen, theoretisch wie praktisch gleichermaßen wichtigen Fragen zuverlässig beantworten wollen. Und das heißt zuallererst: *systematisch vorgehen, Nachprüfbarkeit sichern und möglichst geringe Willkür walten lassen.*

Dies ist für Meteorologen, die Wissenschaft und Selbstkritik verbinden können, keineswegs etwas Neues. Schon W. J. van Bebber (1841–1909), Abteilungsvorstand der Deutschen Seewarte in Hamburg, forderte 1886 in seinem noch heute lesenswerten *Handbuch der ausübenden Witterungskunde*:

Je mehr der Bearbeiter an dem Resultat interessiert ist, je mehr dieses Resultat den Charakter eines Richterspruchs über seine eigenen oder anderer Menschen Leistungen erhält, um so notwendiger wird es, alle Willkür aus der Beurteilung des einzelnen Falles zu verbannen und die letztere ausschließlich nach festen, vollkommen im Vorhinein begrenzten Normen auszuführen, welche klar ausgesprochen und deren Einfluß auf das Resultat jedem Urteilsfähigen offen gelegt ist.

Was bedeutet das?

Wenn Sie diese Normen nicht kennen, oder schlimmer noch, wenn sie Ihnen verschwiegen werden, artet dieser "Handel mit Trefferprozenten" in reine Zahlenspielerei aus. Statt von 80% kann irgend jemand getrost auch von 95% sprechen. Dieses meist übersehene Dilemma rührt einfach daher, daß "richtig" und "falsch" subjektiv definiert werden müssen, was eben auch in völlige Willkür ausarten kann. Es hat lange gedauert, bis die Meteorologen begriffen haben, daß diese semantische Herangehensweise in der Prognosenprüfung nicht zum erstrebten Ziel führen kann. Einige haben heute noch ihre Schwierigkeiten damit.

Der oben erwähnte van Bebber publizierte übrigens damals die seit 1877 für ganz Deutschland berechneten Jahresmittel der Trefferprozente (Tabelle 8.1).

1877	78	79	80	81	82	83	84	1885
79%	80%	80%	80%	83%	77%	82%	83%	83%

Tabelle 8.1. Jahresmittel der Trefferprozente nach van Bebber

Und der verwunderte, aber wissende Zeitungsleser fragt sich nun, wie es wohl zu erklären sei, daß trotz unübersehbarer Fortschritte der meteorologischen Wissenschaft, deren "ausübende Witterungskunde" sich mit ähnlichen Trefferquoten wie vor 100 Jahren zufrieden geben muß.

8.4   Wie erkennt man Blindlingsprognosen?

So lautete ein wissenschaftlicher Beitrag von W. Köppen in der *Meteorologischen Zeitschrift* von 1906. Er lenkte – aus gegebenem Anlaß – die Aufmerksamkeit auf ein zweites ungelöstes Problem: Trefferprozente hin oder her, aber woran kann man erkennen, daß bestimmte Gütezahlen, zumindest zum Teil einer *wissenschaftlichen Vorhersageleistung* zu verdanken sind und nicht dem blinden Zufall oder anderen Informationen, die mit echten Vorhersagen nichts zu tun haben? Der Anlaß war folgender:

Kaum ein Jahr vergeht, das nicht ein oder mehrere neue Systeme von Prognosen bringt, die das Wetter auf Wochen, Monate oder auch Jahre voraussagen sollen ... Mit erstaunlicher Sicherheit werden Prognosen in die Welt gesetzt, unter der Erklärung, daß der Urheber in den Besitz des Schlüssels zum Geheimnis der Witterung gelangt sei. Diese Prognosen finden eine Zeitlang sehr willige Abnehmer, aber nach einiger Zeit verschwinden sie von der Bildfläche und werden vergessen, ohne daß die angeblich große Entdeckung, die ihnen zugrunde lag, eine Bereicherung der Wissenschaft auch nur um die kleinste sichere Tatsache gebracht hätte.

Ein "neues System" hatte auch ein gewisser Dr. Overzier ab 1883 angepriesen und in klingende Münze zu verwandeln verstanden. Der Mangel an wissenschaftlichem Gehalt wurde durch eine ihm günstige Art der Verifikation wettgemacht, und er erregte mit seinen dreist veröffentlichten "Gütestatistiken" beträchtliches Aufsehen. Die öffentliche Meinung, schillernder Scharlatanerie ohnehin eher zugeneigt als spröde verpackter wissenschaftlicher Argumentation, war in nachhaltiger Gefahr, irregeführt zu werden. Köppen schlägt nun vor:

1. Die Prognose muß hinreichend, d. h. nachprüfbar präzise formuliert sein, um sie überhaupt gewissen Kategorien zuordnen zu können. Am sichersten gelingt dies bekanntlich mit Zahlen, sehr viel schwieriger mit Begriffen.
2. Die Verifikation muß auf einer genügend großen Anzahl von Fällen beruhen, um mit den Mitteln der Wahrscheinlichkeitsrechnung Urteile bestimmter Sicherheit fällen zu können. Insbesondere ist der Nachweis zu erbringen, "daß auf verschiedene Prognosen durchschnittlich verschiedene Witterung folgen muß."
3. Um eine *wissenschaftliche* Vorhersage*leistung* zu erkennen, ist sie mit einfachen und kostenlosen Vorhersagen zu vergleichen. Als Referenz kommen in Frage: Zufall, Persistenz und Klimaerwartung, genauer: die "erfolgreichste" von den 3 Möglichkeiten.

Leider ging diese Idee, schon 1906 ausgesprochen, für viele Jahrzehnte wieder verloren, aber seit geraumer Zeit gehört sie zum von der WMO geforderten Standard jeglicher Verifikation.

Die Last dieser Beweisführung sollte gerechterweise auch hier denen zufallen, die die Prognosen in die Welt setzen, statt daß es jetzt gewöhnlich heißt: "Ich behaupte und habe so lange recht, bis ihr mich widerlegt." ... Die unter Laien verbreitete Auffassung, daß man für jedes Hirngespinst berechtigt sei, von den Fachgelehrten eine eingehende Prüfung und Widerlegung zu verlangen, muß durchaus zurückgewiesen werden.

Was lernen wir? Es ist alles schon mal dagewesen!

Was heißen nun Persistenz und Klimaerwartung?

- Persistenz heißt: Es bleibt, wie es ist. Also morgen so wie heute, aber auch übermorgen und am 3. Folgetag so wie heute. Da das Wetter, trotz aller sprichwörtlichen Wetterwendigkeit, auch über eine Erhaltungsneigung verfügt, verschafft diese Strategie schon eine ganze Menge Trefferpunkte – ohne Vorhersagemodell, ohne Wetterdienst. Dies wissend, schlug W. Köppen schon 1906 vor, eine (wissenschaftliche) Vorhersageleistung erst dann zu attestieren, wenn sie mehr vermochte als die bloße Persistenzprognose (Abb. 8.2).
- Die andere Alternative, das Wetter "vorherzusagen", besteht darin, anzunehmen, daß das Wetter sich nach seinen Normalwerten richtet. Unter "Normalwerten" verstehen die Meteorologen vieljährige Durchschnittswerte (meist) auf der Basis der letzten 30 Jahre. Früher, zu Humboldts Zeiten etwa, ging man – ähnlich wie die Astronomen jener Zeit – davon aus, die Länge der Beobachtungsreihe stetig zu vergrößern, um am Ende den "wahren" Normalwert eines

Abb. 8.2. "Die Prognose setzt sich zusammen aus 90% 'Die Börse gestern' und 10% 'Die Börse morgen'. Alles klar?"
Auch bei der kurzfristigen Prognose von Börsenkursen, erweist sich die Persistenz offenbar als stärkster Faktor. (Nach: Schweizer Sonntagblatt)

Wetterelements an einem Ort bestimmen zu können. Später erkannte man, daß selbst das "stabile" Klima beachtlichen zeitlichen Änderungen ausgesetzt war und ist. Deshalb werden heute die letzten 30 Jahre, und nicht 100- oder 200jährige Mittelwerte herangezogen, ganz abgesehen davon, daß die Anzahl der Orte auf der Erde mit so langen Klimareihen verschwindend gering ist.

8.5   Die Geister scheiden sich

Wenn wir Komplikationen bei der Bewertung von (Wetter-)Vorhersagen vermeiden wollen, ist es zweckmäßig, drei verschiedene Aspekte zu unterscheiden: die *Genauigkeit* (oder Fehlerhaftigkeit), die *Leistung* (Güte) und den *Nutzen* (bzw. verminderten Schaden) einer Wettervorhersage.

Es ist z. B. keine Kunst, während einer beständigen Wetterlage die zu erwartende Tagesmitteltemperatur ziemlich genau abzuschätzen. Andererseits liegt eine erhebliche Prognoseleistung vor, wenn am Ende solch eines Witterungsabschnittes ein Temperatursturz von 10 K angekündigt wird, auch wenn er mit 15 K in Wirklichkeit noch drastischer ausfällt. Andererseits bewirkt selbst eine noch so präzise und leistungsstarke Wetterprognose keinen Nutzen, wenn sie nicht benötigt wird, um Entscheidungen anderer Art zu ermöglichen, zu unterstützen oder gar zu ändern. Es kann in diesem Zusammenhang nur erwähnt werden, daß hier ein grundsätzliches Problem der Bewertung von Aussagen schlechthin sichtbar wird, dessen Lösung sich seit 1938 ein ganzer Wissenschaftszweig, die Semiotik, angenommen hat.

In der über 100jährigen Geschichte der modernen Wettervorhersage schieden sich in der Verifikationsfrage oft die Geister. Die einen sahen die Schwierigkeiten des Unternehmens, die schier unvermeidliche Willkür, als so entscheidend an, daß sie selbst einer wissenschaftlichen Prognosenprüfung sehr skeptisch, ja sogar ablehnend gegenüberstanden.

A. Schmauß (1877–1954), deutscher Meteorologe, 1911: *Eine objektive, ziffernmäßige Prognosenprüfung besitzt einen zweifelhaften Wert, so daß sich die darauf verwandte Arbeit noch nie verlohnt hat. Es zählt nur der subjektive Standpunkt des Publikums, denn für dieses arbeiten wir!*

Das Publikum aber, bei näherem Hinsehen, ist in der Regel *parteiisch* – negativ, wie positiv – und an *systematischer* Kontrolle nicht sonderlich interessiert. Diese leidige Erfahrung liest sich dann so:

Many critics, no defenders,
weathermen have two regrets:
when they hit, no one remembers,
when they miss, no one forgets.

Also etwa:

Viele Kritiker, keine Verteidiger,
zweifach sind die Wetterleute zu bedauern:
Liegen sie richtig, erinnert sich keiner,
treffen sie daneben, vergißt es nicht einer.

Einige wenige aber waren fest davon überzeugt, daß der Verifikation eine unverzichtbare Aufgabe in dem Bemühen zukommt, die Naturgesetze immer besser zu verstehen und in praktisch handhabbaren Algorithmen zur Entscheidungsfindung oder sogar in Modellen abzubilden. Dieser überaus wichtigen Rolle kann sie aber in der Tat nur dann gerecht werden, wenn Hindernisse und Unzulänglichkeiten erkannt und schrittweise abgebaut werden.

8.6   Zahlen statt Begriffe – die Wende

Sehr wahrscheinlich hätte der Meinungsstreit über Sinn und Unsinn, über Vermögen und Unvermögen einer aussagefähigen Verifikation noch sehr viel länger gedauert, wenn nicht neue, unausweichliche Bedürfnisse in den 50er Jahren die entscheidende Wende eingeleitet hätten. Es ist kein Zufall, daß die neuen Impulse nicht von der traditionellen, synoptischen Meteorologie ausgingen, sondern von ihrem neuesten Sproß, der numerischen Wettervorhersage.

Einer der führenden Synoptiker Deutschlands, Richard Scherhag in Berlin, widmet der "Prüfung der Güte der Wettervorhersagen" in seinem 424 Seiten umfassenden Standardwerk jener Zeit *Neue Methoden der Wetteranalyse und Wetterprognose* (Springer-Verlag, 1948) lediglich eine halbe Seite, ohne etwas Neues hinzuzufügen, außer: *Leider ist eine Prognose für mehrere Tage auf synoptischer Grundlage nur in seltenen Fällen möglich.*

Sollte dies aber vielleicht irgendwann dem neuen, ehrgeizigen Unternehmen "Dynamische Modelle plus Computer" gelingen?

Die auf den Computern massenhaft anfallenden Ergebnisse der hydrothermodynamischen Prognosemodelle wurden nämlich laufend an die Meß- und Beobachtungsdaten der Wirklichkeit überprüft, um den unumgänglichen Prozeß des Lernens, der Adaption des Modells an die Wirklichkeit, zu beschleunigen.

Bewußt oder unbewußt mag man sich dabei des berühmten V. Bjerknes erinnert haben, der schon in seinem epochalen Programm von 1904 folgenden "allgemeinen Plan für die dynamische-meteorologische Forschung" vorsah:

1. "Hauptaufgabe der beobachtenden Meteorologie wird es sein, regelmäßig gleichzeitige *Beobachtungen* von allen Teilen der Atmosphäre zu schaffen."
2. "Die erste Aufgabe der theoretischen Meteorologie" wird dann die numerische *Analyse* des "Ausgangspunktes für die Wettervorhersagen nach der rationellen dynamisch-physikalischen Methode" beinhalten.
3. "Die zweite und höchste Aufgabe ... wird es schließlich sein ..., die Bilder der *künftigen* Zustände zu konstruieren."
4. "Der Vergleich der konstruierten Bilder mit denjenigen, welche nachher die Beobachtung ergeben, wird
   - teils die allgemeine *Kontrolle* der Richtigkeit der Methode geben,
   - teils *Rückschlüsse* über bessere Werte der Konstanten
   - und *Fingerzeige* über die Verbesserungen der Methode ergeben."

Der Schlüssel zum entscheidenden Fortschritt auf dem Felde der Verifikation lag in der nun möglichen, aber auch notwendigen Abkehr von zwei herkömmlichen Selbstverständlichkeiten. Statt verbal formulierten Vorhersagetexten wird jetzt Zahlen der Vorzug gegeben, und an die Stelle von Definitionen und Analysen von Begriffen und Bedeutungen ("vereinzelt", "örtlich", "richtig", "danach allmählicher Bewölkungsrückgang", "wärmer als bisher", "naßkalt", "um 22°C", "halbfalsch" usw.) tritt die mathematisch-statistische Berechnung von Fehlermaßen,

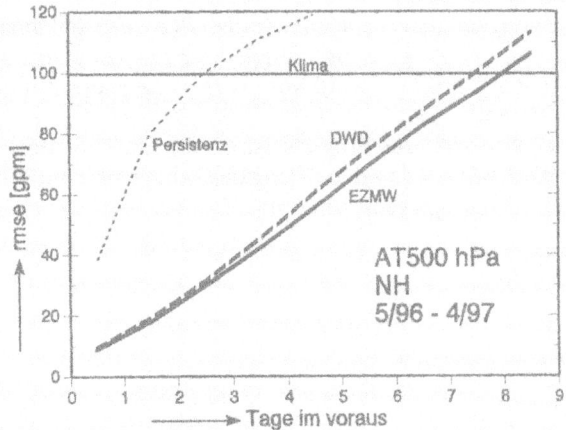

Abb. 8.3. Gitterpunkt für Gitterpunkt der Höhenwetterkartenvorhersage im 500 hPa-Niveau wurde auf der gesamten Nordhalbkugel (*NH*) der Erde nachträglich mit 'wahren' Diagnosedaten verglichen. Aus den Differenzen wurde für verschiedene Vorhersagezeiträume (*Abszisse*) das Fehlerbewertungsmaß rmse (*Ordinate*) berechnet (s. nächster Abschnitt 8.7), und zwar für 4 verschiedene Ansätze: Persistenz, Klima und die Routineprognosemodelle des DWD und EZMW. Die zugrundeliegende Stichprobe umfaßt ein Jahr (Mai 1996 bis April 1997). Was erkennen wir? Nach dem 2. Folgetag ergibt die Klimastrategie (Erwarte das Normale!) genauere Druckfeldvorhersagen als die Erhaltungsneigung (keine Änderung des status quo). Die Prognosefehler wachsen etwa linear an, wobei das EZMW-Modell, besonders im Mittelfristzeitraum, leicht besser ist. Das Ende der Vorhersagbarkeit (Modellfehler > Fehler der *besten* Referenzmethode) ist für das DWD-Modell nach 7 $^1/_2$ Tagen, für das EZMW-Modell nach 8 Tagen gekommen

die weitgehend frei von vermeidbarer Willkür ist und sowohl die *Genauigkeit* als auch die *Leistung* von Vorhersagen zu beurteilen gestattet.

Dieses neuartige Herangehen an eine alte Frage wurde nicht zuletzt dadurch erleichtert, daß die mittels Computer erzeugten Felder der vorhergesagten Luftdruckverteilung genaugenommen nur Zwischenprodukte darstellen und als Mittel zum Zweck dienen. Am Ende interessiert doch immer nur das "handgreifliche" Wetter in Gestalt von Wind und Wolken, Temperatur und Niederschlag. Der Luftdruck als solcher ist ziemlich uninteressant, und deswegen bestand für die numerische Wettervorhersage überhaupt keine Veranlassung, ihre Produkte in gewöhnliche Sprache zu übersetzen, um sie erst dadurch an den Mann zu bringen (Abb. 8.3.).

An diesem Punkt der Überlegungen muß man sich natürlich im klaren sein, daß der Durchbruch zu einer weitgehend objektiven Verifikation von Vorhersagen nur um den Preis einer totalen Zerstückelung, Quantifizierung, Digitalisierung nach Raum, Zeit und meteorologischem Element eines eigentlich unteilbaren Ganzen, eben des Wetters, zu haben war – oder gar nicht!

8.7   Maßzahlen der Güte

"Klare" Zahlen also statt "unscharfer" Begriffe: "Tageshöchsttemperatur morgen in Berlin 30°C" statt "Morgen wird es sommerlich warm sein". Für Vorhersagen die-

ser Art – quantitativ und kontinuierlich – stellt der Betrag des Fehlers das geeig-
nete Maß der Genauigkeit dar. Soll auch hier über den Einzelfall hinaus eine *allgemeine* Einschätzung der Prognosengenauigkeit erwünscht sein, so muß wiederum eine hinreichend große Anzahl von Vorhersagen die Zufälligkeiten des
Einzelfalls eliminieren.

Bezeichnen wir also mit f den Prognosefehler, d. h. die Differenz wahrer minus
vorhergesagter Wert, mit d = $|f|$ den Betrag des Fehlers und mit N die Anzahl al-
ler überprüften Vorhersagen, so beschreibt

$$maF = \sum_{i=1}^{N} d_i \, / \, N$$

den mittleren absoluten Fehler.

In der Meteorologie international bevorzugt und von der WMO empfohlen
wird das Fehlerbewertungsmaß rmse (engl.: root mean square error = Wurzel aus
dem mittleren quadratischen Fehler):

$$rmse = \left[\sum_{i=1}^{N} f_i^2 \, / \, N \right]^{\frac{1}{2}}$$

Der Unterschied zwischen maF und rmse besteht in der unterschiedlichen Gewichtung vor allem größerer Fehler. Durch die Fehlerquadrierung werden nämlich
bei der Bestimmung von rmse die großen Fehler weit mehr "bestraft" als die kleinen – eine Eigenschaft, die einer Vielzahl praktischer Konsequenzen fehlerhafter
Entscheidungen sehr viel ähnlicher ist als die "lineare" Bewertung von Fehleinschätzungen mittels maF-Maß.

Bei normalverteilten[8] Fehlern ist übrigens σ = 1.25 × maF, wobei σ dann und
nur dann genau der Größe rmse entspricht, wenn bias = 0, was näherungsweise
meist der Fall ist. Nur wenn ein Vorhersageverfahren oder ein Prognostiker beispielsweise die Temperatur stets oder im Mittel um 5 K zu kalt vorhersagen würde, dann wäre bias = 5 K. Das Prüfmaß "bias" beschreibt den sogenannten syste-
matischen Fehler, eine grundsätzliche Verzerrung (engl. bias: schief, schräg)
zwischen Prognose und Wirklichkeit. Er berechnet sich aus

$$bias = \sum_{i=1}^{N} f_i \, / \, N$$

Wichtig und interessant ist aber nun folgendes: rmse (bzw. σ) ist nicht nur ir-
gendein Fehlermaß, sondern darüber hinaus geeignet, die *gesamte Fehlervertei-
lung*, also das Risiko aller möglichen Abweichungen anzugeben, wenn die Gauß-

---

[8] Das Risiko bzw. die Häufigkeit bestimmter Fehler folgt der von Carl Friedrich Gauß (1777–1855)
     entdeckten Normalverteilung, die einer "Glockenkurve" sehr ähnlich sieht. Auf jeder 10-DM-Note
     der Deutschen Bundesbank ist sie zu sehen. Der beigefügten Verteilungsfunktion ist übrigens die
     besonders interessante Tatsache zu entnehmen, daß dieses Risiko nur von der Größe σ (Standard-
     abweichung, Streuung) abhängt.

Abb. 8.4. Häufigkeit bestimmter Vorhersagefehler als Differenz vorhergesagte (V) minus eingetroffene (E) Tageshöchsttemperaturen morgen für 17 Orte, Januar bis März 1993. Die Säulen stellen die bei der Verifikation ermittelten (absoluten) Häufigkeiten dar. Es gibt eine theoretische Kurve NV, die diese Verteilung mit nur 2 Parametern (–0,51; 2,19) beschreiben kann.

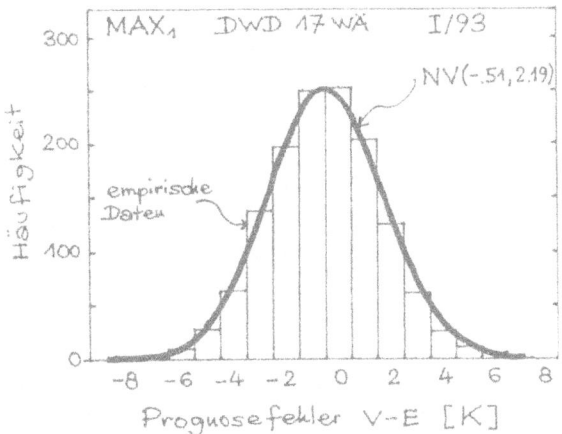

sche Normalverteilung angenommen werden darf. Dies ist der eigentliche Grund, die Größe rmse dem früher öfters anzutreffenden maF vorzuziehen (Abb. 8.4).

Wirtschaftsprognosen – ist da etwas dran?

Es ist ja nicht so, daß nur die Meteorologen Vorhersagen machen müßten. Meinungsforscher und Wirtschaftssachverständige legen sich von Zeit zu Zeit auch mal fest. Am 13.8.93 zum Beispiel veröffentlichte DIE ZEIT eine entsprechende Grafik (Abb. 8.5).

Anhand dieser Daten berechnet sich der bias (systematischer Schätzfehler) zu +0,23, d. h. durchschnittlich wurde das BSP um fast 1/4 Prozentpunkte zu *niedrig* "getippt", in Wirklichkeit war also das Wachstum im Mittel etwas stärker als vermutet.

Der rmse der Sachverständigen betrug 1,29 Prozentpunkte. Jetzt entsteht die Frage: Ist das nun eine "gute" oder eine "schlechte" Vorhersage? Wie wir wissen, benötigen wir, um dies zu beantworten, die Kenntnis vom rmse einer geeigneten "Referenzvorhersage"; nach Lage der Dinge die Persistenz: Nächstes Jahr das gleiche Wachstum des BSP wie dieses Jahr. Mit dieser Strategie ergibt sich ein rmse(PER) = 1,66 Prozentpunkte. Erst der Vergleich dieser beiden Angaben ermöglicht nun eine Aussage zur Vorhersage*leistung.*

Von "echten" Vorhersagen ist zu fordern, daß sie genauer sind als die jeweils beste Referenzprognose. Das Maß RV beschreibt dies in einer sehr universellen Weise, indem beide rmse-Werte ins Verhältnis gesetzt werden:

$$RV = (1-(rmse_1/rmse_2)^2) \times 100 \ [\%]$$

Der Index 1 meint in *diesem* Zusammenhang die "echte", der Index 2 die Referenzprognose. Wir erhalten demnach ein RV = $(1-(1,29/1,66)^2) \times 100 = 40\%$, d. h. die Prognose (1) reduziert die Fehlervarianz rmse² der Referenz (2) um 40%. Nicht schlecht. Nur ein perfektes Vorhersageverfahren mit $rmse_1 = 0$ ergibt ein RV = 100%. Negative RV-Werte mit $rmse_1 > rmse_2$ weisen darauf hin, daß eine "echte"

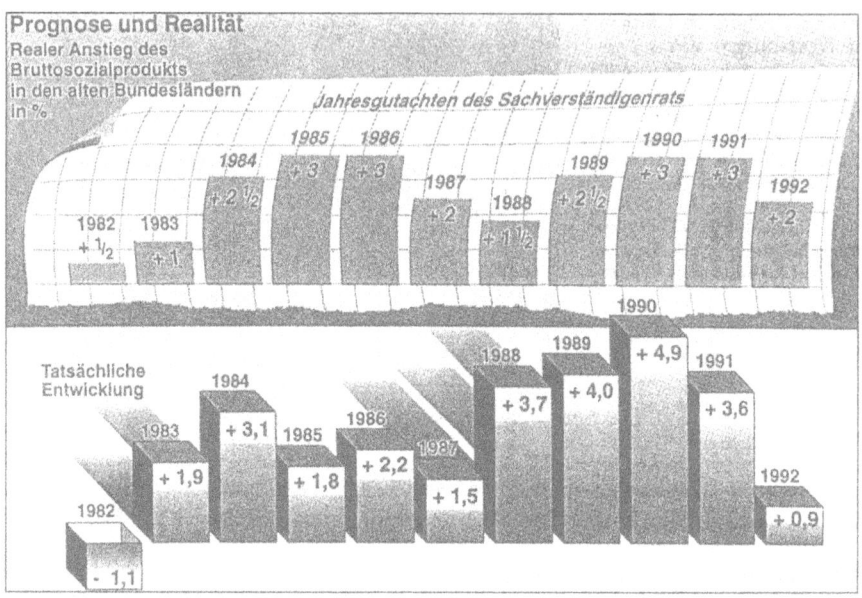

Abb. 8.5. Prognose und Realität der jährlichen Änderung des Bruttosozialproduktes in den alten Bundesländern im Zeitraum 1982 bis 1992. Quelle: Statistisches Bundesamt, Sachverständigenrat. (Nach: DIE ZEIT vom 13.8.1993)

Vorhersage (noch) nicht möglich ist oder ein bestimmter Prognoseansatz doch nichts taugt.

Bewertung von Alternativprognosen

Die meisten meteorologischen *Elemente* werden auf einer kontinuierlichen Skala vorhergesagt und gemessen, d. h. zwischen zwei beliebigen Werten gibt es immer einen möglichen anderen Meßwert. Denken Sie beispielsweise an die Temperatur, die Windgeschwindigkeit, den Luftdruck; aber auch die Niederschlagsmenge innerhalb einer Zeitspanne Δt ist so eine *kontinuierliche Variable*.

Meteorologische *Ereignisse* dagegen treten entweder auf oder nicht. Diese *Binärvariablen* oder Alternativaussagen nehmen also nur den Wert 0 (= nein) oder 1 (= ja) an. Eine Abweichung f zwischen Prognose und Beobachtung, wie sie bei kontinuierlichen Größen zur Berechnung von rmse und bias verwendet wird, existiert *so* nicht. Allenfalls ließen sich allgemeine Trefferquoten berechnen, die bei Alternativaussagen sogar noch einen gewissen Sinn ergeben.

Trotzdem gibt es Verifikationsmaße, die wesentlich geeigneter zur Bewertung sind. Eigenartigerweise existiert so ein Ansatz schon seit über 100 Jahren. Amerikanische Meteorologen wollten damals wissen, ob ihre Warnungen vor Tornados einen gewissen Erfolg aufwiesen oder nicht. Zu diesem Zweck definierten sie eine Prüfgröße, die seitdem unter immer neuen Namen und Autoren mehrfach "wiederentdeckt" wurde und heute mit TSS = True Skill Statistics (soviel wie "wahres

Gütemaß") international bezeichnet und genutzt wird. Ausgangspunkt ist – per definitionem – eine 2×2 Prüfmatrix (Tabelle 8.2).

Ein TSS = 0 entspricht der Güte einer Zufallsprognose *mit klimatologischem Wissen*, d. h. mit Kenntnis des Verhältnisses h/N.

Am Rande sei für besonders Interessierte erwähnt, daß auch Wetterereignisse, die in mehr als 2 Klassen eingeteilt wurden, nach demselben Prinzip bewertet werden, indem der Schwellenwert zwischen ja/nein zur Definition eines Binärereignisses als *Variable* angesehen wird (Tabelle 8.3 und Abb. 8.6).

		Beobachtet		
		nein	ja	Σ
Prognose	nein	a	b	e
	ja	c	d	f
	Σ	g	h	N

a ... h sind Häufigkeiten, N = Umfang der Stichprobe = g+h = e+f

TSS = d/h–c/g   TSS(ideal) = 1 bzw. 100%

Tabelle 8.2. 2×2 Prüfmatrix für die TSS-Prüfgröße

RR [mm]	0	> 0 ... 0.5	> 0.5 ... 3	>3 ... 10	>10
	TSS_1	TSS_2		TSS_3	TSS_4

Tabelle 8.3. Ein Beispiel: Die Niederschlagsmenge RR je Zeiteinheit Δt wird in 5 Klassen eingeteilt, so daß sich 4 Schwellenwerte ergeben, für die TSS berechnet werden kann

Abb. 8.6. In der angegebenen Weise wurden kurzfristige Niederschlagsvorhersagen des Jahres 1996 für viele Orte Deutschlands verifiziert. Ausgabe der Vorhersage: heute nachmittag, gültig für morgen 06–18 UTC (also Δt = 12 h). Die Niederschlagsmenge *RR* wurde auf der *Abszisse* logarithmisch aufgetragen. Erwartungsgemäß sinkt die Vorhersagegüte *TSS*, je seltener das vorherzusagende Ereignis eintritt. Starkniederschläge über 13 mm/12 h länger als 27 h vorher punktgenau vorherzusagen war 1996 (noch) nicht möglich. (Im *Einzelfall* kann das Ergebnis natürlich sehr viel besser sein, aber auch sehr viel schlechter). Orientiert man sich an den traditionellen Trefferprozenten, gelangt man zu einer irreführenden gegenteiligen Bewertung!

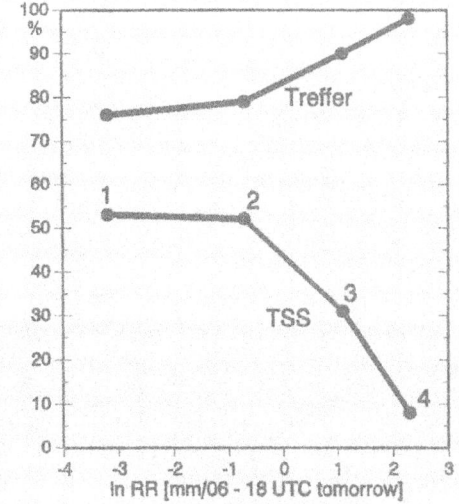

Abb. 8.7. Die Grafik zeigt uns den ausgeprägten Jahresgang der *Güte RV* kurzfristiger Wettervorhersagen (Temperatur, Bewölkung, Niederschlag, Wind) in den acht Jahren 1989–1996

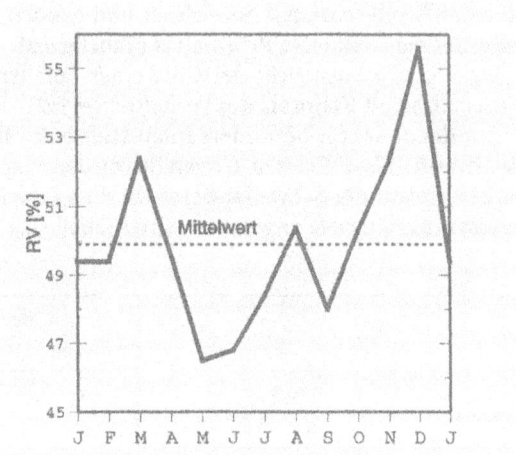

8.8   Zur aktuellen Güte der Wettervorhersage

Unter "Wetter" wollen wir im folgenden keine Wetterkarte mit ihren Druckfeldern, Isobaren, Hochs und Tiefs verstehen, sondern das letztlich interessierende Wetter vor Ort: Wind, Temperatur, Niederschlag, Wolken usw..

Erschöpfend läßt sich in diesem Zusammenhang der am Ende dieses Jahrhunderts erreichte Stand der "normalen", kurz- und mittelfristigen Wettervorhersage natürlich nicht darlegen (zum Stand von Langfrist- und Klimavorhersagen s. Kap. 10 und 11). Aber die wichtigsten und interessantesten Fragen wollen wir mit Hilfe der Verifikationsergebnisse schon zu beantworten versuchen.

1.   Schwankt die Prognosegüte im Laufe eines Jahres?

Aufmerksame Interessenten von Wettervorhersagen haben fast jedes Jahr den Eindruck, daß es im Frühjahr besonders häufige und deutliche Fehlprognosen gibt. Stimmt das?

Die Aufeinanderfolge guter und schlechter Vorhersagen mittelt sich *nicht* aus, sondern es gibt tatsächlich ein Leistungshoch im Dezember und ein Leistungstief im Wonnemonat Mai. Die Gründe sind im Einzelnen noch nicht klar, doch tendiert die Zeit des Übergangs von der Winter- zur Sommerzirkulation in unseren Breiten zu überraschenden Wetterentwicklungen, ganz besonders hinsichtlich der Tageshöchsttemperatur (Abb. 8.7).

2.   In welchem Monat sind die Wettervorhersagen am genauesten?

Anders als oben geht es jetzt nicht um das Verhältnis RV zwischen echten Vorhersagen und der "Macht der Erhaltungsneigung", sondern um die Fehlerhaftigkeit rmse: Je größer, um so ungenauer und umgekehrt. Dabei unterscheidet sich die Genauigkeit der Vorhersagen je nach vorhergesagtem Wetterelement (Abb. 8.8–8.10).

Abb. 8.8. Jahresgang des Fehlers rmse bei der kurzfristigen Vorhersage der morgigen Tiefst- und Höchsttemperatur (*MIN*, *MAX*). 14–17 deutsche Orte, 7/93–6/96 = 3 Jahre. Besonders prägnant fallen die Vorhersageprobleme von *MAX* (und *MIN*) im *Frühjahr* ins Auge. Das sekundäre Fehlermaximum bei MIN im Herbst spiegelt die Schwierigkeit im Abschätzen der tiefsten Nachttemperatur in der Zeit der Umstellung von der atmosphärischen Sommer- auf die Winterzirkulation wider. (Klare Nacht oder bewölkt?)

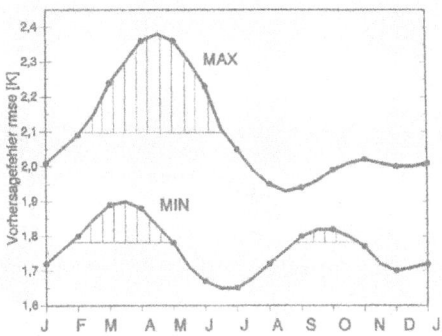

3.   Wie gut werden Niederschläge vorhergesagt?

Die meteorologische Größe "Niederschlag" vorherzusagen und diese Vorhersagen zu verifizieren ist u. a. auch deshalb nicht so einfach, weil man sich über einige Zusatzparameter verständigen muß. Die wichtigsten sind: RR, die Niederschlagsmenge in mm bzw. Liter/m² und die Zeitspanne Δt, innerhalb derer der gefallene Niederschlag summiert wird. Das Ereignis "Mindestens 10 mm/6 Stunden" tritt bei uns sehr selten auf und ist deshalb auch schwerer vorhersagbar – für einen Ort – als z. B. das Ereignis "RR > 0 mm/24 Stunden" (Abb. 8.11).

Man erkennt, daß die Güte mit zunehmendem RR-Schwellenwert *ab*nimmt, d. h. seltenere Niederschlagsereignisse sind punktgenau schwieriger vorherzusagen als die pure Unterscheidung, ob es Niederschlag (RR > 0 mm/12 Stunden) geben wird oder nicht. Nur bei dieser Prognoseaufgabe lag der Mensch noch 2 Pro-

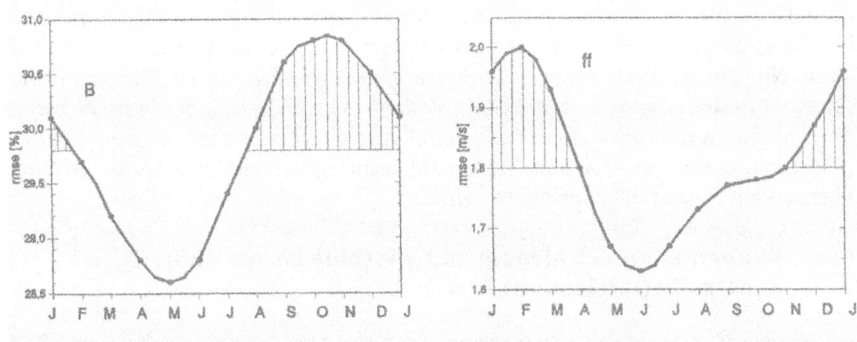

Abb. 8.9. Besonders schwierig sind offenbar Vorhersagen des prozentualen Bedeckungsgrades (*B*) des Himmels mit Wolken im Spätherbst, der oft nur 2 Zustände kennt: wolkenlos oder bedeckt. Die Windgeschwindigkeit *ff* im Sommer vorherzusagen ist dagegen in der Regel keine besondere Kunst, wohl aber im Winter. Man erkennt hieran übrigens einen häufigen Zusammenhang zwischen der Höhe des Klimanormalwertes – im Winter sind die Windgeschwindigkeiten deutlich höher als im Sommer – und dem mittleren Vorhersagefehler rmse

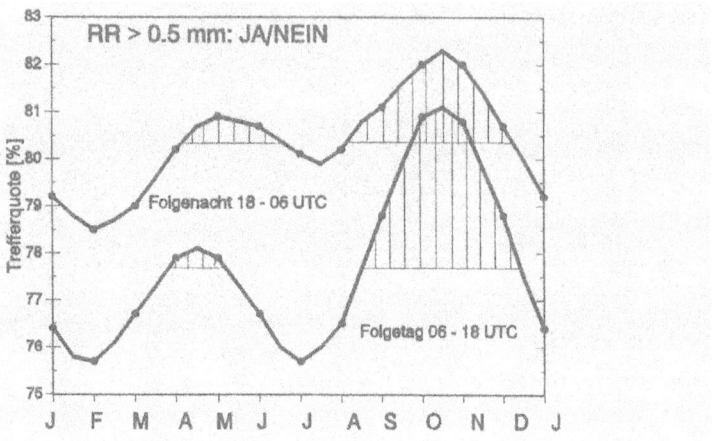

Abb. 8.10. Jahresgang der JA/NEIN-Treffer bei der kurzfristigen Niederschlagsvorhersage (kritischer Schwellenwert hier: 0,5 mm/12 h). Hinweis: schraffiert sind jetzt nicht überdurchschnittliche *Fehler*, sondern *Treffer*. Die höheren Treffer bei der Vorhersage von *Nachtniederschlägen* beruhen hier vor allem auf der um 12 Stunden kürzeren Vorhersagedistanz. Auffällig sind die guten Vorhersageleistungen im Herbst und Frühwinter, während es - übrigens auch für Modelle der numerischen Wettervorhersage – noch immer schwierig ist, sommerliche Schauerniederschläge zufriedenstellend vorherzusagen. Übrigens: Von den ominösen 85–90% Treffer kann beim Niederschlag keine Rede sein!

zentpunkte über der Maschine, sonst mehr oder weniger darunter, wobei der Unterschied mit zunehmender Niederschlagshöhe noch deutlicher wird. Das Aufregende oder Fatale daran ist, daß die Maschinenvorgabe dem Prognostiker mehrere Stunden vorher prinzipiell bekannt ist.

Dieser Widerspruch wird wahrscheinlich vorübergehender Natur sein. Er ist immer dann typisch, wenn sich der Mensch mit Neuem, Konkurrierendem auseinandersetzen muß. Die erste "Hürde", die es zu nehmen gilt, heißt: Neues zur Kenntnis nehmen; die zweite: es mit dem rechten Gewicht versehen, wobei theoretisch diese Gewichtung zwischen 0 (die Maschinen-Empfehlung wird überhaupt nicht beachtet) und 1 (die automatische Vorhersage wird voll übernommen) variieren kann. *Nur ein systematischer Leistungsvergleich*, wie ihn die Verifikation durchführt, *ist in der Lage, die menschliche Vorhersage schneller dem Optimum zu nähern*, als wenn man dies allein traditionalistischen Ressentiments gegenüber der Maschine, einer unkritischen "Automatengläubigkeit" oder unsystematischem "Lernen am Einzelfall" überlassen würde.

4.   Wie verhalten sich Mensch und Maschine bei der Vorhersage anderer Wetterelemente?

Wir bleiben bei der kurzfristigen Wettervorhersage für mehrere Orte in Deutschland (Jahr 1996) (Abb. 8.12).

Die Vorhersage des Meteorologen geht vom Istzustand der Wetterlage heute 12 UTC aus, genau wie der Modell-Lauf (schraffierte Balken). Allerdings liegen die Modellergebnisse bei der Abgabe der Prognose durch den Meteorologen noch

Abb. 8.11. Prognosegüte (*TSS*) bei der kurzfristigen Vorhersage 12stündiger Niederschläge für die folgende Nacht und den Folgetag, getrennt für 4 verschiedene Schwellenwerte (14 Orte in Deutschland, 1996). Außerdem wird die Vorhersageleistung des Meteorologen (*MET*) verglichen mit der eines *Modells* der automatischen Wettervorhersage

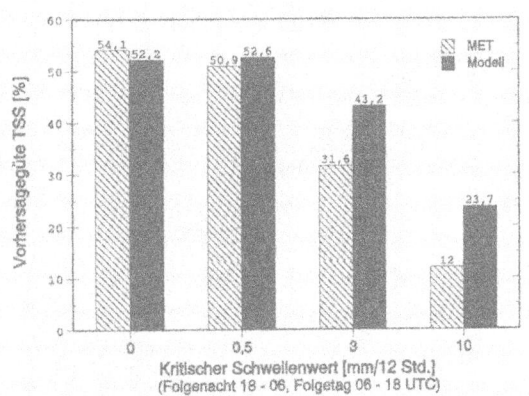

nicht vor. Daher wird zu einem pragmatischen Leistungsvergleich der vorangegangene 00-UTC-Lauf des Modells herangezogen (schwarze Balken).

Wir erkennen: Wesentliche Leistungsunterschiede (RV > 10 bzw. < –10%) gab es bei der Windvorhersage, wo das *Modell* genauere Vorhersagen erzeugte, und bei der Temperaturvorhersage, wo der *Prognostiker* in der Summe aller Einzelfälle das automatische Produkt noch "veredeln" konnte. Bei noch schnelleren Computern, d. h. die Modellergebnisse gelangen früher auf den Tisch des Meteorologen oder gleich in die Hände des Kunden, ginge dieser Vorsprung allerdings sofort verloren. Trotzdem wird deutlich, daß es im System der numerischen Wettervorhersage noch viele Verbesserungsmöglichkeiten gibt, speziell in der Parametrisierung von Teilprozessen, die für die bodennahe Lufttemperatur von Bedeutung sind, wie die Kenntnis und Parametrisierung des Bodenwassergehaltes (trocken, feucht, naß)

Abb. 8.12. Auf der Ordinate ist das Verhältnis RV = $1-(\mathrm{rmse}(MET)/\mathrm{rmse}(Modell))^2$ in Prozent aufgetragen. Ein RV = 20% besagt daher, daß der Meteorologe die Fehlervarianz (rmse^2) der Maschinenvorlage um 20% zu reduzieren vermochte. Negative RV-Werte belegen hier, daß der Experte das Modellwissen "verschlimmbesserte". Im einzelnen bedeuten: *dd* Windrichtung, *ff* Windgeschwindigkeit, *N.o* Niederschlag/12 Stunden mit Schwellenwert 0 mm, *N.5* wie *N.o*, aber Schwelle 0,5 mm, *B* Bedeckungsgrad des Himmels mit Wolken, *T* Lufttemperatur zu bestimmten Terminen des Folgetages, *MIN*, *MAX* – tiefste, höchste Temperatur des Folgetages

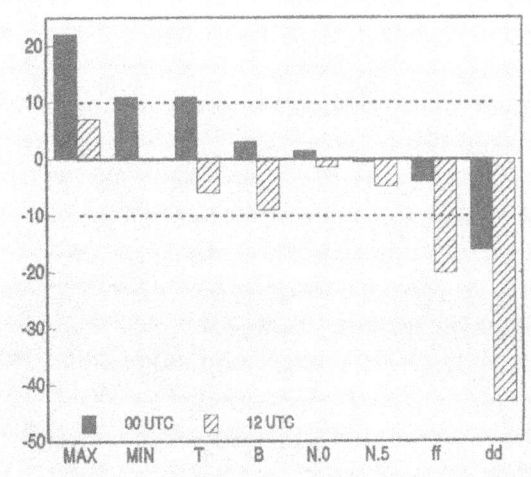

Abb. 8.13. Ein Ergebnis der Standardverifikation von Wettervorhersagen für 2–7 Tage im voraus für das Jahr 1996 (6 Orte in Deutschland). Auf der *Ordinate* ist die übliche Prognosengüte RV = 1–(rmse (Vorhersage)/rmse(Klima))^2 in Prozent aufgetragen.

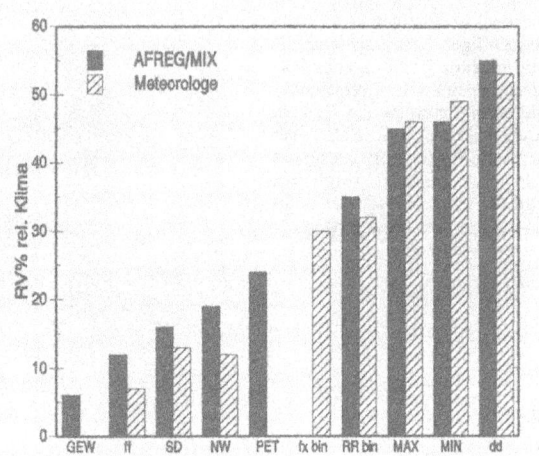

und der Verdunstung (kein, schwacher, kräftiger Feuchtenachschub von der Erdoberfläche).

5.   Wie gut sind mittelfristige Wettervorhersagen?

Eine Antwort ist in Abb. 8.13 dargestellt. "Klima" heißt hier: Als Referenz wird immer der jeweilige Klimanormalwert vorhergesagt. Ohne ins Detail zu gehen, erkennen wir, daß verschiedene Wetterelemente und -ereignisse unterschiedlich gut vorhergesagt werden. Am schwierigsten war es in diesem Jahr offenbar, die Gewitterwahrscheinlichkeit GEW, die termingenaue Windgeschwindigkeit ff und die tägliche Sonnenscheindauer SD für 2–7 Tage vorherzubestimmen. Außerdem fällt auf, daß 5 von 7 vergleichbaren Wetterparametern durch den Meteorologen nicht

Abb. 8.14. Aktueller Gütevergleich von 4 verschiedenen Strategien der mittelfristigen Vorhersage von 7 verschiedenen, lokalen Wetterelementen. 4/96–3/97; 2.–7. Folgetag; 6 Orte in Deutschland

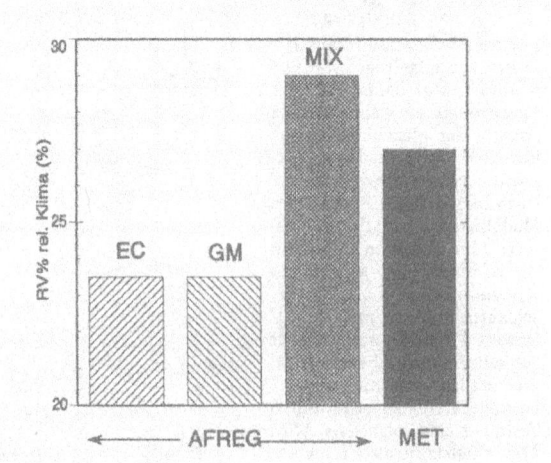

genauer vorhergesagt, d. h. nicht "veredelt" werden konnten, im Gegenteil (Abb. 8.14).

Fazit: Während es dem Meteorologen (MET) gelingt, die Qualität der automatischen AFREG-Vorhersage zu erhöhen, solange die rohen Druckfeldvorhersagen nur *eines* Zentrums (EC bzw. GM) statistisch interpretiert, d. h. in reales, lokales Wetter transformiert werden, gelingt ihm dies nicht, sobald der simple, aber optimale Konsens MIX = 1/2EC + 1/2GM hergestellt wird.

6.   Wo liegt gegenwärtig die zeitliche Grenze der Vorhersagbarkeit?

Verabredungsgemäß und vernünftigerweise liegt sie dort, wo die kostenlose Vorhersagestrategie "Persistenz" oder "Klima" zu genaueren Ergebnissen führt als irgendeine "echte" Vorhersage (Abb. 8.15).

Die gesuchte zeitliche Grenze der Vorhersagbarkeit t liegt hier bei 9 1/2 Tagen im voraus, denn danach liefert die Verwendung von Klimanormalwerten geringere Fehler rmse als die echte Vorhersage. Wir werden später sehen, wie sich diese Grenze t im Laufe der letzten 25 Jahre *vervielfachte*. Eine ähnliche Grafik kennen wir übrigens schon von der Vorhersage des nordhemisphärischen Höhendruckfeldes (Abb. 7.10).

Nach demselben Prinzip wurden diese Grenzen auch für viele andere Wetterparameter bestimmt (Abb. 8.16). Alle diese Größen wurden mittels *Punkt*verifikation, d. h. für einzelne Stationen, nicht für Gebiete, bewertet. Außer beim Wind (Terminwert) beziehen sie sich auf den Zeitmaßstab "Tag", d. h. auf 24 Stunden. Wird dieser Zeitmaßstab verringert, sinkt die Vorhersagbarkeit. Mit anderen Worten: Es ist viel einfacher, einzuschätzen, ob innerhalb eines *Tages* Niederschlag fällt, als wenn verlangt würde, dies für bestimmte 6-Stunden-Intervalle anzugeben. Aus demselben Grund ist es einfacher, tägliche Extremwerte zu schätzen als die Werte (eines meteorologischen Elements) zu bestimmten Zeitpunkten. Insofern muß bei der

Abb. 8.15. Drei Strategien zur Vorhersage der täglichen Höchsttemperatur (1995, 6 deutsche Orte) und die Abhängigkeit ihrer Fehler rmse von der zeitlichen Vorhersagedistanz

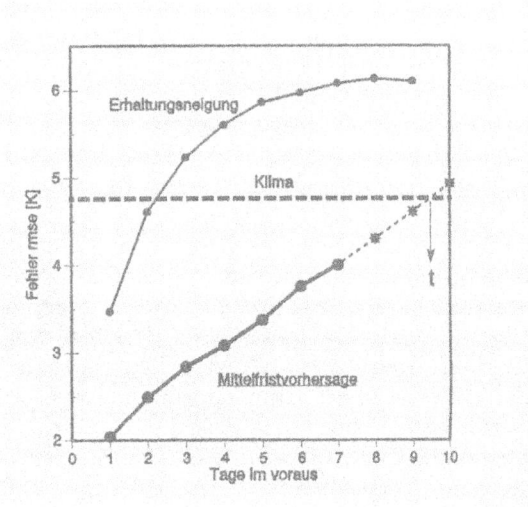

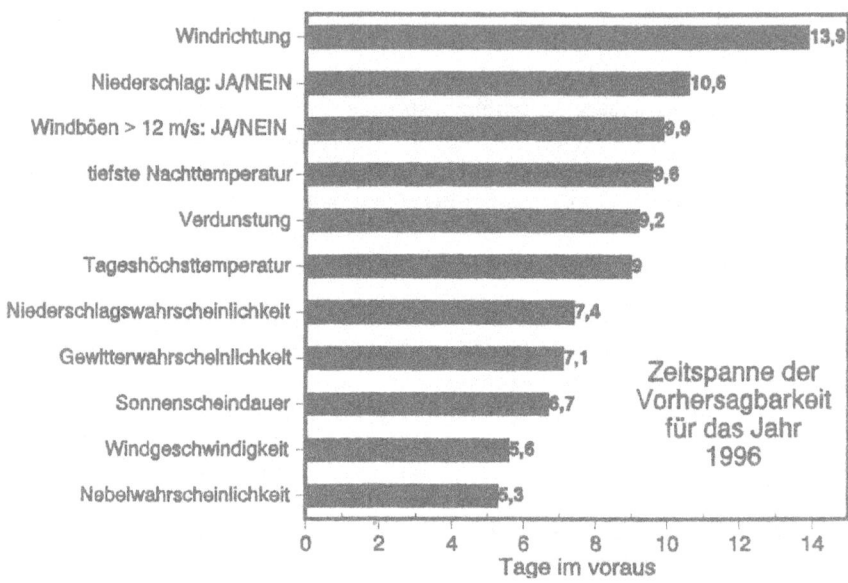

Abb. 8.16. Die für das Jahr 1996 bestimmten Grenzen der Vorhersagbarkeit verschiedener meteorologischer Elemente und Ereignisse

Bewertung und dem Vergleich von Vorhersagen stets deren räumlich-zeitlicher Scale (Maßstab, Detaillierbarkeit) beachtet werden.

7.   Zum Trend der Prognosengüte.

Jahr für Jahr setzt die weltweit operierende Meteorologie viel Geld ein, um mehr und bessere Beobachtungsdaten zu gewinnen und sie in immer perfekteren Modellen auf immer schnelleren Computern zu verarbeiten. Zahlt sich das aus? Wo am meisten? Wo überhaupt nicht?

Nur eine systematische Verifikationsarbeit mit einer unveränderten Methodik ist in der Lage, diese Frage zu beantworten. Die Antworten selbst fallen sehr unterschiedlich aus, je nachdem, um welches *Wetterelement* oder -ereignis es sich handelt und – noch wichtiger – welche *Vorhersagedauer* wir im Auge haben (Abb. 8.17. und 8.18.).

Von Potsdam gibt es eine lange, homogene Verifikationsreihe, die bis zum Oktober 1970 zurückreicht. Mittels linearer Ausgleichung der sehr "unruhigen" Kurven wurden repräsentative rmse-Werte zu Beginn und am Ende des 26jährigen Überprüfungszeitraumes bestimmt. Als Maß des Fortschritts kann dann die Güte $RV = 1-(rmse(1996)/rmse(1971))^2$ dienen. Danach konnte die Fehlervarianz rmse² der Vorhersagen des Temperaturminimums MIN für den Folgetag um 33% reduziert werden. Doppelt so groß ist der Fortschritt bei der Vorhersage der Windrichtung dd für den Folgetag 12 UTC. Daß es gelang, die Qualität der (kurzfristigen) *Windvorhersage* zu verbessern, liegt daran, daß Fortschritte vor allem in der

Abb. 8.17. Die Entwicklung der
Fehler (rmse) kurzfristiger Wettervorhersagen für Potsdam seit
1971. Hier: Windrichtung *dd* und
-geschwindigkeit *ff*

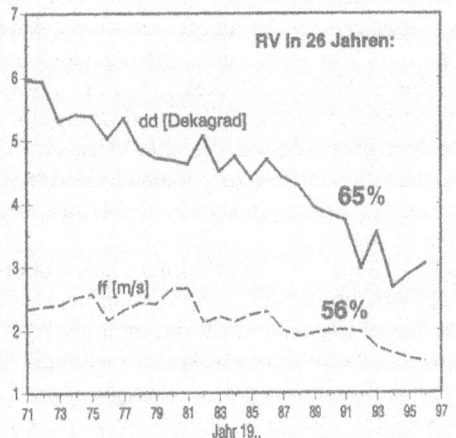

Abb. 8.18. Wie Abb. 8.17, aber
hier: Tageshöchst- (*MAX*) und -
tiefsttemperatur (*MIN*)

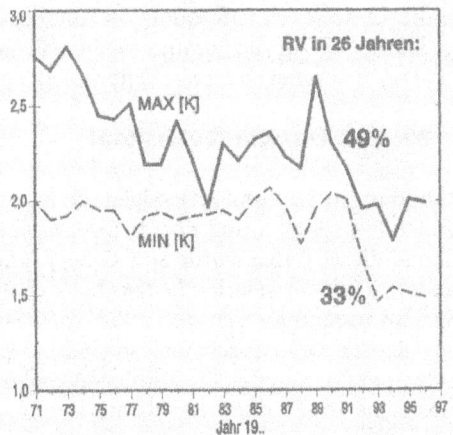

Druckfeldvorhersage erzielt wurden und der Wind in einem sehr starken Zusammenhang mit dem Druckfeld steht.

Ohne dies hier explizit zu zeigen, wissen wir aber auch, daß die Vorhersage bestimmter Wetterphänomene noch nicht entscheidend verbessert werden konnte.
Es betrifft vor allem

- Kürzestfristvorhersagen bis 12 Stunden im voraus,
- schwierige, meist kleinräumige/vorübergehende Wetterphänomene, wie
  schlechte Sichtweite (<500 m) und tiefliegende Wolkenuntergrenzen und
- seltene, gefährliche Wetterereignisse, wie extreme Gewittersturmböen, Glatteis-
  bildung durch gefrierenden Niederschlag, Platzregen, überraschender Schnee-
  fall usw.

Alle angesprochenen Phänomene gehören dem sogenannten *Mesoscale* an, dessen meteorologische Erscheinungen durch die Modelle der numerischen Wettervorhersagen bis jetzt noch nicht zufriedenstellend simuliert werden konnten. Man muß dabei bedenken, daß dies nicht nur ein Problem der Modelle (räumliche Auflösung, Parametrisierung usw.) und Computer (höhere Rechnergeschwindigkeit) ist, sondern in mindestens gleicher Weise eine ungeheure Herausforderung an die Beobachtungs- und Nachrichtentechnik darstellt, die die aktuelle Kenntnis des detaillierteren Anfangszustandes der Atmosphäre, des Wassers und des Bodens organisieren muß.

Niederschläge im Winterhalbjahr fallen überwiegend aus geschichteten (stratiformen) Wolken, die meist von weither herangeführt werden. Im Sommerhalbjahr ist der Anteil der Advektion dagegen geringer, und Niederschläge fallen oft als Schauer aus cumuliformen Wolkensystemen. Sie vermuten richtig, wenn Sie annehmen, daß es bisher eher gelang, großräumige Vorgänge in Modellen zu simulieren als kleinräumige. Zeigt das auch die Verifikation in Abb. 8.19?

Im Ausgangsjahr 1970 wurden Sommer- und Winterniederschläge von Meteorologen gleich gut oder schlecht vorhergesagt. Nicht ganz 70% dieser Kurzfristvorhersagen trafen ein. Seitdem wuchs unter zum Teil beträchtlichen saisonalen Schwankungen diese Trefferquote an. Interessanterweise für die *Winterniederschläge* stärker als für die Sommerniederschläge – ein klares Indiz, daß der Fortschritt je nach Schwierigkeit des Teilproblems unterschiedlich ausfällt.

8.   Wird der Fortschritt anhalten?

Die Abbildungen 8.20 und 8.21 zeigen die Entwicklung der Prognosengüte RV in den letzten Jahrzehnten, und zwar in ihrer Abhängigkeit vom Vorhersagezeitraum.

Anhand dieser Daten wurde eine Güteprognose für das Jahr 2000 gewagt. Wir erkennen vor allem zweierlei: *Erstens* hat sich die Zeitspanne t der Vorhersagbarkeit in rund 20 Jahren *verdreifacht*. War es Anfang der 70er Jahre nur möglich, bis zum 3. Folgetag vorauszuschauen, so sind es jetzt etwa 10 Tage, für die die Tageshöchsttemperatur von den Meteorologen genauer vorhergesagt wird als durch die prognostische Übernahme von Klimanormalwerten. 12 Tage scheinen in Kürze

Abb. 8.19. Trefferprozente alternativer JA/NEIN-Niederschlagsvorhersagen für Folgenacht und -tag. Potsdam, 1970–1997

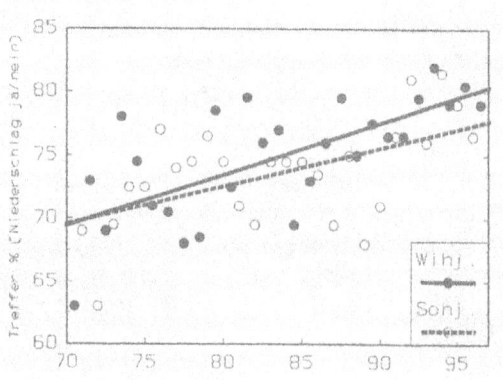

Abb. 8.20. Die Abnahme des Gütemaßes RV bei der kurz- und mittelfristigen Vorhersage der *Tageshöchsttemperatur* für Potsdam durch den Meteorologen in vier verschiedenen Zeiträumen

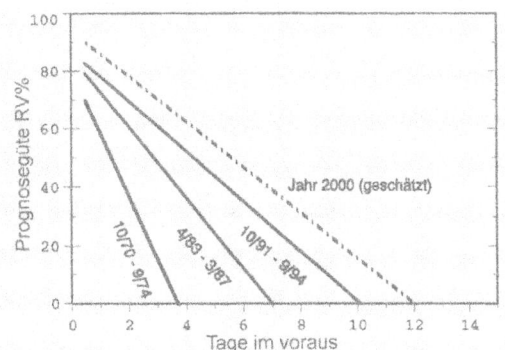

Abb. 8.21. Seit 1978 existieren verifizierte, automatische (AFREG-) Vorhersagen der *Niederschlagswahrscheinlichkeit* für RR > 0 mm/d für Potsdam. Für drei verschiedene 6-Jahres-Zeiträume zeigt die Abbildung die sich erfolgreich verändernde Abhängigkeit der Vorhersagegüte RV von der Vorhersagelänge (Tage im voraus)

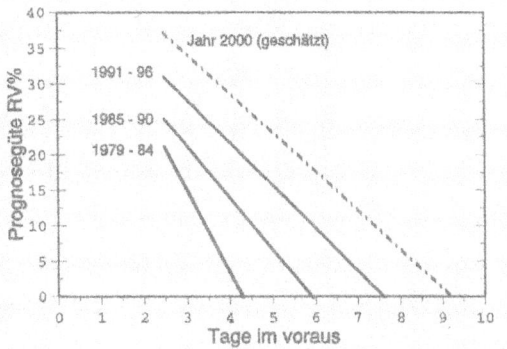

möglich. Dies schließt übrigens nicht aus, daß *zeitliche Mittelwerte* (Wochen-, Dekaden-, Monatsmittel der Temperatur) länger als oben angegeben vorhersagbar sind oder sein werden.

Zweitens geht aus der unterschiedlichen Schräge der Kurve hervor, daß die *Fortschritte vor allem im Mittelfristbereich* erzielt wurden, weniger im Kurzfrist- und noch weniger – wie schon erwähnt – im Kürzestfristbereich.

Was hier nicht explizit gezeigt wird: Die *Fortschritte*, d. h. Ausmaß und Tempo der automatisch, ohne einen Prognostiker erzeugten Vorhersagen waren und sind größer als die des Vorhersagemeteorologen. Ähnliche Erfahrungen gelten übrigens auch in anderen, meteorologisch "entwickelten" Ländern.

In diesem Kapitel wurde verschiedentlich das Mensch-Maschine-Problem kurz angesprochen. Seit der industriellen Revolution hat sich ein Produktionsbereich nach dem anderen mit der dramatischen Frage *Mensch und/oder Maschine* auseinanderzusetzen. Spätestens seit der zweiten industriellen Revolution (Automatisierung), erst recht mit der dritten (Mikroprozessoren) ergibt sich die Chance bzw. stellt sich dieses Problem auch für die wissenschaftliche Produktion und Erkenntnisgewinnung.

9 Wettervorhersage – Einblick und Ausblick

Konrad Balzer

9.1 Das Mensch-Maschine-Problem in der Wettervorhersage

In nur 4 Jahrzehnten, d. h. innerhalb *eines* Wissenschaftlerlebens, haben sich wirklich dramatisch zu nennende Veränderungen im Verhältnis von Mensch und Maschine in der Wettervorhersage ergeben.

Zugegeben, es ist nicht leicht, mit Meteorologen, die in irgendeiner Weise mit der Wettervorhersage zu tun haben, völlig ohne Emotionen über dieses Thema zu sprechen. Vor allem bei den älteren hängt der Standpunkt meist davon ab, "auf welcher Seite" sie arbeiteten und welches Wissen sie sich von der jeweils anderen angeeignet haben. Fehleinschätzungen nähren das irrationale Gefühl, angegriffen und überflüssig gemacht zu werden.

Da ich auf *beiden* Seiten meine Erfahrungen gesammelt habe und mich bis zum heutigen Tage sowohl im praktischen Wettervorhersagedienst auskenne als auch Beiträge zur Automatisierung eben dieser praktischen Aufgaben beisteuere, kann man sich leicht vorstellen, daß ich oft genug zwischen beiden Stühlen zu sitzen komme. Der Leser allerdings, scheint mir, kann davon nur profitieren.

Einerseits hat die numerische Wettervorhersage in ihrer globalen Einheit von Beobachtungsdaten, Telekommunikation, elektronischer Datenverarbeitung, objektiver Analyse, dynamischer Prognose und statistischem Post-Processing in einem nicht für möglich gehaltenen Tempo ein Niveau erreicht, auf dem sie in vielen Belangen dem Experten ebenbürtig geworden ist, ja, ihn übertroffen hat (Abb. 9.1).

Andererseits gibt es eine in der historischen Tendenz *abnehmende* Zahl von Prognoseaufgaben, für die der Spezialist noch unersetzbar ist. Seit etwa 2 Jahren wird weltweit über die künftige Rolle des Menschen in der Praxis der Wettervorhersage intensiv nachgedacht und diskutiert. Die dramatische Frage lautet zugespitzt: Brauchen wir ihn noch? Wenn ja, wo? Vorläufigen Antworten wollen wir nicht ausweichen.

Als ob das ganze Problem nicht schon genug Sprengkraft besäße, wird es noch durch zwei andere Entwicklungen zusätzlich angeheizt – den nicht enden wollenden Personalabbau auf der einen Seite und den Zwang zur Rationalisierung durch Automation auf der anderen. Mit letzterem sind übrigens zwei ganz verschiedene Aspekte verbunden.

- Zum einen erfordern große Informationsmengen und Real-time-Druck eine Produkterzeugung und -weitergabe aus "einem Guß", manuelle Zwischenschritte können da sehr hinderlich sein, d. h. zunehmend werden Wettervorher-

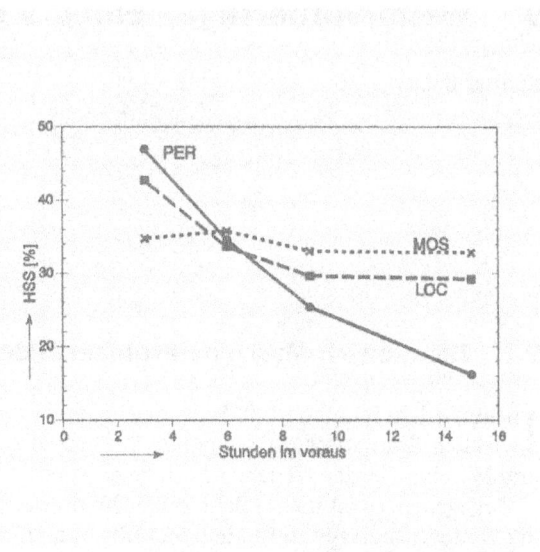

Abb. 9.1. Die Vorhersagegüte *HSS* von flugmeteorologisch wichtigen Parametern (horizontale Sichtweite und Höhe der Wolkenuntergrenze) in ihrer Abhängigkeit vom Vorhersagezeitraum (*Abszisse*). 3 'Strategien' werden verglichen: *LOC* Flugwetterberater vor Ort, *PER* Persistenz (das Wetter bleibt wie es ist), *MOS* automatische Vorhersage mittels statistischer Interpretation von Produkten der numerischen Wettervorhersage. Fazit: bis +6 Stunden ist in der Regel die Persistenz besser, danach die Maschine. In Europa gibt es meines Wissens qualitativ noch kein dem US-MOS vergleichbares Angebot, aber die Schwierigkeit, in den ersten Stunden besser zu sein als die Persistenz, ist auch hier bekannt. (Quelle: US-Wetterdienst, April 1996)

sageprodukte via Fax, Internet und e-mail die Kunden erreichen, mehr oder weniger direkt aus dem Wettercomputer.

- Zum anderen sind die Wünsche nach zeitlich und räumlich detaillierter Vorhersageinformation so gewachsen, daß allein diese neue *Quantität* neue Arbeitsweisen notwendig macht. Detaillierte Vorhersagen für Dutzende von Reiseländern zum Beispiel oder ins einzelne gehende Angaben für den Straßenwinterdienst (Luft- und Straßenbelagstemperatur, Niederschlagsmengen und -form für Dutzende genau lokalisierter Punkte auf allen Autobahnen im 3-Stunden-Abstand einen Tag im voraus usw.) machen es dem Prognostiker zunehmend schwer, *da* noch korrigierend einzugreifen und die Auswirkungen dieser Abänderung im Gesamtzusammenhang (Raum, Zeit und Elemente) zu überblicken.

Es ist noch keine 30 Jahre her, da stellte sich die Frage Mensch oder Maschine nicht so dramatisch. Die erste Konfrontation setzte Ende der 60er Jahre ein, als die Maschine mit ihrer 24stündigen Vorhersagekarte des Bodendruckfeldes dem Synoptiker (und der empirischen Scherhag-Methode zur Konstruktion solcher Karten) Konkurrenz machte. Es brauchte Jahre, bis auch der letzte Synoptiker akzeptierte: Ich kann's nicht besser.

Blieben ja noch die zu *analysierenden* Höhen- und Bodenwetterkarten. Aber eine gute numerische Vorhersage benötigt auch gute, objektive Analysen. Also wurden auch auf diesem Feld immer bessere Modelle der numerischen Analyse entwickelt und deren Qualität mit den manuellen Produkten verglichen. Es dauerte relativ lange, aber schließlich besaßen manuelle Analysen, außer daß der Synoptiker sie unter Umständen etwas *eher* kannte, keine überzeugenden Vorteile mehr. Am 1.4.1975 wurde im US-Wetterdienst die letzte Handanalyse der Bodenwetterkarte per Fax ausgesandt. Manuelle Analysen der Höhenwetterkarte 500 hPa gab es schon längst nicht mehr.

Blieb ja noch die entscheidende Expertenarbeit: die Transformation der groß-räumigen Vorhersagekarten in kleinräumiges, wirkliches Wetter. Als aber in der ersten Hälfte der 70er Jahre offenbar wurde, daß die Verbesserung der lokalen Wet-tervorhersage nicht Schritt hielt mit dem Leistungsfortschritt der Numerik, wur-den die statistischen, in Ansätzen auch schon dynamische Methoden weiterent-wickelt, die diesen notwendigen Transformationsschritt begleiten sollten. Deren Qualität war anfangs keine richtige Konkurrenz zum Expertenwissen der Synop-tiker, die aber in jener Zeit – aus gutem Grund – nach Verbesserungen dieser Hilfsprodukte riefen, vor allem, wenn es um neue Vorhersagen für spezielle Kun-den ging, für die es noch kein ausreichendes Expertenwissen geben konnte.

Als sehr fruchtbar erwies (und erweist) sich in der Meteorologie das sogenann-te MMM-Konzept: Man-Machine-Mix, statt Maschine *oder* Mensch. Das, was dem Synoptiker immer schwer fiel, das Algorithmisieren seiner Entscheidungsfindung – die nicht selten große Ähnlichkeit mit künstlerischer Intuition und den Diagno-sen erfolgreicher Ärzte aufwies -, übernahmen zunehmend statistische Interpreta-tionsmodelle. Einmal algorithmisiert, konnte man sie auch umgehend der EDV zur stupiden, aber extrem schnellen Abarbeitung übergeben. Das Ergebnis, nach etwa 20jährigen Anstrengungen, kennen wir (Abb. 9.2).

Eine wirklich dramatische Entwicklung! Kein Wunder, daß die Rolle des Men-schen in der praktischen Wettervorhersage derzeit ziemlich kontrovers diskutiert wird.

Ein typischer, bleibender Expertenbeitrag wird z. B. in "unnormalen, kritischen Situationen" gesehen, wo – nach Meinung des Prognostikers – das Modell fehler-haft arbeitet und daher die automatischen Vorhersageempfehlungen mehr oder weniger angezweifelt und verworfen werden sollten. Da ist schon mal die Rede da-von, daß der Prognostiker von der Numerik nicht versklavt werden dürfe. Aber wird diese empfindsame, psychologisch verständliche Sicht der Dinge dem beruf-

Abb. 9.2. Die "dynamische In-terpretation" (*DMO*) begann, ebenfalls in den 70er/80er Jah-ren, mit der direkten Modellvor-hersage von Niederschlag (Men-ge und Form). In letzter Zeit (1994–1997) ist sie so gut gewor-den, daß sie vom Prognostiker (*SYN*), in der Summe aller Ein-zelfälle, kaum noch "veredelt" werden kann (14 deutsche Orte, Kurzfristvorhersage für 2×12-Stunden-Intervalle)

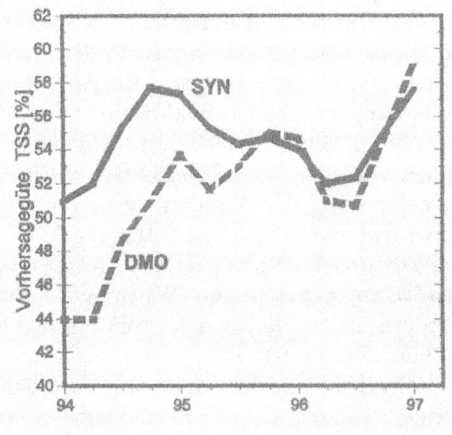

lichen Auftrag des Meteorologen gerecht, *bestmögliche* Vorhersagen zu erzeugen und anzubieten? Natürlich nicht, hat er doch selbst ein Instrument entwickelt, das diese Frage – sine ira et studio – entscheidet: die Verifikation. Und ihre Ergebnisse lehren uns nun, daß vor allem die *Vorhersagedauer* über das unterschiedliche Gewicht von Mensch und Maschine entscheidet. In der Kürzestfrist (bis 12 Stunden im voraus) ist der Experte in der Lage, z. B. anhand von aktuellen Satellitenbildern ein abweichendes Verhalten der Natur von der Modellerwartung zu erkennen und im Prinzip sehr rasch darauf zu reagieren. Darüber hinaus aber sind im Hinblick auf die Ergebnisse der Verifikation durchaus Zweifel angebracht, ob dieser wünschbaren Möglichkeit auch die Wirklichkeit entspricht. Wer denkt da nicht an Analogien?

Piloten werden heute mehr denn je dazu angehalten, frühzeitig die Steuerung an den Autopiloten abzugeben. Immerhin fliegt dieser ja wesentlich genauer und vor allem ökonomischer als die menschlichen Piloten. Besonders bei Problemen sollen sie die Automatik einschalten, um Freiraum für eine Fehleranalyse zu schaffen. Solche Anweisungen finden sich in den Ausbildungskonzepten fast aller Airlines. Das "Fliegen von Hand" gehört dank des technischen Fortschritts und stetiger Innovationen im Cockpit schon lange der Vergangenheit an. Bis auf Start- und Landephase wurden die Piloten in den letzten Jahren konsequent zu Knöpfchendrückern degradiert (Die ZEIT, Nr. 46/1996).

Durch Meßfehler der Birgenair-Maschine am 6.2.1996 vor der Küste der Dominikanischen Republik gerieten *beide*, der Autopilot und die Crew in Konfusion. Die richtige Entscheidung zu finden, blieb *beiden* versagt, und es kam zur Katastrophe vor Puerto Plata. In der Wettervorhersage ergibt sich in analogen Situationen zum Glück "nur" eine drastische Fehlprognose, über die sich die halbe Nation zu Recht aufregt.

Eine andere spezifische Expertenaufgabe erblicken einige Meteorologen immer noch in der dem erfahrenen Synoptiker angeblich innewohnenden Fähigkeit, bei Dissens verschiedener Modelle das richtigere zu erkennen und sich nur danach zu richten. Daß dies eine Illusion ist, haben ständige Nachprüfungen dieser These längst erwiesen.

Unwidersprochen erscheint mir nur Folgendes:

• Expertenwissen bleibt notwendig im System der *Qualitätskontrolle* von Meß- und Beobachtungsdaten innerhalb der vierdimensionalen Datenassimilation und der numerischen Diagnose des Anfangszustandes.

• Infolge der gewachsenen Qualität und Quantität automatisch erzeugter Produkte, die durch den Prognostiker im allgemeinen kaum noch verbessert werden können, wird sich seine Rolle ändern: *Überwachung* des Automaten und effektivere *Beratung* der Kunden werden wichtige Aufgaben sein und bleiben (Schwedischer Wetterdienst SMHI, 1995).

• *Kürzestfristige* Vorhersagen (bis 12 Stunden im voraus) vor besonders gefährlichen Wettererscheinungen (Warnungen) und *flugmeteorologische Beratungen* erfordern auch weiterhin den Experten, allerdings ist auch hier die Entwicklung im Fluß (s. Abb. 9.1.)

• Die Rolle des Menschen in der Meteorologie kann nur erhöht und gesichert werden, wenn die wirklich Besten und Geeignetsten dafür ausgewählt werden, die sich mit hoher Motivation ständig weiterbilden und ihre ganze innovative

Intelligenz jenen Aufgaben widmen, für die die Maschine (noch?) nicht gerüstet ist.

Unwillkürlich wird man an die spannende Mensch-Maschine-Auseinandersetzung beim *Schachspiel* erinnert, das, wie das Wetter, ebenfalls "nur" nach Regeln abläuft, wo also dem Zufall genügend Spielraum zur Gestaltung verbleibt. Ein reizvolles Feld, um künstliche Intelligenz zu ersinnen, auszuprobieren und stetig mittels Verifikation zu vervollkommnen.

Lassen wir dazu *den* Experten schlechthin, den Weltmeister Gari Kasparow zu Wort kommen (1987): "Ich traue einem Computer den Sieg über einen Großmeister erst zu, wenn er eine Symphonie komponiert oder zumindest einen guten Witz ersonnen hat." Dies sollte sich aber als eine fatale Fehleinschätzung erweisen! 1996, nach dem Schock seiner ersten Niederlage gegen "Deep Blue", meinte er denn auch: "Intelligenz läßt sich nicht am Weg, sondern nur am Ergebnis ablesen." Noch gewann er 5:1.

Genau so ist es in der Meteorologie. Die Modelle müssen nicht unbedingt den "meteorologischen Großmeister" mit seinem empirischen Wissen über "Fronten" und "Luftmassen" kopieren, um das Wetter erfolgreich vorherzusagen. Den komplexen Begriff "Front" oder "Luftmasse" hatte der Synoptiker ersonnen, um einen Teil der atmosphärischen Prozesse besser zu verstehen. Die hydrothermodynamischen Modelle bedürfen dieser Begriffsbildung nicht, da sie *komplexe* Eigenschaften der Natur definieren aus dem Zusammenwirken *vieler einzelner* Eigenschaften, nämlich solcher, die als Modellparameter *jeden* atmosphärischen Prozeß zu beschreiben gestatten. Eine Zeitlang wurde gemäß der These, daß die Rechnersimulation *synoptischer Begriffswelten* die Prognosegüte verbessern helfen kann, z. B. versucht, Luftmassenfronten objektiv zu analysieren. Man kann rückblickend nicht sagen, daß dies ein erfolgreicher Weg gewesen ist.

Und dies erinnert wiederum an Gari Kasparow, der vor Beginn des Wettstreits mit einem inzwischen verbesserten "Deep Blue" im Mai 1997 zitiert wird mit: "Ich muß die Ehre der Menschheit verteidigen." Egal, ob dieses Zitat stimmt oder es sich die Medien als Show-Zugabe nur ausgedacht haben: Diesmal ging der Mensch-Maschine-Vergleich mit 3,5 : 2,5 zugunsten des "Deep Blue"-Programms aus.

Nein, es bleibt schon dabei: *Intelligenz läßt sich nicht am Weg, sondern nur am Ergebnis ablesen.* Auch deswegen gilt zukünftig noch stärker als heute: Verifikation tut not.

9.2   Die Zukunft der Wettervorhersage

Die meteorologische Weltorganisation WMO hat ihre geplanten Aktivitäten für das Jahrzehnt 1996–2005 in 7 Programmen niedergeschrieben:
1. WWW – die Weltwetterwacht bleibt auch in Zukunft das Herzstück aller übrigen Überwachungs-, Forschungs- und Anwendungsprogramme. Ihre 3 Säulen sind auch weiterhin: GOS – das globale Beobachtungssystem, GTS – das globale Nachrichtensystem und GDPS – das global vernetzte, elektronische Datenverarbeitungssystem.
2. Weltklimaprogramm (s. Kap. 10).

3. Das Forschungsprogramm der *Wettervorhersage*, einschließlich der Aktivitäten: Überwachung der globalen Atmosphäre, tropische Meteorologie, Wolkenphysik und -chemie, künstliche Wetterbeeinflussung.
4. und 5. Spezielle Anwendungen der Meteorologie in öffentlichen Wetterdiensten, Landwirtschaft, Flug- und Schiffsverkehr, Hydrologie.
6. und 7. Unterstützung in Aus- und Weiterbildung und technische Zusammenarbeit (WMO-Nr. 831, Genf).

Wenden wir uns im folgenden den gegenwärtigen und künftigen Hauptlinien der *meteorologischen Forschung* zu.

Wie vor 100 Jahren so wird auch heute die Motivation zu ihr aus zwei Quellen gespeist: dem ungestümen Drängen der Praxis nach Wissen und Unterstützung auf der einen und der individuellen Neugier der Forscher auf der anderen Seite. Nicht selten ist beides im Spiel: helfendes Antworten und faustisches Suchen nach dem, "was die Welt im Innersten zusammenhält".

Im wesentlichen sind 3 Hauptlinien erkennbar (Tabelle 9.1), zwischen denen es natürlich fließende Übergänge hinsichtlich gemeinsam interessierender Fragen und Antworten gibt. Denken Sie nur an neue und sich ändernde Luftbestandteile und die damit möglicherweise verbundenen Auswirkungen auf das Klima der Erde. Die wissenschaftliche Herangehensweise wird nach wie vor in einer Kombination von theoretischen und experimentellen Studien liegen. Beide basieren auf *Beobachtungsdaten* und sie verarbeitenden *Modellen*. Neben einer Reihe vereinfachender, d. h. idealisierender Teilmodelle zur Untersuchung von mathematischen und physikalischen Spezialaufgaben kommt den *Simulationsmodellen der numerischen Wettervorhersage* die letztlich ausschlaggebende Bedeutung zu. Drei Besonderheiten werden sie im Vergleich mit herkömmlichen Modellen aufweisen:
- Der Maßstab der räumlichen Auflösung wird von 100 km für das Studium *globaler* Zirkulationsprozesse hinuntergehen bis zu 1 km bei den hochaufgelösten, regionalen, *lokalen* Modellen, von denen erwartet wird, daß sie vor allem die Luftströmungen über und am Gebirge und die Wolken- und Niederschlagssysteme besser simulieren werden.
- Bisherige Modellketten – kleinerskalige Modelle bilden sogenannte Nester in größerskaligen – vermochten im wesentlichen, die Einflüsse der großräumigen Wetterlage auf das kleinräumige Wetter nachzubilden. Künftig wird mehr Wert

Forschungs-gegenstand	Klimaänderung anthropogen/natürlich	Gefahren durch extremes Wetter (Sturm, Niederschlag...)	Luftbestandteile und ihre Änderungen
Forschungs methode	Globale Modellierung des Klimasystems	Meteor. Modelle im regionalen/lokalen Maßstab	Atmosphärische Chemie

Tabelle 9.1. Die 3 Hauptlinien der meteorologischen Forschung

gelegt auf die komplexen, nichtlinearen *Wechsel*wirkungen zwischen allen Größenordnungen atmosphärischer Prozesse in *beiden* Richtungen. Man kann z. B. davon ausgehen, daß Änderungen im Verhalten *lokaler* Wolkensysteme durchaus in der Lage sein können, die *globale* Zirkulation drastisch abzuändern. Ähnliches trifft mit Sicherheit auf lokale/regionale Änderung der Wassertemperatur in Ozeanen und auf "lokale" Emission bestimmter (Treibhaus-)Gase zu. Dieser Typ *Wechsel*wirkung ist gegenwärtig wohl der aufregendste Aspekt der meteorologischen Forschung.

- Die Fortschritte im WWW werden es möglich machen, daß es kaum noch eine methodische Trennung zwischen Klima- und Wettervorhersage geben wird, d. h. die Fortschritte der einen kommen der anderen unmittelbarer als früher zugute. Das WWW-System selbst wird sich ebenfalls weiterentwickeln. *Integration* der verschiedensten Beobachtungstechniken (Organisation, Telekommunikation, Nutzung) und die weitere *Automatisierung* all ihrer Teile (SYNOP, TEMP, ASDAR usw.) stehen erkennbar auf der Tagesordnung.

Ohne hier näher darauf eingehen zu können, sei aber auf ein prinzipielles Dilemma hingewiesen, das zwar so alt ist wie die moderne Wettervorhersage, das aber immer wieder virulent wird. Solange einzelne Forschungsrichtungen des riesigen, *komplexen* Systems der Wettervorhersage sich *unterschiedlich schnell* entwickeln, so daß andere – und wenn es nur eine ist – zurückbleiben, wird sich der Gesamterfolg wohl nicht wie gewünscht einstellen. Immer feinerskalige Modelle, die auf immer schnelleren und größeren Computern rechnen, *benötigen* zeitlich *und* räumlich feinerskalige Anfangswerte. Diese erkennbare Modellentwicklung erfordert daher eine unerhörte Steigerung der Qualität und Quantität meteorologischer Beobachtungsdaten – *die* Herausforderung an künftige Beobachtungssysteme und Datenassimilationstechniken. Dies drückt sich allein schon darin aus, daß im 4-Jahres-Plan des EZMW (in Reading bei London) für 1997/98 erwartet wird, daß 37% der operativ nutzbaren Computerzeit nur von vierdimensionalen Assimilationssystemen beansprucht werden wird. Die globale Standardvorhersage bis zu 10 Tage im voraus soll dagegen nur 9% dieser Zeit benötigen. Den größten Brocken an Computerpower verschlingt übrigens mit 54% das Ensembleprognosesystem EPS.

Ein interessantes Detail zum Problem *Anfangszustand*: Obwohl seit langem die (Wolken-)Bilder der Wettersatelliten durch den Menschen genutzt werden, gibt es noch keine *direkte* Verwertung dieser flächendeckenden Informationsart im Rahmen der numerischen Analyse. Dies hat oft unrealistische Feuchte- und Wolkenverteilungen in den Modellen – vor allem zum Anfangszeitpunkt – zur Folge. Demnächst werden aber auf diesem Felde beträchtliche Fortschritte in der Weise erwartet, daß ein direkter Feuchte-Input in verschiedenen Schichten sowohl im globalen, als auch im regionalen Maßstab möglich sein wird.

Der seit langem überfällige Sprung in der praktischen Wettervorhersage über die "Schallmauer" des 10. Tages hinaus soll am EZMW auf zwei verschiedenen Bahnen angestrebt werden. Der eine Weg besteht darin, das existierende EPS auf ca. 20 Tage zu verlängern. Der andere nutzt ein gekoppeltes Ozean-Atmosphären-Modell, um zu echten *Jahreszeitvorhersagen* bis 3 Monate im voraus zu gelangen. Ich möchte vermuten, daß die zur Zeit methodisch getrennten Herangehensweisen in

nicht zu ferner Zukunft zusammenlaufen werden und schließlich ein probabilisti-
sches *EPS mit einem gekoppelten Ozean-Atmosphären-Modell* der Weisheit (vor-
läufig) letzter Schluß sein wird.

Aber damit haben wir bereits den Bereich der klassischen kurz- und mittelfristigen Wettervorhersage verlassen, denen die zentralen Kapitel dieses Buches ge-
widmet waren. Die folgenden Abschnitte werden Sie, verehrte Leserin, verehrter
Leser, in eine "neue Welt" entführen. Manches Bekannte werden sie wiederfinden,
viel Neues erfahren.

10 Langfristvorhersage

Wolfgang Enke

10.1 Einige historische Anmerkungen zu Langfristvorhersagen

Der Mensch, seit Urzeiten eingebettet in die Zyklen vom Werden und Vergehen, dem Wechsel der Jahreszeiten, dem Wechsel zwischen Regen und Trockenheit, hat sich schon immer mit der Vorhersage des Wettergeschehens befaßt. Wetter und Klima greifen tief in das soziale Gefüge ein und sind oft Motor und Auslöser gesellschaftlicher Veränderungen.

Den sozialen Unruhen des 15. Jahrhunderts gingen viele Mißernten voraus, verursacht durch kalte und verregnete Sommer. Nach historischen Überlieferungen verfaulte das Korn auf den Feldern, und in den Scheunen vermehrten sich Mäuse und Ratten katastrophal. Viele Menschen starben an Unterernährung und an den grassierenden Seuchen jener Zeit. Selbst im vergangenen Jahrhundert begünstigten zu kalte und verregnete Sommer in Irland die Ausbreitung der Kartoffelfäule und als Folge davon unvorstellbare Hungersnöte. Mehrere Millionen Iren starben an Krankheit und Hunger oder wanderten nach Amerika aus.

Diese Beispiele zeigen, wie stark die Menschen aller Zeiten unmittelbar vom Wetter und Klima abhängig waren und wie ausgeprägt das Bedürfnis war, dieses zu beeinflussen oder wenigstens vorherzusagen. Folgerichtig haben sich in allen Kulturen unserer Erde Gebräuche und Riten bis in unsere Tage erhalten, die die "Wettergötter" wohlgesonnen stimmen oder wenigstens eine längerfristige Vorschau auf künftige Wetterereignisse erlauben sollen. Eine der ältesten uns bekannten "Langfristvorhersagen" findet man im alten Testament im 2. Buch Mose. Dort steht, daß auf sieben fette Jahre sieben magere Jahre folgen werden, mit der Empfehlung, Vorräte anzulegen.

In vielfältiger Weise spiegeln sich die Erfahrungen und Beobachtungen von Natur und Wettergeschehen in Bauernregeln wider. Von den insgesamt etwa 4000 überlieferten Wetter- oder Bauernregeln beziehen sich ungefähr 400 auf das Wettergeschehen und die Auswirkungen des Wetters auf die Ernte. In diesen Regeln wurden jahrhundertealte Beobachtungen, Erfahrungen und Hoffnungen der meist ländlichen Bevölkerung festgehalten und in Reimen oder Sprüchen von Generation zu Generation weitergereicht. Ohne dies hier näher ausführen zu können haben die meisten Wetterregeln, die sich mit der Vorhersage des Wettergeschehens kommender Monate befassen, keine Vorhersageleistung. Zu den wenigen Ausnahmen zählt z. B. der Siebenschläfer, wonach es sieben Wochen regnet, wenn sich um den 27. Juni regnerisches Wetter einstellt. Die Eintreffwahrscheinlichkeit liegt nach Malberg (1989) bei 65%.

Aus der unüberschaubaren Vielzahl von "Methoden", die das Wetter für die nächsten Wochen und Monate *glauben* vorhersagen zu können, vom wissenschaftlichen Standpunkt aus jedoch in das Reich des Aberglaubens verwiesen werden müssen, seien nur zwei der verbreitetsten Irrtümer kurz erwähnt:

Der 100jährige Kalender gehört wohl neben der Bibel zu den weit verbreitetsten Schriften in Deutschland. Er geht auf die meteorologischen Aufzeichnungen des Abtes Knauer im Kloster Langheim zurück, der 7 Jahre lang zwischen 1652 und 1658 das Wettergeschehen notierte. Wie damals üblich, glaubte er an den Einfluß der Planeten und des Mondes auf das Wetter. Alle 7 Planetenjahre, so schlußfolgerte er, wiederhole sich dementsprechend das Wetter. Der geschäftstüchtige Thüringer Arzt Christoph Hellwig machte daraus ein halbes Jahrhundert später den ersten "100jährigen Kalender" und vermarktete ihn werbewirksam. Es ist erstaunlich, wie zäh sich einmal verfestigte Irrtümer und Verführungen auch in unserer so aufgeklärten Gesellschaft halten.

Der zweithäufigste Irrtum ist der scheinbare Einfluß der *Mondphasen* auf das Wetter, der wohl eher die selektive Wahrnehmung reflektiert, daß Vollmondnächte mit tiefen Nachttemperaturen in Verbindung gebracht werden. Wahr daran ist, daß in klaren Nächten, und nur dann erstrahlt der Mond in voller Schönheit, die Temperaturen rasch absinken. Wie jedoch Untersuchungen an der über 200jährigen Prager Beobachtungsreihe zeigen, lassen sich sowohl ein Wetterwechsel bei Voll- oder Neumond, als auch niedrige Nachttemperaturen bei Vollmond nicht nachweisen.

Im Gegensatz zu den zu bisher erwähnten pseudowissenschaftlichen Ansätzen versuchte man schon frühzeitig, mit Beginn der modernen Wettervorhersage, statistische Verfahren zur Langfristvorhersage zu entwickeln. Es wird von der Annahme ausgegangen, daß das vergangene Wetter an einem Ort und in seiner näheren und weiteren Umgebung Auswirkungen auf die zukünftige Ausprägung des Wettergeschehens hat. Das allgemeine Prinzip der statistischen Wettervorhersage besteht dabei darin, unterschiedliche Zeitreihen oder Felder miteinander zu verknüpfen, um *gesetzmäßige Zusammenhänge* zwischen diesen aufzudecken. Dieses Prinzip gilt unabhängig von dem verwendeten statistischen Verfahren, und es ist die Kunst des Modellentwicklers, Zufälligkeiten in den Datenreihen von den "wahren" Gesetzmäßigkeiten zu unterscheiden. Daß rein statistische Ansätze für diese Zwecke wenig erfolgreich sind, zeigen immer wieder seriöse Prüfungen der Vorhersagen.

Größere Hoffnungen werden auf Langfristvorhersagen mit dynamischen Modellen in Kombination mit statistischen Verfahren gesetzt. Für die physikalischen Zusammenhänge, die Probleme und Grenzen der Anwendbarkeit solcher Modelle kann ich Sie, verehrte Leser, auf die Ausführungen in den Kapiteln 6 und 11 verweisen.

10.2 Gegenwärtiger Stand der Langfristvorhersage

Erst im letzten Jahrzehnt werden einige erfolgversprechende Versuche unternommen, saisonale Vorhersagen zu etablieren. Diese basieren vor allem auf einer raschen Verbesserung satellitengestützter Beobachtungs- und Kommunikationssysteme, der Verbesserung der Computerkapazität, dem wachsenden Verständnis über die Zusammenhänge in der tropischen Grenzschicht und für das Auftreten von ENSO-Phänomenen (El-Niño Southern Oscillation). Die Southern Oscillation (SO) stellt eine globale Kopplung der Druckanomalien zwischen dem tropischen Indischen Ozean und dem tropischen Pazifik dar. Sie ist schon seit Mitte der 20er Jahre dieses Jahrhunderts bekannt. Mitte der 60er Jahre fand man, daß die Variation der Wasseroberflächentemperatur des östlichen tropischen Pazifik eng mit der SO verkoppelt ist. Damit sind die alle 3–7 Jahre auftretenden ungewönlich hohen Wassertemperaturen entlang der Westküste der Staaten Ecuador und Peru – als El-Niño, Spanisch das (Christ)Kind, bezeichnet –, ein wesentlicher Antrieb für die Southern Oscillation. Vielfältige Phänomene treten als Folge dieser globalen Anomalie auf: Die normalerweise im Westpazifik vorherrschenden feuchten Bedingungen verschieben sich ostwärts und die ariden Verhältnisse, die das Klima im Ostpazifik kennzeichnen treten im Westen auf. Es kommt zu starken Regenfällen in Südamerika, Verschwinden der Fischbestände vor den Küsten Perus und Ecuadors sowie zu Dürreperioden in Südostasien, um nur einige zu nennen. Der Schlüssel zum Erfolg einer Langfristvorhersage liegt in einer zweistufigen Vorgehensweise:

1. Stufe. **Die Vorhersage der großflächigen Meeresoberflächentemperatur (SST) und deren Anomalien in den tropischen Gewässern sowie die daraus resultierenden großräumigen Luftdruckverteilungen.**

Der Wasserdampftransport in die Atmosphäre als Funktion der Temperaturdifferenz zwischen Ozean und Atmosphäre in Verbindung mit der Windgeschwindigkeit liefert den "Treibstoff" für die atmosphärische Zirkulation. Der Prognose von Anomalien der Wasser Oberflächentemperaturen kommt somit eine Schlüsselrolle zu.

2. Stufe. **Verwendung der Vorhersagen der 1. Stufe in statistischen oder dynamischen Modellen zur Prognose extratropischer regionaler Temperatur- und Niederschlagsanomalien.**

Durch Teleconnection, d. h. Fernwirkung, werden Anomalien der Tropen in Beziehung zu extremen Wettererscheinungen in den subtropischen und gemäßigten Breiten gesetzt. Solche Fernwirkungen konnten in den 90er Jahren durch verschiedene Untersuchungen nachgewiesen werden. Man fand signifikante Zusammenhänge zwischen Anomalien in den Tropen und den Aktivitäten nordatlantischer Zyklonen, zwischen ENSO-Ereignissen und Niederschlagsanomalien über Indien und Ostafrika. Das Jahr 1997 bescherte uns ein stark ausgeprägtes ENSO-Phänomen, und den meisten Lesern sind wohl die verheerenden Wald- und Buschbrände in Indonesien mit der schlimmsten Dürre seit einem halben Jahrhundert noch gut in Erinnerung. Zum Zwecke der Langfristvorhersage wurden in den letzten Jahren eine Reihe von Ansätzen getestet:

• *Rein statistische Verfahren*
versuchen, das ENSO-Phänomen mittels Methoden der Zeitreihenanalyse mit mehr oder weniger Erfolg zu prognostizieren.

• *Hybride Ansätze*
-    koppeln einfache Ozeanmodelle mit statistischen Ansätzen oder
-    globale Ozeanzirkulationsmodelle mit statistischen Ansätzen.

• *Dynamische Ansätze*
-    sind einfache gekoppelte Modelle des Ozeans und der Atmosphäre oder

-        globale Ozeanzirkulationsmodelle, die mit globalen atmosphärischen Zirkulationsmodellen (GCM) gekoppelt werden.

Rein statistische Verfahren benötigen sehr wenig Rechnerkapazität, sind aber wie oben schon erwähnt, hinsichtlich ihrer Voraussetzungen sehr genau zu prüfen. *Hybride Modelle* sind vergleichsweise effektiv, d. h. wenig rechenzeitaufwendig, da sie die atmosphärische Antwort auf Veränderungen der tropischen SST (sea surface temperature) mit brauchbarem Erfolg aus historischen Datensätzen herleiten können.

Einfache Modelle des Ozeans und der Atmosphäre bedienen sich zwar physikalischer Zusammenhänge, vernachlässigen aber im Vergleich zu GCMs einige andere für die Vorhersage möglicherweise wichtige physikalische Zusammenhänge.

In Tabelle 10.1 werden einander 5 Modelle gegenüber gestellt, die unterschiedliche methodische Ansätze zur Vorhersage des ENSO-Ereignisses verwenden und die derzeit die gebräuchlichsten Modelle dieser Art sind. Es wird deutlich, daß die Unterschiede zwischen den Modelltypen nicht signifikant sind, d. h. noch im Bereich des Zufalls liegen. Dies ist auch deshalb beachtenswert, da zwischen den rein statistischen Modellen "Welten" der Komplexität bezüglich der Modellierung physikalischer Zusammenhänge liegen. Betrachtet man die Prognoseleistung der Modelle selbst, so liegt deren Korrelationskoeffizient zwischen eingetroffener und beobachteter SST zwischen 0,62 und 0,69. Im Vergleich zur Persistenzprognose, mit einem Korrelationskoeffizienten von 0,53 bei maximal 19 unabhängigen Realisierungen, muß man feststellen, daß die Prognoseleistung aller Modelle noch im Bereich des Zufälligen liegt.

Resümierend kann man sagen, daß trotz immenser Anstrengungen und dem Einsatz modernster Computer die Vorhersageleistung für Prognosen über 2 Monate hinaus nicht wesentlich über einer Klima- oder Persistenzprognose liegt. Mit der weiteren Steigerung der Rechnerkapazität sind derzeit verbesserte Modelle in Entwicklung, die eine höhere horizontale und vertikale Auflösung sowie eine verbesserte Modellphysik beinhalten. Man darf auf die Entwicklung der nächsten Jahre gespannt sein.

Abb. 10.1. Jahresgang des Korrelationskoeffizienten zwischen vorhergesagten und eingetroffenen saisonalen Mittelwerten der Tagesmitteltemperatur für 59 über die USA verteilte Orte. (Nach Barston, A. G. et al.: Long-lead seasonal forecasts: where do we stand? BAMS 1975, Vol. 75/11: 2097–2114)

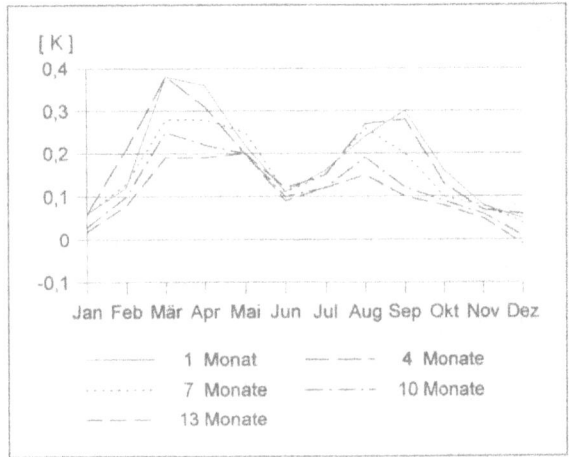

Abb. 10.2. Geographische Verteilung des Korrelationskoeffizienten zwischen der 6monatigen Vorhersage der Saisonmitteltemperatur Januar bis März und den beobachteten Temperaturen für 59 über die USA verteilte Orte. (Nach Barston, A.G. et al.: Long-lead seasonal forecasts: where do we stand? BAMS 1975, Vol. 75/11: 2097–2114)

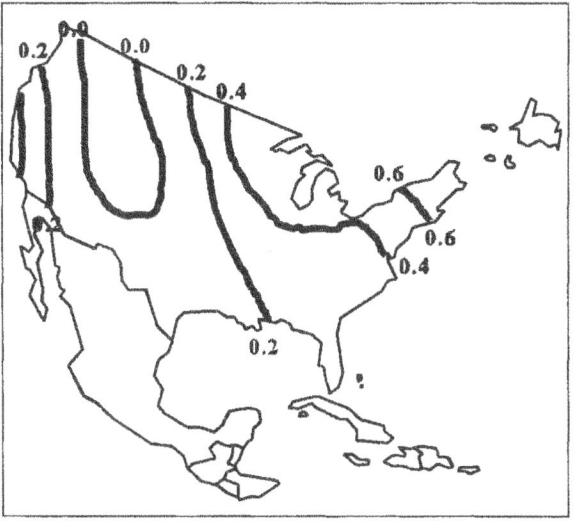

Extratropische Langfristvorhersagen

Wie schwierig die langfristige Vorhersage der Temperatur und im besonderen Maße die des Niederschlages für die gemäßigten Breiten ist, verdeutlicht die Tatsache, daß die seit 1970 vom amerikanischen Wetterdienst im Rahmen des *Monthly and Seasonal Weather Outlook* verbreiteten Vorhersagen 1995 eingestellt wurden. Ein neuer Anlauf wird nun unter Verwendung von ENSO-Prognosen unternommen. Das statistische Vorhersagemodell basiert auf der Kanonischen Korrelationsanalyse (CCA) und verwendet die globale Wasseroberflächentemperatur sowie aufeinanderfolgende 3monatige Mittel der 700 hPa-Fläche der Nordhalbkugel als Eingangsvariable. Die Korrelationskoeffizienten zwischen den vorhergesagten und eingetroffenen saisonalen Mittelwerten der Temperatur als Mittel über 59 Vorhersageorte in den USA ist aus Abb. 10.1 zu entnehmen.

Es zeigt sich deutlich, daß nur für die Monate Februar bis Mai sowie August und September verwertbare Prognosesignale erkennbar sind. Die 10- und 13monatigen Vorhersagen sind hingegen durchweg unbrauchbar. Eine differenziertere Betrachtungsweise der Ergebnisse ergibt die Analyse der horizontalen Verteilung der Prognosefehler (Abb. 10.2). Hier zeigt sich am Beispiel der Saisonvorhersagen Januar bis März, daß im Mittel nur für den Nordosten der USA brauchbare Prognoseergebnisse erzielt wurden.

Bessere Resultate ergeben sich für die Zeiträume starker ENSO-Ereignisse mit globalen gekoppelten Ozean-Atmosphären-Modellen. Signifikante Korrelationskoeffizienten werden dann auch für den Westen der USA und für die Bundesstaaten Nebraska und Kansas erzielt. Es wird deutlich, daß starke Anomalien in den Tropen, wie sie ENSO-Ereignisse darstellen, auch Auswirkungen auf das Wettergeschehen in den gemäßigten Breiten haben. Die Vorhersage des Wetters über mehrere Monate liefert jedoch nur schwache Signale.

Autoren	Zebiak und Cane (1994)	Barnett et al. (1987)	Ji et al. (1993)	Barnstone und (1995)	Van den Dool Popelewski (1992)
Modellart	Einfach gekoppeltes Modell des Ozeans und der Atmosphäre	Globales Ozeanzirkulationsmodell gekoppelt mit statistischen Ansätzen	Globales Ozeanzirkulationsmodell gekoppelt mit globalem atmosphärischen Zirkulationsmodell	Rein statistisches Verfahren – CCA	Rein statistisches Verfahren – Analogiemethode
Modellbesonderheiten	6fach Ensemblevorhersage	Keine Ensemblevorhersage	4fach Ensemblevorhersage	4 aufeinander folgende 3-Monatsprognosen	4 aufeinander folgende 3-Monatsprognosen
Prognosezeit	8 Monate	7,5 Monate	7,5 Monate	7,5 Monate	7,5 Monate
Prognosegebiet	90°–150° W östlicher Pazifik	140°–180° W mittlerer Pazifik	120°–170° W östlicher und zentraler Pazifik	120°–170° W östlicher und zentraler Pazifik	120°–170° W östlicher und zentraler Pazifik
Prognosezeitraum	1970–1993	1966–1993	1984–1993	1956–1993	1956–1993
Verhältnis von Entwicklungs- zu Testkollektiv	0,67	0,67	0,60	1,0	1,0
Güte der Vorhersage	Korr. = 0,62 RV = 23%	Korr. = 0,65 RV = 22%	Korr. = 0,69 RV = 30%	Korr. = 0,66 RV = 36%	Korr. = 0,65 RV = 35%

Tabelle 10.1. Vergleich von 5 Modellen zur langfristigen Vorhersage des ENSO-Ereignisses (RV: Erklärte Varianz, Korr.: Korrelationskoeffizient)

	Frühling	Sommer	Herbst	Winter
1. Monat	2%	12%	8%	21%
2. Monat	−30%	−2%	−24%	−9%
3. Monat	−49%	19%	−21%	2%

Tabelle 10.2. Verbesserung der Vorhersage der Monatsmitteltemperatur für Berlin gegenüber der klimatologischen Monatsmitteltemperatur; Erklärte Varianz in %, 15 Prognosen. (Nach Dettmann, R. und Malberg, H.: 5 Jahre langfristige Temperaturprognosen für Berlin – Verifikation der Vorhersagen, Beilage zur Berliner Wetterkarte vom 5. Mai 1997)

In Deutschland hat die langfristige statistische Wettervorhersage eine lange Tradition. Schon 1920 wurde in Frankfurt/M. vom Preußischen Landwirtschaftsministerium eine "Staatliche Forschungsstelle für langfristige Witterungsvorhersage" unter der Leitung von Franz Baur gegründet. Schon 1923 und 1924 gab es erste Veröffentlichungen: "Versuch einer Vorausberechnung des Niederschlagscharakters der Jahre 1923,1924 und 1925 für das rechtsrheinische Bayern" und "Der gegenwärtige Stand der langfristigen Wettervorhersage". Es folgte eine große Zahl weiterer Bemühungen, eine Langfristvorhersage mit rein statistischen Verfahren unter Verwendung diagnostischer Variablen zu entwickeln. Immer wieder neue Generationen von Meteorologen haben sich bis in unsere Tage an diesem schwierigen Problem mit wenig Erfolg versucht. Wurden Erfolge gemeldet, waren dies Selbsttäuschungen auf dem schwierigen Feld der erwartungstreuen Modellentwicklung und einer problemgerechten Verifikation. Mehrmonatige Vorhersagen der Monatsmitteltemperaturen mit statistischen Mitteln, wie sie seit vielen Jahren an der Freien Universität Berlin verbreitet werden, wurden erst durch Dettmann und Mahlberg (1997) einer seriösen Verifikation unterzogen (Tabelle 10.2). Es zeigt sich auch hier, daß nur für den ersten Prognosemonat eine positive Vorhersageleistung erzielt wurde. Berücksichtigt man, daß eine erklärte Varianz von 20% einen Stichprobenumfang von ca. 200 Vorhersagen benötigt, um mit einer Irrtumswahrscheinlichkeit von 5% als statistisch gesichert zu gelten, so wird die ganze Problematik der statistischen Langfristvorhersage deutlich. Wie die Erfahrungen in den USA zeigen, lassen erst Ensemblevorhersagen hochaufgelöster gekoppelter Modelle des Ozeans und der Atmosphäre, wie sie am Max-Plank-Institut für Meteorologie in Hamburg entwickelt werden, in Verbindung mit statistischen Methoden für die Zukunft Erfolge auch auf diesem Gebiet erwarten.

11 Klimaprognosen

Wolfgang Enke

11.1 Der Klimabegriff

Das Klima auf unserer Erde ist in seiner Komplexität und wechselseitigen Verflechtung mit nahezu allen Bereichen der Atmosphäre, Hydrosphäre, Pedosphäre, Biosphäre, bis hin zu den menschlichen Aktivitäten einmalig und derzeit nur in Teilaspekten transparent. Angetrieben wird dieses System durch die einfallende Solarstrahlung als Funktion der Bahn- und Rotationsparameter unserer Erde und der Sonnenaktivität.

Ehe man sich der Frage einer Klimaänderung nähert, gilt es, sich Klarheit über den Begriff des Klimas zu verschaffen: A. v. Humboldt charakterisierte 1831 (zitiert nach Schneider-Carius 1961) den Klimabegriff wie folgt:

Das Wort Klima umfaßt in seiner allgemeinen Bedeutung alle Veränderungen in der Atmosphäre, von denen unsere Organe merklich affiziert werden; solche sind: die Temperatur, die Feuchtigkeit, die Veränderung des barometrischen Druckes, der ruhige Luftzustand oder die Wirkung ungleichnamiger Winde, die Ladung oder die Größe der elektrischen Spannung, die Reinheit der Atmosphäre oder ihre Vermengung mit mehr oder minder ungesunden Gasaushauchungen, endlich der Grad eigentümlicher Durchsichtigkeit oder die Heiterkeit des Himmels, welche durch den Einfluß, den sie nicht allein auf die Ausstrahlung des Bodens, auf die Entwicklung des pflanzlichen Organismus und die Zeitigung der Früchte, sondern auch auf sämtliche Eindrücke ausübt, die die Seele vermittels der Sinne in den verschiedensten Zonen aufnimmt, so wichtig ist.

Wie nüchtern, in ihrer Präzision jedoch bestechend, ist die Definition des Klimas von K. Bernhardt (1987): "Klima ist die statistische Gesamtheit der atmosphärischen Zustände und Prozesse in ihrer raumzeitlichen Verteilung". Es wird deutlich, es gibt kein "Klima an sich". Der Klimabegriff muß einer räumlichen und zeitlichen Dimension zugeordnet werden, die, wie es für atmosphärische Prozesse charakteristisch ist, sich wechselseitig bedingen. P. Hupfer (1990) klassifiziert in Anlehnung an die Einteilung des Wettergeschehens nach Orlanski (1975) die Klimate in 3 Skalen, die dieser Forderung gerecht werden (Tabelle 11.1).

Die nachfolgenden Kapitel beschäftigen sich schwerpunktmäßig mit dem Makrobereich unseres Klimas, also mit globalen Aspekten, wobei regionale Ausprägungen globaler Klimaänderungen ebenso von Interesse sein werden. Sind es doch die Wechselwirkungen zwischen den Skalen, die für die regionale Ausprägung möglicher globaler Klimaänderungen verantwortlich sind. Am Beispiel des Stadtklimas bedeutet dies: Eine Stadt als mesoskaliges Phänomen weist gegenüber dem Um-

Maßstab	Begriff	Räumlicher Maßstab	Zeitlicher Maßstab	Beispiele
MIKRO	Grenzflächen-klima	1 mm bis 10 mm	Sekunden bis Minuten	Blatt, einzelne Pflanze, Wirkung des Mikroreliefs, ..
	Kleinklima	1 m bis 100 m	Minuten bis Stunden	Feld, Baumgruppe, Waldlichtung, Straße, Ufer, bodennahe Luftschicht,...
MESO	Standort-klima	100 m bis1 km	Stunden bis 1 Tag	Dorf, kleine Stadt, Insel, Waldgebiet, Flugplatz,...
	Landschafts klima	1 km bis 100 km	Tage bis Monate	Großstadt, größere Insel, Küstengebiet, Mittelge birge, ...
MAKRO	Klimahaupttyp	100 km bis 1000 km	Monate, Jahreszeiten, Jahrzehnte, Jahrhunderte, Jahrtausende	Passatwechselklima, Mittelmeerklima, feucht-gemäßigtes Klima
	Zonenklima			Polarklima, Tropenklima, Trockenklima, ...
	Globales Klima	1000 km bis 10.000 km		Klima der Erde
		Abmessung der Erde		

Tabelle 11.1. Maßstäblichkeit des Klimas. (Nach P. Hupfer und F.-M. Chmielewski 1990)

land ein z. B. verändertes Temperatur- und Niederschlagsregime auf, doch ist dieses entscheidend durch den Klimahaupttyp geprägt, was in einem Vergleich des lokalen Klimas der Städte Athen und Berlin deutlich wird.

11.2 Komponenten unseres Klimasystems

Wenigstens auf die Sonne ist Verlaß!

Beginnen wir mit einer verläßlichen Größe: Unsere Sonne strahlt bei einer Oberflächentemperatur von 5785 K in jeder Minute 23.174 Milliarden mal Milliarden mal Milliarden Joule ab (eine Zahl mit 27 Nullen). Zum Glück erreicht uns nur ein äußerst kleiner Bruchteil dieser gewaltigen Energiemenge (ca. 8,37 J/cm² und Minute), immerhin aber genug, um die gesamte Wettermaschine und alles Leben auf unserer Erde in Schwung zu halten. Verläßlich ist diese Größe für unseren normalen Zeitbegriff von Jahrhunderten und Jahrtausenden. Geht man jedoch 2,5 Milliarden Jahre zurück, so vermutet man, daß die Strahlung nur 75% des heutigen Wertes betrug, ein Umstand, der die Erde unter heutigen Bedingungen zu einem Eisklotz erstarren ließe. Neuere Untersuchungen der Sonne zeigen außerdem, daß seit etwa 10.000 Jahren der Wärmetransport aus dem Fusionsofen im Inneren der Sonne zum laminaren Typ zählt, während vorher der konvektive Wärmetransport mit größeren Schwankungen der Solarkonstante vorherrschte – ein Umstand, der mit der erstaunlichen Konstanz unseres Klimas der letzten 10.000 Jahre übereinstimmt. Auch die Bahnparameter der Erde sind für unsere Zeitvorstellungen als eine Konstante zu betrachten. Die Pendelbewegung der Erdachse im Rhythmus von ungefähr 40.000 Jahren ist für die uns interessierende Zeitskala einer möglichen Klimaänderung nicht von Interesse, stimmt jedoch erstaunlich gut mit dem Wechsel von Warm- und Kaltzeiten der jüngeren Erdgeschichte überein. Doch selbst die Umlaufbahnen der Planeten sind in Zeiträumen von Milliarden Jahren gedacht nicht stabil, wie jüngste Berechnungen der Planetenbahnen über lange Zeiträume zeigten, die durch Erkenntnisse der Chaostheorie angeregt wurden.

Die Atmosphäre – ein warmer Mantel

Betrachtet man unseren nächsten Himmelskörper, den Mond, der sich am Tage bis auf 130°C aufheizt und in der Mondnacht die Temperaturen bis auf eisige –150°C sinken läßt, wird deutlich, welch schützende Wirkung unsere Erdatmosphäre hat. In den Absorptionsbanden der atmosphärischen Gase, werden in bestimmten Wellenlängenbereichen des Lichtes und der infraroten Wärmestrahlung die einfallenden Photonen in Wärmeenergie umgewandelt, die der Atmosphäre zugute kommt. Entsprechend ihrer unterschiedlichen Atomstruktur haben die Gase spezifische Absorptionsbanden. Für die hauptsächlich in der Atmosphäre vorkommenden Gase sind in Abb. 11.1 die entsprechenden Absorptionsbanden ersichtlich. Die summarische Wirkung der Absorptionsbanden aller Gase ist im untersten Kasten der Abbildung aufgeführt.

Vergegenwärtigen wir uns, daß die maximale Strahlungsintensität des Sonnenlichtes bei 0,5 μm liegt, so verdanken wir der Tatsache, daß in diesem Bereich keine Absorptionsbande liegt, den Sonnenschein an der Erdoberfläche. Gleichzeitig verhindert das Ozon der Stratosphäre, daß die zellkernschädigende "harte" ultraviolette (UV-)Strahlung die Erdoberfläche erreicht; ein Umstand, der die Gefährlichkeit fortschreitenden Ozonabbaus in der Stratosphäre unterstreicht. Bezeichnenderweise konnte Leben erst vor 2,1 Milliarden Jahren die schützenden Meere verlassen, als ausreichend Sauerstoff und damit Ozon in der Atmosphäre angereichert war, um die UV-Strahlung zu dämpfen.

Die Erde und die sie umgebende Atmosphäre geben ihrerseits die empfangene Energie als Wärmestrahlung im Spektralbereich zwischen 4 und 100 μm wieder in die Weiten des Weltraumes ab. Würde unsere Atmosphäre zu 100% nur aus den Gasen Stickstoff und Sauerstoff bestehen, würde dieses Gasgemisch kein Hindernis für die Wärmestrahlung darstellen, und unser Planet wäre eine einzige Eislandschaft. Die entscheidenden Regulatoren für den Wärmehaushalt der Atmosphäre sind Kohlendioxyd (CO_2) und Wasserdampf, in zunehmenden Maße auch Methan und die Flourchlorkohlenwasserstoffe (FCKWs). Sie verhindern, daß die Wärme-

Treibhausgas	Konzentration (1 ppm = 1 Teil auf 1 Million)	Beitrag zum Treibhauseffekt in Prozent	Wirksamkeit im Vergleich zu CO_2
Kohlendioxid	350 ppm	50	1
Methan	1,7 ppm	20	30
FCKWs	0,0007 ppm	15	15.000
Ozon (bodennah)	0,03 ppm	8	2000
Distickstoffoxid	0,3 ppm	5	150

Tabelle 11.2. Die wichtigsten Treibhausgase und deren Wirksamkeit

strahlung ungebremst in den Weltraum entweicht. Da der Wasserdampfgehalt der Atmosphäre größeren zeitlichen und räumlichen Schwankungen unterliegt, kann man das sensible Gleichgewicht der Strahlungsströme leicht nachempfinden. Die Luft in den Wüstenregionen unserer Erde ist vergleichsweise trocken, so daß die Temperaturen trotz intensiver Sonneneinstrahlung nachts bis unter 0°C sinken

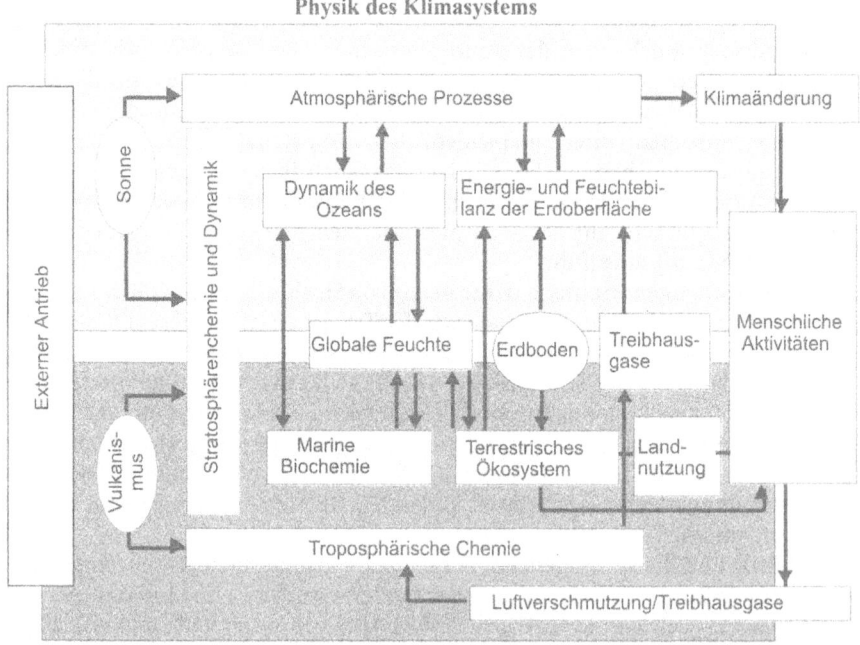

Abb. 11.4. Das Klima der Erde als mehrfach rückgekoppeltes System physikalischer und biochemischer Prozesse (nach IGBP: Global Change Reducing Uncertainties, Royal Swedish Academy of Sciences, August 1993)

Abb. 11.5. Der Einfluß des Lebens auf die Erdatmosphäre (Nach IGBP: Global Change Reducing Uncertainties, Royal Swedish Academy of Sciences, August 1993)

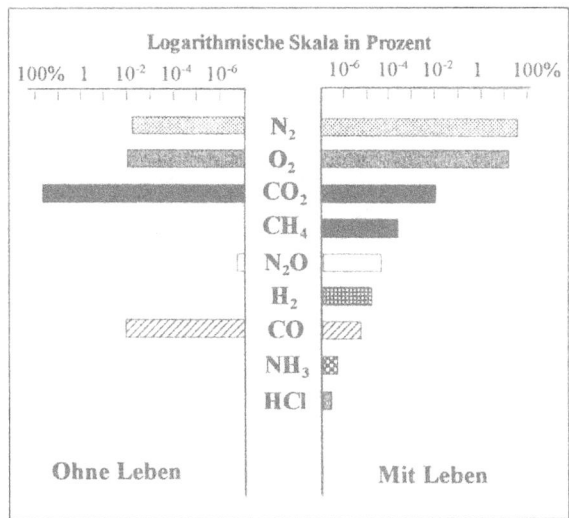

können. In unseren Breiten erleben wir hingegen, wie sich in schwülen Nächten keine rechte Erfrischung nach der Hitze eines Sommertages einstellen will.

Bei der Abschätzung zukünftiger Veränderung des Klimas gewinnen die Spurengase zunehmend an Bedeutung. Während eine Erhöhung der CO_2-Konzentration nur an den Rändern der CO_2-Banden wirksam wird (in den Spektralbereichen < 11 µm ist die Konzentration groß genug, um praktisch 100% zu absorbieren), liegen die Spektralbanden von Methan und den ausschließlich anthropogen verursachten FCKWs genau im Bereich des atmosphärischen Fensters. Daraus resultiert eine 15.000mal höhere Wirksamkeit von FCKWs bei vergleichbarer Zunahme von CO_2 (vgl. Tabelle 11.2 und Abb. 11.1, s. Farbteil).

Der Mantel ist vielschichtig

In der realen Atmosphäre, die sich in ständiger Wechselwirkung mit ihrer Unterlage befindet, sind die wirkenden Prozesse jedoch wesentlich komplizierter. Aus Abb. 11.2 (s. Farbteil) sind die im System Erdoberfläche–Atmosphäre wechselwirkenden Strahlungskomponenten schematisch dargestellt. Neben den schon bekannten Strahlungsprozessen in der Atmosphäre selbst, kommen die Wirkung des Untergrundes und die der Wolken hinzu. An der Erdoberfläche wird bei senkrechtem Sonnenstand und bei wolkenlosem Himmel im Mittel 50% der an der Obergrenze der Atmosphäre einfallenden Sonnenstrahlung absorbiert, teilweise aber auch wieder reflektiert (Albedo). Die Albedo selbst variiert in Abhängigkeit vom Untergrund in einem weiten Bereich. Bei Wasser beträgt die Albedo, also die Rückstreuung in Prozent der einfallenden kurzwelligen Sonnenstrahlung ~12%, bei Wald 10-20%, bei Sand 34-40% und bei einer Schneedecke 60%. Diese Angaben gelten nur für mittlere Einstrahlungsverhältnisse. Sie sind selbst wieder vom Einfallswinkel der Sonnenstrahlen abhängig. Damit wird sofort klar, daß die Land-Meerverteilung, Vegetation im Wechselspiel der Jahreszeiten, die Ausdehnung der polaren Eisfelder usw. mitverantwortlich für die Energiebilanz der Erde sind.

Eine bisher unberücksichtigte Größe stellen die Wolken dar. Einerseits verhindern sie die nächtliche Ausstrahlung zurück in den Weltraum, andererseits reflektieren sie die einfallende Sonnenstrahlung je nach Wolkenart und -mächtigkeit zwischen 20% für Stratocumulus und über 90% bei hochreichenden Gewitterwolken. Die Wolkenverteilung wiederum wird von der Verdunstung der Ozeane als Funktion der Wasseroberflächentemperatur und der Windgeschwindigkeit sowie der globalen und lokalen Zirkulationssysteme gesteuert.

An dieser Stelle wird schon deutlich, wie komplex und ineinander verzahnt die einzelnen Prozesse sind, und daß die Frage noch offen ist, welche Rolle die Bewölkung bei einer möglichen Erwärmung des Klimas spielt.

Betrachtet man die Strahlungsbilanzen der Atmosphäre und des Erdbodens, so stellt man fest, daß im Mittel der Erdboden einen Überschuß und die Atmosphäre einen Mangel von 30% der terrestrischen Strahlung aufweisen. Dies würde eine Aufheizung des Erdbodens auf über 500 K zur Folge haben, bei gleichzeitiger Abkühlung der Atmosphäre um 1 K pro Tag. Für den energetischen Ausgleich sorgen jedoch konvektive und turbulente Austauschvorgänge im kleinräumigen und Wasserdampf in Verbindung mit Verdunstung und Kondensation im globalen und regionalen Maßstab.

Die aus den komplexen Strahlungsbedingungen resultierenden regionalen Energiebilanzunterschiede bewirken letztlich über die globalen, regionalen und lokalen Zirkulationsmuster des Ozeans und der Atmosphäre einen ständigen Energiestrom von den Überschußregionen in äquatorialen Breiten zu Regionen mit negativer Energiebilanz. Der dadurch angefachte globale Wasserkreislauf, wie er vereinfacht aus Abb. 11.3 (s. Farbteil) ersichtlich ist, sorgt dabei mit all seiner räum-

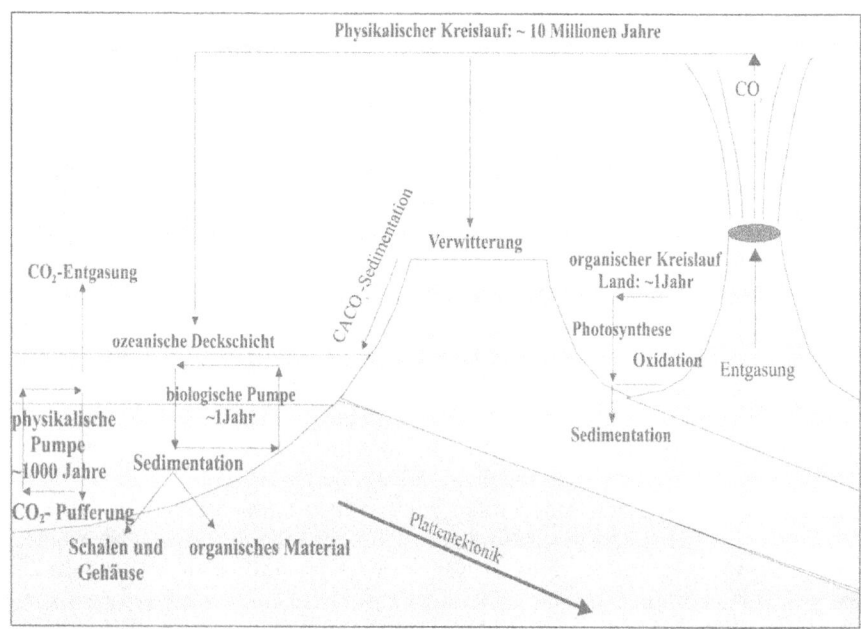

Abb. 11.6. Schematische Darstellung wichtiger Kohlenstoffkreisläufe

lichen und zeitlichen Variationsbreite für Regen auch in Gebieten, die sich weit ab von den Ozeanen befinden.

Es wird noch komplexer!

In die bisherigen Betrachtungen wurden in sehr gedrängter Form nur die physikalischen Aspekte unseres Wetter- und Klimasystems eingeschlossen. Im Sinne des Gaia-Prinzips – von James E. Lovelock mitbegründet – sind die biochemischen Prozesse, also das Leben auf unserer Erde, ein dominierender Faktor unseres Klimasystems. Wie später noch gezeigt wird, hat das Leben selbst wesentlich dazu beigetragen, daß sich das Klima über Jahrmillionen hinweg innerhalb der engen Grenzen bewegte, die für das Leben zuträglich sind. Der Mensch mit seinen Aktivitäten, die wir als den anthropogenen Einfluß bezeichnen, ist nur ein Teil dieses ewigen Kreislaufs. In Abb. 11.4 sind die Komponenten des physikalischen Klimasystems in ihrer wechselseitigen Vernetzung mit biochemischen Kreisläufen als Schema dargestellt. Jede der hier aufgeführten Komponenten ist selbst wieder hochgradig komplex, wie anhand der atmosphärischen Prozesse demonstriert wurde, und kann hier nicht in allen Einzelheiten dargelegt werden. Wie das Leben selbst im Verlaufe von Jahrmillionen die Atmosphäre und somit das Klima auf unserer Erde prägten, zeigt in beeindruckender Weise ein Vergleich der Gasanteile der Atmosphäre ohne Leben und mit Leben auf der Erde (Abb. 11.5).

Da biochemische Prozesse im wesentlichen Kohlenstoffchemie sind und dem CO_2-Gehalt der Atmosphäre im Klimasystem eine große Bedeutung zukommt, ist es notwendig, den Kohlenstoffkreislauf etwas näher zu betrachten.

Der Kohlenstoffkreislauf als Schlüssel zum Verständnis unseres Klimas

Im Orchester der Treibhausgase spielt das CO_2 der Atmosphäre nicht nur unter den gegenwärtigen Bedingungen eine entscheidende Rolle; das atmosphärische CO_2 war für alle Zeitalter unserer Erde eine entscheidende Größe. Nun ist die Konzentration dieses Treibhausgases wie kein anderes in vielfältige physikalische und biochemische Kreisläufe auf unterschiedlichen Zeitebenen eingebunden. In Abb. 11.6 sind einige der wichtigsten Zyklen schematisch dargestellt, die untereinander in vielfältiger Weise vernetzt sind. Stellt man in diesem Zusammenhang die Massenreservoire der Hydrosphäre, Biosphäre, Pedosphäre und Lithosphäre dem Kohlenstoffvorrat der Atmosphäre gegenüber, so wird deutlich, wie sensibel der CO_2-Gehalt der Atmosphäre von einer Vielzahl von Prozessen auf unserer Erde abhängt (Tabelle 11.3).

Im weiteren sollen in aller gebotenen Kürze, einige Kohlenstoffzyklen und ihre Klimarelevanz näher beleuchtet werden.

Physikalischer Kohlenstoffkreislauf

Wie aus Tabelle 11.3 ersichtlich ist, liegen die größten Kohlenstoffvorräte mit insgesamt 7×10^7 Gigatonnen in der Lithosphäre in Form von Kalziumkarbonat ($CaCO_3$) und organischen Sedimenten gebunden vor. Mit einer typischen Austauschzeit von mehreren 100 Millionen Jahren, haben wir es hier mit einem sehr

Reservoir	Gespeicherter Kohlenstoff (10^3 Gigatonnen)	Verweildauer (Jahre)
Atmosphäre	0,75	4
Hydrosphäre		
Süßwasser	0,048	60
Ozean/Oberfläche	0,63	6
Ozean/Tiefenwasser		1000
Biosphäre		
Land	0,56	9
Ozean	0,004	0,1
Pedosphäre		
Humusschicht	1,5	30
Fossile Lager	1,0	1000
Bodenkarbonate	1,1	37.000
Lithosphäre		
Anorg. Kohlenstoff	60.000	345.000.000
Org. Kohlenstoff	10.000	278.000.000

Tabelle 11.3. Speicherung und Austauschzeit von Kohlenstoff. (Nach Gumbricht 1992)

langperiodischen Prozeß zu tun. Angetrieben wird dieser Kreislauf durch magmatische Konvektionszellen im Erdinneren, die für die Bewegung der Kontinentalschollen und somit für Vulkanismus und die Metamorphose von Sedimenten verantwortlich sind. Vereinfacht sind nach Urey (1952) zwei Prozesse wirksam:

1. Die Verwitterung der Gebirge ($CO_2+CaSiO_3 = CaCO_3+SiO_2$), durch die der Atmosphäre Kohlendioxid entzogen wird und die Metamorphose von Sedimentgestein unter Hitze und Druck ($CaCO_3+SiO_2 = CO_2+CaSiO_3$), wobei letztlich CO_2 dem Kreislauf wieder zugeführt wird.
2. Die Verbrennung fossiler organischer Vorräte und die Sedimentation organischen Materials.

Dies sind Komponenten in einem Kreislauf, der unser Klima in sehr langfristigen Zeiträumen beeinflußt. Ein weiterer Aspekt wird offensichtlich: Auf einer erstarrten Erde, d. h. ohne jegliche Tektonik und Vulkanismus, würde nach Budyko et al. (1989) nach ungefähr 10.000 Jahren jegliches CO_2 in der Atmosphäre verbraucht sein, und die Erde als Folge der fehlenden Treibhauswirkung der Atmosphäre zu einem Eisklumpen erstarren sowie alles Leben erlöschen. Das heißt auch, daß in Zeiten verminderter vulkanischer Aktivität (Zeitskala 1000 Jahre), potentiell eine Abkühlung zu erwarten wäre. Im Lichte des CO_2-Anstieges in den letzten 100 Jahren und der prognostizierten Klimaerwärmung findet dieser Aspekt im allgemeinen wenig Beachtung.

Der organische Kohlenstoffkreislauf – Ozeane als Schlüsselfaktor

Da zwei Drittel unseres Planeten mit Wasser bedeckt sind, ist es nicht verwunderlich, daß den ozeanischen Wassermassen eine Schlüsselrolle im kurz- und mittelfristigen globalen CO_2-Haushalt zukommt. Während das Reservoir der Atmosphäre nur ca. $0,75\times10^3$ Gigatonnen CO_2 beträgt, werden in den Tiefen der Ozeane ca. 38×10^3 Gigatonnen CO_2 gespeichert (vgl. Tabelle 11.2). In der oberflächennahen Ozeanschicht, die sich im ständigen Gasaustausch mit der Atmosphäre befindet, werden jedoch nur $0,63\times10^3$ Gigatonnen CO_2 gespeichert. Deshalb kommen sie als Puffer des anthropogen erzeugten CO_2 nur sehr begrenzt in Frage, obwohl die typische Zeitskala für den Gasaustausch zwischen Ozean und Atmosphäre mit ~6 Jahren veranschlagt werden kann, und ein Gleichgewicht zwischen Ozean und Atmosphäre sich innerhalb von nur 2–3 Monaten einstellt. Entscheidend für den weiteren Verlauf des CO_2-Anstieges in der Atmosphäre ist die Pufferung von CO_2 in den Tiefen der Ozeane, deren Austauschzeit derzeit mit ungefähr 1000 Jahren angesetzt wird. Dieser Austauschprozeß wird durch 3 sogenannte ozeanische Pumpen bewirkt, die vielfältig mit biologischen und atmosphärischen Vorgängen verkoppelt sind:

1. Die physikalische Pumpe -die Polarregion als Tiefsee-Fenster.

Bekanntermaßen besitzt Wasser bei 4°C seine größte Dichte, so daß ein konvektiver Austausch (Tiefenwasser ist sehr kalt) nur in dem schmalen Temperaturbereich zwischen 0 und 4°C stattfinden kann. Üblicherweise verhindert eine warme Deckschicht die tiefgreifende Umwälzung des Wassers. Modifiziert wird dieser Prozeß durch den Salzgehalt des Meerwassers, da Salzwasser schwerer ist als Süßwasser. In den Ozeanen mit variierendem Temperaturregime und Salzgehalt stellt sich eine thermohaline Schichtung ein. Erst durch wiederholtes Ausfrieren unmittelbar unter der Eisfläche entsteht relativ salzhaltiges Wasser. Da dieses schwerer wird als das der darunterliegenden Schichten, sinkt es in ozeanische Tiefen ab, strömt im Schneckentempo äquatorwärts, umrundet den afrikanischen Kontinent ostwärts und taucht erst nach ungefähr 1000 Jahren wieder im Pazifik auf. Was gegenwärtig im Ostpazifik an Wassermassen emporquillt, sank im frühen Mittelalter vor Grönland, im antarktischen Wedelmeer oder unter den Schelfen der Antarktis in die Tiefe. Diese physikalische Pumpe transportiert ca. 15mal mehr Wasser als alle Flüsse auf der Erde zusammen. Dieses globale Zirkulationsrad sorgt nicht nur dafür, daß überschüssiges CO_2 gepuffert wird, es ist gleichzeitig auch der Motor für die Meeresströmungen an der Oberfläche.

Nach Untersuchungen von Bolin (1986) beträgt die Speicherkapazität des Ozeans das 10fache der heute genutzten Kapazität. Eine Erwärmung in den Polarregionen jedoch würde, z. B. durch eine Dichteabnahme des Oberflächenwassers (vermehrter Eintrag von Süßwasser, verringertes Ausfrieren von Salzwasser unter den Eisshelfs und Temperaturanstieg), zur Abschwächung oder im Extremfall zum Zusammenbruch dieser Zirkulation führen. Die ausbleibende Pufferung von CO_2 verstärkt über einen zunehmenden Treibhauseffekt nicht nur diesen Prozeß, sondern ein daraus resultierender Zusammenbruch z. B. des Golfstroms könnte in relativ kurzen Zeiträumen zu einer klimatischen Verschlechterung, d. h. zu einer Temperaturabnahme in Mitteleuropa führen.

2. Die biologische Kohlenstoffpumpe 1. Art.

Gemeinhin gilt als Voraussetzung für die Ausbildung üppigen Lebens Wasser, Licht und ausreichendes Nährstoffangebot. Treffen alle drei Komponenten zusammen, wie teilweise in den Tropen, so trifft man eine üppige Flora und Fauna an. Dies gilt ebenso für die Weiten des Ozeans. Um so erstaunlicher ist es, daß ein Großteil der biologischen Aktivität in den lichtschwachen Polarregionen zu finden ist, während weite Teile der tropischen Ozeane als biologische Wüsten zu bezeichnen sind. Die Ursache liegt im Mangel an Eisen-, Phosphor- und Nitratverbindungen. Diese sind bei Wassertemperaturen >20 °C vernachlässigbar gering und erreichen nur in kalten Gewässern 23 μmol/kg für NO_3 und 1,5 μmol/kg für PO_4.

In den polaren Sommermonaten bildet sich bei reichlichem Lichtangebot durch Schmelzwasser und Anstieg der Wasseroberflächentemperatur eine Dichteinversion, die einen vertikalen Wasseraustausch verhindert. In dieser Schicht "blüht" das arktische Meer im Frühling, d. h. alle 1–2 Tage verdoppelt sich das Phytoplankton in dem –1,8 bis +6 °C warmen Wasser und bildet die Basis der gesamten Nahrungskette in diesen Breiten. Bis zu 50 Millionen Organismen pro Liter färben dann das Wasser grün. Von den absterbenden größeren Tieren sinken 50–70% zu Boden und entziehen dem Kreislauf Kohlenstoff. Bei extremer Blüte des Meeres verklumpen zusätzlich die abgestorbenen Kieselalgen und sinken als "biologischer Schnee" durch die Sperrschicht hindurch in die Tiefsee ab. Gegen Ende des polaren Sommers kommt es zu einer zweiten "Blüte" des Phytoplanktons. Dieses sinkt dann größtenteils in dem nun wieder kälter werdenden Wasser zu Boden und sorgt so zusätzlich für einen Transport von Kohlenstoff in tiefere Meeresschichten. Untersuchungen von Martin et al. (1990) zeigen, daß eine geringe Zugabe von Eisenionen zum Meerwasser, eine 2- bis 10fach höhere Nitrataufnahme zur Folge hatte, was für die Antarktis hochgerechnet eine Steigerung des Kohlenstoffumsatzes von 0,1 Gigatonnen C/Jahr auf 2–3 Gigatonnen C/Jahr bedeuten würde. Young at al. (1991) beobachteten, daß nach Stürmen, die große Mengen Staub auf den Nordatlantik verteilten, die biologische Nettoproduktion von Kohlenstoff um ~60% stieg. Die Autoren Young et al. sprechen aufgrund der Ergebnisse von der Möglichkeit einer aktiven Klimabeeinflussung durch gezielte Düngung der Ozeane.

Die biologische Pumpe 1. Art entzieht dem Kohlenstoffkreislauf durch Sedimentation global gesehen ungefähr 7 Gigatonnen C/Jahr, wobei diese Angaben von unterschiedlichen Autoren zwischen 4 und 15 Gigatonnen C/Jahr schwanken. Sie wirkt also negativ rückkoppelnd, d. h. vermehrte biologische Aktivität entzieht der Atmosphäre mehr Kohlenstoff und wirkt somit über die Strahlungsbilanz der Atmosphäre abkühlend. Die genauen Zusammenhänge der einzelnen Komponenten in ihrer wechselseitigen Verflechtung liegen derzeit noch vielfach im dunkeln. Einerseits führt eine Zunahme der Wasseroberflächentemperatur durch vermindertes Nährstoffangebot zur Abnahme der biologischen Aktivität, andererseits werden Stickstoff und Phosphor bei hohen Temperaturen um ein mehrfaches öfter durch die Lebewesen recycelt als bei niedrigen Wassertemperaturen (Valiela 1984).

Welchen Einfluß haben die Meeresströmungen und Flüsse auf die Ergänzung der Nährstoffe? Wie wirkt sich die zunehmende Nitrierung der Flüsse aus? Mehr ungelöste als gelöste Fragen im Klimaänderungsszenario! Nach Shaffer (1989) spielen die biologischen Pumpen eher für mittelfristige Klimaänderungsszenarien (Jahrhunderte) eine Rolle, was ein Vergleich der Sedimentationsrate mit den Vorräten der ozeanischen Deckschicht und der Atmosphäre unterstreicht.

3. Die biologische Pumpe 2. Art.

Als Pumpe 2. Art wird die Sedimentation von Schalen und Gehäusen in Form von $CaCO_3$ bezeichnet. Dabei ist auffällig, daß Schalentiere überwiegend in wärmeren Gewässern zu Hause sind und diese Pumpe vor allem in den niederen Breiten bedeutsam ist. Im Falle einer Klimaerwärmung führen steigende Wassertemperaturen und die Erhöhung des Meeresspiegels zu einem verstärken Wachstum der Korallen. Dieser Prozeß wirkt über den Entzug von CO_2 aus der Atmosphäre dem weiteren Anstieg der Temperatur entgegen. Gleichzeitig kann infolge der Temperaturerhöhung im offenen Ozean in der Mischungsschicht weniger $CaCO_3$ recycelt werden, so daß eine stärkere Sedimentation einsetzt.

Aus der Verkopplung aller biologischen und physikalischen Prozesse im Zusammenspiel mit Änderungen extraterrestrischer Größen resultiert unser vergangenes, gegenwärtiges und zukünftiges Klima in seiner vielfältigen globalen, regionalen und lokalen Variabilität; einer Vielfalt, die in seiner Ganzheit derzeit nur ansatzweise erfaßt werden kann.

In diesem Abschnitt sollte in aller gebotenen Kürze dem Leser die Vielschichtigkeit der globalen Zusammenhänge unseres Klimas vor Augen geführt und nicht umfassend über alle Glieder und wechselseitigen Verflechtungen berichtet werden. Wenn es gelungen ist, ein Gespür dafür zu vermitteln, daß es wenig hilfreich ist, bei der Erklärung vergangener und der Prognose möglicher Veränderung unseres Klimas Einzelkomponenten aus dem globalen Zusammenhang zu reißen und diese als einzige oder entscheidende Erklärungsursache zu betrachten, so wird dies für die Bewertung von Klimamodellen und deren Prognosen, denen wir uns im nächsten Kapitel zuwenden wollen, hilfreich sein.

11.3   Mögliche Ursachen von Klimaänderungen

Historische und prähistorische Klimaänderungen

Will man die Zusammenhänge des heutigen Klimasystems hinreichend verstehen, so ist es von unschätzbarem Wert, Kenntnisse über historische Zustände und Änderungen unseres Klimasystems zu erlangen. Doch woher kennt man das Wetter von längst vergangenen Zeiten?

Paläoklimatologen ist es in den letzten Jahren und Jahrzehnten gelungen, nicht nur die Feuchte- und Temperaturverhältnisse der letzten Jahrhunderte zu rekonstruieren, sondern auch die klimatische Situation längst versunkener Welten. Dazu stehen eine Vielzahl von Methoden zur Verfügung, die kurz genannt sein sollen:

Historische Aufzeichnungen.
Schon seit jeher hatten die Menschen ein vitales Interesse am Wettergeschehen. So ist es nicht verwunderlich, daß Unwetter und Mißernten in Verbindung mit dem Wetter sich in alten Chroniken, Kirchenbüchern und Pergamentrollen finden lassen, weit zurück bis zu den Anfängen des Ägyptischen Reiches.

Baumring Kalender. Der Zuwachs an Baumholz ist vom Temperatur- und Feuchteangebot abhängig, daher bilden sich die bekannten Baumringe aus. Indem man die Jahresringe einzelner Bäume gegenseitig überlappt, erhält man ein hochaufgelöstes Klimaarchiv der vergangenen 10.000–100.000 Jahre. Dazu werden Baumstämme verwendet, die in Mooren und Seen luftdicht über die Jahrhunderte und Jahrtausende konserviert wurden.

Laminierte Sedimente (Warven)
Die biologische Aktivität in Seen folgt einem jahreszeitlichen Zyklus, so daß man in den Sedimentationen deutliche jahreszeitliche Strukturen findet. Damit läßt sich – vergleichbar mit Baumringen – das Alter und, unter der Voraussetzung, daß keine anderen äußeren Faktoren wirksam waren, das Temperaturregime vergangener Zeiten ablesen. (Der heutige Nährstoffeintrag oder die mittelalterliche Waldrodung in Europa hinterließen deutliche Spuren in den Sedimenten.) Auch die Häufigkeit und Art bestimmter Pollen und Samen lassen Rückschlüsse auf das damals herrschende Klima zu.

Ablagerungen in Großtagebauen.
So stark die Narben von Tagebauen in Mitteldeutschland auch sind, sie erlauben den Geologen aus der Abfolge der Sedimentationen (Fluviatile Aufschotterung im glazialen Randgebiet, Flußschotter und Sande, Strukturen des Dauerfrostes, Flugsand, Vorstoßbändertone, Schluffe, Schmelzwasser- und Toteissenken usw.) das entsprechende Klima zu rekonstruieren.

Kohlenstoffisotope von Bäumen als Klimaindikatoren
Das Verhältnis der stabilen Kohlenstoffisotope $^{13}C/^{12}C$ des pflanzlichen Materials unterscheiden sich von denen der umgebenden Atmosphäre. Die Spaltöffnungen der Pflanzen nehmen witterungsabhängig bevorzugt das ^{12}C Atom durch die Spaltöffnung auf. Damit erlaubt das Verhältnis $^{13}C/^{12}C$ in den fossilen Pflanzen Rückschlüsse auf das Temperatur- und Feuchteregime vor mehreren Millionen Jahren.

Untersuchungen der Eisbohrkerne auf Grönland.
Da Niederschläge und Temperatur auf Grönland jahreszeitlichen Schwankungen unterliegen, läßt sich aus den Schichtungen des Eises das jeweilige Alter bestimmen. Das Verhältnis der Sauerstoffisotope $^{18}O/^{16}O$ der im Eis eingeschlossenen Luftbläschen geben ihrerseits Auskunft über die damals herrschende Temperatur, da aus kälterem Wasser mehr vom leichten Sauerstoffisotop ^{16}O verdunstet als ^{18}O.

Klimabedingungen aus Rattenkot.
Anhand der Größe fossiler Exkremente von Ratten läßt sich auf deren Körpergröße und damit auf die herrschenden Temperaturverhältnisse schließen. In kälteren Zeiten waren die Tiere aus Gründen der effektiven Wärmeisolation größer (im

Vergleich zum Höhepunkt der letzten Eiszeit waren Ratten bis zu 25% größer als heute).

Samen- und Pollenanalysen.
Aus den sedimentierten Samen und Pollen lassen sich Rückschlüsse auf die vorherrschende Vegetation ziehen. Besonders das Verschwinden oder erneute Auftreten von bestimmten Pflanzenarten läßt Rückschlüsse auf das herrschende Klima zu.

Wo ist das CO_2 der Uratmosphäre geblieben und warum gibt es überhaupt noch CO_2?

Vor etwa 4,3 Milliarden Jahren bestand unsere Atmosphäre aus ~25% CO_2, 70% Stickstoff und 5% Methan, Ammoniak, Wasserdampf und anderen Spurengasen. Freier Sauerstoff war nicht vorhanden (Abb. 11.7).

Unter diesen Bedingungen war der Treibhauseffekt mit den Bedingungen vergleichbar, wie wir sie heute auf der Venus vorfinden. Da die Sonnenstrahlung jedoch nur 75% des heutigen Betrages aufwies, konnte der anfänglich hohe Wasserdampfgehalt kondensieren und sich in Ozeanen sammeln. Für den folgenden Abbau der hohen CO_2-Konzentration gibt es zwei konkurrierende Theorien:

- An der Universität von Michigan in Ann Arbor wird ein anorganisches Modell bevorzugt, wonach das mit dem Regenwasser ausgewaschene CO_2 das wasserlösliche Kalziumhydrogenkarbonat bildete. Dieses gelangte über die Flüsse in das Meer und bildete dort wasserunlösliches Kalziumkarbonat, das sich als Sediment am Meeresboden ablagerte.
- Das konkurrierende Modell von Lovelock nimmt an, daß biologische Prozesse den CO_2-Gehalt der Atmosphäre verringerten. Das Kalziumkarbonat wurde in den Schalen der Meerestiere fixiert, die nach ihrem Absterben zu Boden sanken; ein Prozeß, der noch heute wirksam ist (biologische Pumpen).

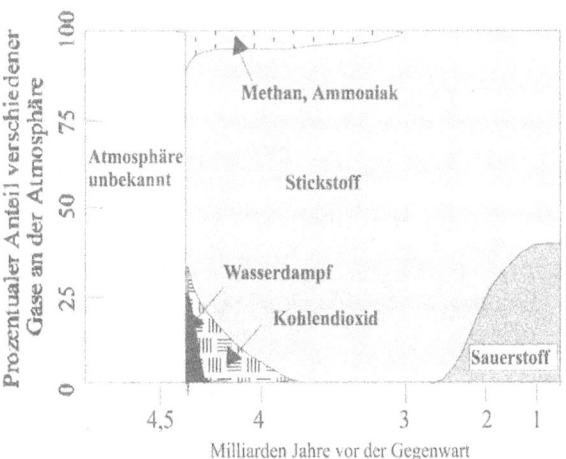

Abb. 11.7. Änderung der Zusammensetzung der Atmosphäre in den vergangenen 4,5 Milliarden Jahren (Nach Kasting, J.F.: Earth's Early Atmosphere, Science, Vol 259, 920–926, 1993)

Plausibel ist, daß beide Prozesse an der CO_2-Abnahme beteiligt waren. Das Ergebnis dieser Prozesse war, daß der CO_2-Gehalt vor ~3,5 Milliarden Jahren unter 1% absank und den Treibhauseffekt drastisch reduzierte (Abb. 11.7).

In einer Hinsicht aber hat das Leben die Zusammensetzung der Atmosphäre zweifelsfrei beeinflußt. Bei der Photosynthese wird unter Einwirkung von Sonnenlicht aus Kohlendioxyd und Wasser organische Materie synthetisiert bei gleichzeitiger Freisetzung von Sauerstoff. Werden die organischen Substanzen sedimentiert, so führt dieser Prozeß zu einer Anreicherung von Sauerstoff in der Atmosphäre. Es ist auf den ersten Blick verwunderlich, daß die Pflanzenwelt der Meere über 1 oder 2 Milliarden Jahre lang Sauerstoff produzierte, ohne daß es zu einer merklichen Anreicherung kam. In der damaligen Zeit lagen jedoch viele Mineralien in reduzierter Form vor, so daß der freie Sauerstoff zur Oxidation der Mineralien, z. B. Eisen, verbraucht wurde. Erst nachdem dieser Prozeß zum Erliegen kam, bildete sich vor ca. 2,5 Milliarden Jahren die heutige Zusammensetzung der Atmosphäre aus und damit die Voraussetzung für die uns heute geläufigen Lebensformen.

Die im Lichte der heutigen Zunahme des Kohlendioxydgehaltes der Atmosphäre etwas eigenartig anmutende Frage"Warum gibt es überhaupt noch CO_2 in der Atmosphäre?" liegt auf der Hand. Der Prozeß der Sedimentation organischen Materials und damit von Kohlenstoff ist heute noch wirksam und somit müßte schon in historischen Zeiten das gesamte CO_2 der Atmosphäre aufgebraucht worden sein. Zwei Quellen kommen als Langzeitlieferanten in Frage: Die Verwitterung von Kalziumkarbonat, das bei tektonischen Bewegungen der Erdkruste an die Oberfläche gelangt und der Vulkanismus. Anders betrachtet heißt dies, daß nur die durch die konvektiven Zirkulationssysteme im flüssigen Erdmantel angetriebene Gebirgsbildung und vulkanische Aktivität für das Leben auf der Erde notwendig sind, um den Kohlenstoffkreislauf über lange Zeiträume hinweg stabil zu halten. Ein anderer Aspekt folgt daraus unmittelbar: In Zeiten geringer vulkanischer Tätigkeit wirkt der absinkende Kohlendioxydgehalt der Atmosphäre unter Umständen als auslösender Faktor für eine Eiszeit. Bekanntermaßen war der CO_2-Gehalt während der Eiszeiten um 40–50% niedriger als im Holozän (Jetztzeit). Ebenso war der Gehalt an Methan – ein sehr wirksames Treibhausgas – zu jener Zeit um 50% geringer.

Für die Entwicklung des zukünftigen Klimas ist es äußerst wichtig, die globalen Zusammenhänge des Kohlenstoffkreislaufes zu kennen. Welche Quellen gibt es, wo liegen die Senken, welchen Anteil haben menschliche Aktivitäten an den gegenwärtigen Veränderungen und wie zeitlich stabil sind die Prozesse, die am Kohlenstoffkreislauf beteiligt sind? Abb. 11.8 gibt eine Abschätzung der Quellen und Senken des CO_2-Kreislaufes. Zwei Aussagen lassen sich aus diesen Schätzungen gewinnen:

- Der anthropogene Einfluß ist im Vergleich zum Gesamtumsatz an Kohlenstoff mit derzeit 7,4 Milliarden Tonnen relativ gering. Da er jedoch zusätzlich zu einem ansonsten ausgeglichenen Haushalt auftritt, führt er über Jahre hinweg zu einem stetigen Anstieg an CO_2 in der Atmosphäre, der jedoch deutlich geringer ist als es dem jährlichen CO_2-Ausstoß entsprechen würde. Ein großer Teil des anthropogen eingebrachten CO_2 wird derzeit im Meer gepuffert oder durch vermehrte Photosynthese in Pflanzen gebunden. Die Pufferung von CO_2 in den

Ozeanen funktioniert über längere Zeiträume jedoch nur, wenn global gesehen ein Austausch mit ozeanischem Tiefenwasser erfolgt. Diese physikalische Pumpe arbeitet, wie in Kap. 11.2 ausgeführt, aufgrund der Abhängigkeit der Dichte des Wassers von der Temperatur nur in den polaren Regionen unserer Erde. Da sich CO_2 in kaltem Wasser besonders gut löst und in der Tiefsee auch wegen des hohen Druckes nicht entweichen kann, bleibt es bis zum erneuten Auftauchen eingeschlossen. Bei einer Erwärmung der Wassertemperatur in den Polregionen im Zusammenspiel mit vermehrtem Süßwassereintrag könnte die Pumpe jedoch bremsen oder sogar ausschalten, ein Umstand, der den Treibhauseffekt drastisch anheizen dürfte.

• Organische Stoffwechselkreisläufe sind über das Entstehen und Vergehen von Pflanzen und Tieren die entscheidenden Antriebe in diesem Prozeß. Die einzelnen Glieder dieser Kette sind bis heute bei weitem nicht vollständig entschlüsselt. Viele Fragen bleiben offen, besonders welche Rolle das Meeresplankton spielt, seine Reaktion auf ein sich änderndes Nährstoffangebot, sein Wachstum bei steigender Wassertemperatur und die mögliche Beeinträchtigung des Wachstums bei einer Zunahme der UV-Strahlung durch den weiteren Abbau der Ozonschicht. Immerhin verarbeitet das Plankton allein 104 Milliarden Tonnen Kohlenstoff pro Jahr, während Landpflanzen 100 Milliarden Tonnen Kohlenstoff durch die Photosynthese verbrauchen. 4 Milliarden Tonnen sinken jährlich als totes organisches Material auf den Boden der Ozeane und entziehen dieses so dem Kohlenstoffkreislauf. Untersuchungen an der Universität Erlan-

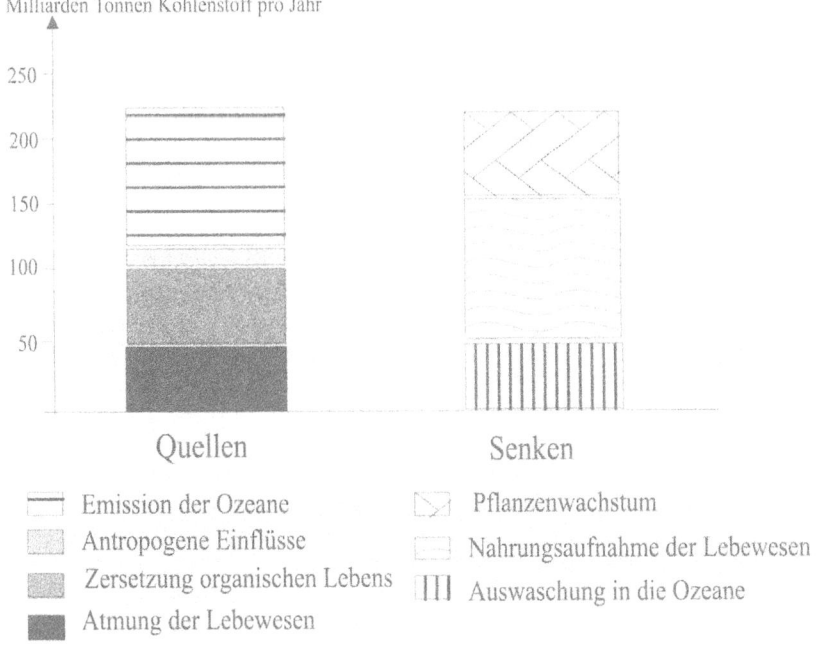

Abb. 11.8. Quellen und Senken des CO_2-Kreislaufes

gen zeigten, daß UV-geschädigtes Plankton 12–16% weniger Kohlenstoff binden kann und somit die Ozeane schnell zu einer Quelle von CO_2 werden können.

Für den CO_2-Kreislauf des Ozeans und der Atmosphäre spielen auch die in den letzten Jahren stärker in das Interesse wissenschaftlicher Untersuchungen gerückten hydrothermalen Kreisläufe zwischen ozeanischem Tiefenwasser und ozeanischer Kruste, eine noch schwer abzuschätzende Rolle. Die "black smokers", die in den Tiefen der ozeanischen Rücken 350°C heißes Wasser ausstoßen, führen dem Ozean mit Kalzium und Magnesium stark angereichertes, nährstoffreiches Wasser zu. In dieser Umgebung leben in der 110°C heißen Sole der Schlote reduzierende Archäe-Bakterien als Beginn der Nahrungskette einer autarken Lebensgemeinschaft. In dieser sauerstoffarmen Umgebung entziehen die abgestorbenen Organismen dem ozeanischen Tiefenwasser durch Sedimentation Kohlenstoff.

Mengenmäßig betragen die hydrothermalen Prozesse nur etwa 2% der jährlichen Wasserführung aller Flüsse unseres Planeten. Dies reicht jedoch aus, um das gesamte Ozeanwasser innerhalb weniger Millionen Jahre vollständig umzuwälzen.

Der Kohlenstoffkreislauf unserer Erde ist daher derzeit noch mit vielen Fragezeichen besetzt und verfügt über eine Reihe sich überlagernder Zyklen unterschiedlicher Zeitskalen, die in ihrer Tragweite noch wenig untersucht wurden. Da der CO_2-Gehalt der Atmosphäre ein wesentlicher Klimaindikator ist, sind hier weitere Unsicherheiten einer Klimaprognose begründet.

Einige Eiszeittheorien

Für fast alle Versuche, vergangene Eiszeiten zu erklären, ist es typisch, daß Einzelkomponenten des Klimasystems herausgelöst werden, ohne die Komplexität des Gesamtsystems zu betrachten. Erste Ansätze einer komplexen Betrachtungsweise mit teilweiser Berücksichtigung der Kohlenstoffkreisläufe findet man in globalen Zirkulationsmodellen des Ozeans und der Atmosphäre. Auf diese Modelle wird im Abschnitt 11.3 näher eingegangen. An dieser Stelle werden einige Eiszeittheorien kurz umrissen:

Der Milankovitch Zyklus.

Es ist auffällig, daß das Einsetzen der Eiszeiten eng mit den Parametern des Erdumlaufes wie Achsenneigung und Exzentrizität gekoppelt ist, wie schon Milankovitch (1941) zeigen konnte. Die Grundidee ist, daß die sommerliche Sonneneinstrahlung auf der Nordhalbkugel die entscheidende Rolle spielt. In Zeiten geringer Sonneneinstrahlung schiebt sich die Eisgrenze nach Süden mit dem Effekt einer Erhöhung der Albedo, gefolgt von weiterer Temperaturabnahme. Diese Methode erklärt das Einsetzen der Eiszeiten vor 59-, 41-, 23- und 19.000 Jahren. Der 100.000jährige Zyklus kann durch Bahnparameter jedoch nicht erklärt werden.

Änderung der Zirkulationsmuster der Atmosphäre.

Verschiedene Untersuchungen zeigen, daß das Ausmaß der Vereisung nicht durch Schwankungen der Bahnparameter verursacht werden konnte. Rudimann und Kutzbach (1991) stellten die Hypothese auf, daß die zunehmende Vereisung die typischen atmosphärischen Zirkulationsmuster derart abändern kann, daß eine weitere Vereisung voranschreiten konnte. Die Änderung des externen Antriebes (solare Einstrahlung) hat demnach nur eine auslösende Funktion.

Schwankungen der biologischen Aktivität durch Nährstoffentzug.
Durch Messungen der eingeschlossenen Luftbläschen in den Eisbohrkernen auf Grönland konnte gezeigt werden, daß der CO_2-Gehalt gegen Ende der letzten Eiszeit rasch von 200 auf 280 ppm gestiegen ist. Der Anstieg wurde interpretiert als Folge des Rückganges der biologischen Aktivitäten durch Phosphorentzug (Broecker 1982) bzw. Nitratentzug (McElroy 1983). Der Nährstoffverlust wurde durch abschmelzendes Gletschereis verursacht. Während der Eiszeiten läuft der umgekehrte Prozeß ab. Durch diesen Zyklus kann ein Großteil der CO_2-Schwankungen in der Atmosphäre erklärt werden. Da jüngere Untersuchungen zeigten, daß die CO_2-Änderungen weniger in Jahrtausenten als in Jahrzehnten und Jahrhunderten vor sich gehen (Bild der Wissenschaft 2/1994) wird die Wirksamkeit dieser Kopplung zunehmend angezweifelt.

Schwankung der biologischen Aktivität durch Eisenionen.
Martin (1990) konnte zeigen, daß die Fähigkeit zur Aufnahme von Nitraten und somit zur Bindung von Kohlenstoff in organischen Materialien stark von der Konzentration der Eisenionen abhängig ist. In Zeiten hoher Konzentration – und dies war während der letzten Eiszeit der Fall – war die Effizienz der ozeanischen Lebensräume viel höher als heute. Erhöhte organische Produktion geht einher mit verstärkter Sedimentation in Richtung tiefere ozeanische Schichten. Solange dort Sauerstoff vorhanden ist, wird ein Großteil der organischen Substanzen oxidiert und dem Kreislauf wieder zugeführt. Ist der Sauerstoff jedoch verbraucht, werden größere Mengen Material sedimentiert und damit verstärkt CO_2 der Atmosphäre entzogen. Die resultierende Abkühlung der Meeresoberflächen verstärkt den Austausch des mit Sauerstoff angereicherten Oberflächenwassers so, daß der CO_2-Entzug wieder gebremst wird und die Temperaturen erneut ansteigen. Hier liegt ein sich selbst regulierender Zyklus vor.

Änderungen in der nordatlantischen Tiefenwasserzirkulation.
Die Tiefenwasserzirkulation des Nordatlantik, auch als physikalische Pumpe bezeichnet, kann nach Broecker et al. (1990a) nicht nur rasche Änderungen der Meeresströmungen bewirken, sondern sie ist ebenso in der Lage, schnelle Schwankungen im CO_2-Gehalt der Atmosphäre und des oberflächennahen Ozeanwassers hervorzurufen. Ein größerer Schmelzwassereintrag in den Nordatlantik bringt hier die thermohaline Zirkulation zum Erliegen. Dies führt zur Verringerung der biologischen Aktivitäten. Zusätzlich kommt der Transport von Karbonaten in ozeanisches Tiefenwasser weitgehend zum Erliegen. Ein rascher Anstieg des atmosphärischen CO_2 führt durch den sich verstärkenden Treibhauseffekt zu einer weiteren Erwärmung. In glazialen Epochen wird hingegen CO_2 durch die ozeanische Tiefenzirkulation verstärkt entzogen. Ein solches Ereignis konnte Fairbanks (1989) für das jüngere Trias nachweisen. Broecker et al. (1990b) nehmen eine natürliche Oszillation des Salzgehaltes im Nordatlantik gegenüber den anderen Ozeanen an.

So unterschiedliche Eiszeittheorien es derzeit auch gibt, so ergeben sich dennoch drei Schlußfolgerungen:

Abb.11.10. Änderung der globalen Mitteltemperatur auf unterschiedlichen Zeitskalen. (Nach IGBP: Global Change Reducing Uncertainties, Royal Swedish Academy of Sciences, August 1993)

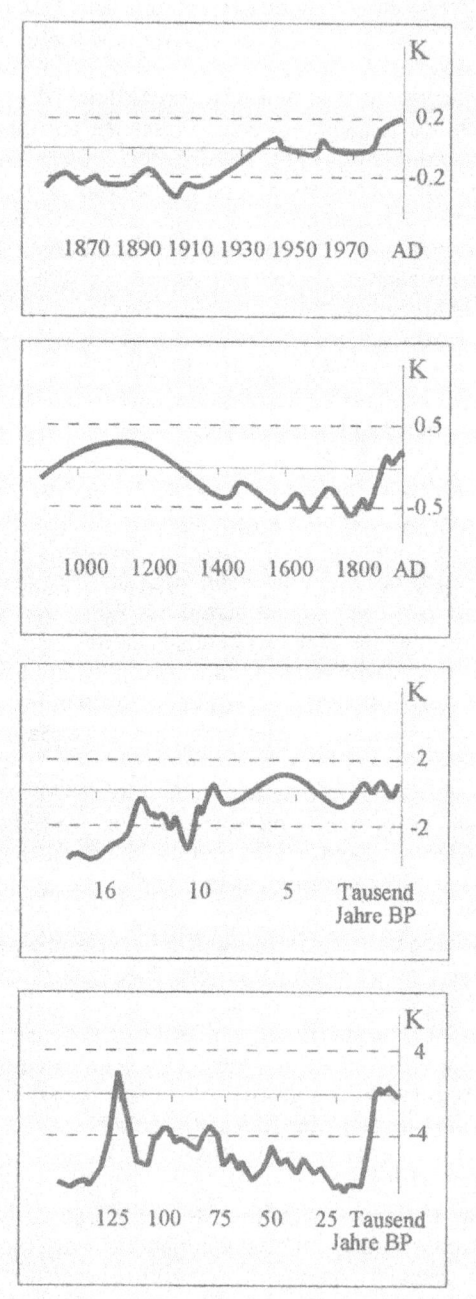

1. Es gibt derzeit noch keine umfassende Theorie einer Klimaänderung, sondern meist nur Teilaspekte.
2. Eiszeiten, respektive Warmzeiten scheinen durch extraterrestrische Parameter ausgelöst zu werden.

3. Vielschichtige Rückkopplungen und Verstärkungs- bzw Dämpfungsmechanismen versetzen das hochgradig nichtlineare Klimasystem in extern angeregte Eigenschwingungen.

11.4 Methoden der Klimaprognose

Das Anliegen der vorangegangenen Kapitel war es, die Vielfalt und Komplexität des Klimasystems auf unserer Erde zu verdeutlichen, ehe wir uns abschließend der Problematik von Klimaprognosen nähern können. Im Unterschied zur "normalen" Wettervorhersage besteht die Aufgabe einer Klimaprognose nicht in der Vorhersage des konkreten Wettergeschehens für ein bestimmtes Zeitintervall, sondern in der Vorhersage statistischer Kenngrößen, die den mittleren Zustand und die Variabilität des Wettergeschehens, also die vorherrschende Witterung eines Zeitraumes von mindestens 30 Jahren beschreiben. Wenden wir uns nun den verschiedenen Methoden und Modellen zu, die zum Zwecke der Klimaprognose entwickelt wurden und stellen wir uns die Frage: Wie zuverlässig sind Klimaprognosen?

Auf internationaler Ebene werden die Aktivitäten, die sich mit Klimaänderung und Klimaprognose beschäftigen, im World Climate Research Programme (1992 und 1996 formuliert) für den Zeitraum 1992 bis 2001 mit einer Vielzahl von Unterprogrammen, Aktivitäten und Publikationen koordiniert.

Statistische Modelle

In der Klimaprognose kommen sowohl statistische Ansätze, in verstärktem Maße jedoch physikalische Modelle zum Einsatz. Statistische Modelle, die in der Klimaprognose Verwendung finden, verwenden die gleichen Methoden, wie sie uns aus der Wettervorhersage bekannt sind. Auch hier ist Erwartungstreue und statistische Stabilität oberstes Gebot. Doch die Probleme verschärfen sich hier, da es kaum möglich ist, den Wahrheitsgehalt der Prognosen in relevanten Zeiträumen zu überprüfen. Ähnlich wie bei allen statistischen Methoden werden Zusammenhänge aus Beobachtungsmaterial hergeleitet und vorausgesetzt, daß die gefundenen Zusammenhänge auch für die Zukunft ihre Gültigkeit behalten. Ein bekanntes Beispiel ist die Modellierung des Zusammenhangs zwischen CO_2-Anstieg und Anstieg der globalen Mitteltemperatur, wie er von Schönwiese (1994) vorgenommen wurde (Abb. 11.9, siehe Farbteil). Der mit statistischen Mitteln prognostizierte Anstieg der globalen Mitteltemperatur ist zwar von gleicher Größenordnung wie der durch globale Zirkulationsmodelle vorhergesagte; die Problematik der Vorgehensweise wird jedoch sofort klar, wenn zur Entwicklung der statistischen Beziehungen nicht nur die letzten 100 Jahre, sondern die letzten 500 oder 1000 Jahre verwendet werden (vgl. Abb. 11.10). Der CO_2-Gehalt der Atmosphäre des vorindustriellen Zeitalters wird bekanntlich als nahezu konstant angesetz, so daß die Temperaturschwankungen der letzten 500 Jahre für diesen Zeitraum mit Sicherheit keinen statistisch signifikanten Zusammenhang aufweisen. (Gute Zusammenhänge zwischen CO_2-Gehalt derAtmosphäre und der globalen Mitteltemperatur ergeben sich jedoch, wenn man in Jahrtausenden rechnet.) Bei rein statistischen Verfahren zur Klimaprognose ist daher ein gehöriges Maß an Skepsis angebracht. Statistische Modelle haben ihren Platz in der Klimatologie als diagnostisches Werkzeug, zur Modellierung von Zusammenhängen zwischen den Prognosen globaler Zirkulationsmodelle und lokalen Ausprägung der globalen Veränderungen, zur Beschreibung eines Klimazustandes oder im Zusammenhang mit der Verifikation globaler Zirkulationsmodelle (GCMs).

Boxmodelle

Diese Modelle gehören zum Typ der Energiebilanzmodelle, die die Erde als Ganzes betrachten oder sie in wenige Boxen unterteilen. Sie stellen eine extreme Vereinfachung des Klimageschehens dar. Die Atmophäre und der Ozean werden durch einige wenige, global gemittelte Wärmespeicher dargestellt und gehen auf Sellers (1965) und Budyko et al (1985) zurück. Eine Aussage über die lokale und regionale Ausprägung von Klimaänderungen, wie sie mit GCMs möglich sind, können mit diesem Modelltyp nicht geleistet werden. Wohl aber ist eine Abschätzung der zeitlichen Entwicklung der globalen Mitteltemperatur möglich. Durch die Berücksichtigung der Wärmespeicherung in tieferen Ozeanschichten konnte z. B. mit diesen Modellen die Trägheitswirkung des Wärmespeichers Ozean relativ gut simuliert werden und somit der zeitliche Verlauf des Anstieges der globalen Mitteltemperatur für verschiedene Klimaszenarien (CO_2-Szenarien) untersucht werden. Für weitergehende Simulationen sind diese Modelle jedoch nur sehr begrenzt einsetzbar.

Zirkulationsmodelle

Klimamodelle der Atmosphäre sind vom Wesen her Wettervorhersagemodelle, wie sie nunmehr seit Jahrzehnten in den meisten meteorologischen Vorhersagezentren eingesetzt werden (vgl. Kap. 6). Der entscheidende Unterschied zwischen Wetter- und Klimamodell liegt in der horizontalen Auflösung und der daraus resultierenden adäquaten Parametrisierung subskaliger Prozesse, wie z. B. Verdunstung, Niederschläge, Reibung, Orographie usw. Für Langzeitsimulationen >100 Jahre werden aufgrund der begrenzten Rechnerkapazität derzeit Modelle mit einer Maschenweite von etwa 250 km gerechnet. Während die erste Generation Atmosphärischer-Globaler-Zirkulationsmodelle (AGCM) noch mit Gitterweiten von ca. 500 km und mit klimatologischen Mittelwerten der Wasseroberflächentemperatur rechnete, ist es heute Standard, eine Kopplung mit einem Ozean-Globalen-Zirkulationsmodell (OGCM) vorzunehmen, so daß eine wechselseitige Beeinflussung zwischen Ozean und Atmosphäre simuliert wird. Aus der Vielzahl vorhandener Klimamodelle werden 4 wichtige Forschungszentren, an denen gekoppelte OGCMs gerechnet werden, ausgewählt. Tabelle 11.4 gibt die wesentlichen Eigenschaften dieser Modelle wieder. Wie kommt man nun zu einer Klimaprognose?

Der erste Schritt zur Anwendung eines Klimamodells für Szenarienrechnungen ist die Simulation des gegenwärtigen Klimas. Ausgehend von einer oder mehreren vorzugebenden Startwetterlagen wird das Klimamodell so lange gerechnet, bis sich ein stabiler Zustand einstellt, d. h. daß möglichst alle durch das Modell erzeugten Zirkulationsmuster in Häufigkeit und Ausprägung sich nicht mehr ändern. Der Vergleich mit der Wirklichkeit zeigt dann, wie gut die Modellsimulation das heutige Klima reproduzieren kann. Globale Klimamodelle sollten z. B. in der Lage sein, die Häufigkeit und Ausprägung der Tiefdruckgebiete in den gemäßigten Breiten, das Passatwindsystem oder den jahreszeitlichen Rhythmus der Monsun-Niederschläge gut zu beschreiben. Bei den Ozeanmodellen kommt es darauf an, daß die großen Meeresströmungen, wie der Golfstrom, Humboldtstrom, Zirkumpolarstrom oder die äquatorialen Strömungssysteme, richtig erfaßt und die dreidimensionale Temperatur- und Salzgehaltverteilung in den Ozeanen realistisch wiedergegeben werden. Alle gängigen Klimamodelle sind anhand des heutigen Klimas validiert und untereinander verglichen worden. Dies gilt sowohl für die AGCMs als auch für die OGCMs. Nach Einschätzung der Modellentwickler werden die globalen Zirkulationssysteme durch die Klimamodelle befriedigend reproduziert.

Auf diesen Kontrollrechnungen aufbauend, werden nun Szenarien simuliert, d. h. es werden bestimmte Modellvorgaben geändert, wie z. B. eine Verdopplung des CO_2-Gehaltes der Modellatmosphäre oder eine Variation des Salzgehaltes im Nordatlantik. Ein Szenario sagt somit noch nichts darüber aus, ob diese Annahmen eintreten werden, sondern nur darüber, wenn sie so eintreten würden, wie dann die Antwort des Klimasystems unserer Erde sein könnte.

Bevor wir uns die Ergebnisse von Klimaszenarienrechnungen näher anschauen, ist es notwendig, sich die derzeitigen Grenzen und Voraussetzungen der durchgeführten Klimasimulationen vor Augen zu führen: Mit welchen Problemen haben die Modelleure zu kämpfen?

1. Die horizontale und vertikale Auflösung der Modelle
Betrachtet man die reale Atmosphäre so findet man ein Kontinuum unterschiedlichster Prozesse und Erscheinungen vor, die von den kleinsten Fluktuationen im molekularen Bereich bis hin zu planetaren Wellen reichen. Dies gilt in vergleichbarer Weise auch für Ozeane. All diese Prozesse beeinflussen sich wechselseitig und bedingen dadurch die schier unerschöpfliche Vielfalt des Wetter- und Klimageschehens auf allen räumlichen und zeitlichen Skalen.

Modelle stellen immer eine mehr oder weniger starke Approximation der Realität dar. Dabei gilt: je größer die Maschenweite, desto mehr Erscheinungen fallen buchstäblich durch die Maschen hindurch. Bei einer für heutige Klimamodelle üblichen Maschenweite von 250 km (T42-Modelle) können nur atmosphärische Wellen erfaßt werden, die eine horizontale Ausdehnung von mehr als 750 km haben. Regionale Besonderheiten des Wetter- und Klimageschehens lassen sich mit dieser Modellklasse nur unbefriedigend vorhersagen. Hier werden andere Wege beschritten, die auf den Ergebnissen globaler Zirkulationsmodelle aufsetzen (siehe Kap. 11.4).

2. Parametrisierung von Prozessen.
Aus den Ausführungen in Kap. 11.2 wurde die ungeheure Vielfalt der physikalischen und biologischen Prozesse deutlich, die in ihrer Vernetzung das Klima auf unserer Erde prägen. Auch durch den Einsatz von Hochleistungsrechnern können numerische Modelle die komplexen Wechselwirkungsmechanismen unseres Klimasystems nur unvollständig erfassen. Meist verbergen sich hinter scheinbar einfachen Prozessen, wie z. B. Ausdehnung der polaren Eisschilde oder Süßwassereintrag in die Ozeane, selbst wieder komplexe Zusammenhänge, die gesondert

Modelltyp	Schichten	Parametrisierung	Angekoppelte Modelle
National Centre of Atmospheric Research, Boulder, USA	hydrostatisch, spektral, R15	9	Konvektion, Wolken, Vegetation, Strahlung, Grenzschicht- prozesse	thermodynamisches Meereismodell, keine Flußkorrektur
Geophysical Fluid Dynamics Laboratory, Princeton, USA	spektral, R30	14	Wolken, Strahlung, Grenzschichtpro- zesse	thermodynamisches Meereseismodell, Flußkorrektur für Wärme und Frischwasser
Meteorological Office, Bracknell, UK	hydrostatisch, Gitterpunkts- modell	19	Wolken, Vegetation, Strahlung, Grenzschichtpro- zesse, Meereseis	dynamisches Meereismodell, Flußkorrektur Frischwasser, und für Wärme
Deutsches Klimarechenzentrum, Hamburg (DKRZ)	hydrostatisches spektrales Modell, T21/ T42/ T106	19	Konvektion, Wolken, Vegetation, Strahlung, Grenzschicht- prozesse,	thermodynamisches Meereseismodell, Flußkorrektur für Wärme, Frisch- wasser,Meeresober- flächentemperaturen, 5-Schichten Boden modell

Tabelle 11.4. Steckbrief der vier verbreitetsten Klimamodelle (stark vereinfacht)

modelliert und angekoppelt oder parametrisiert werden müßten. Unter einer Parametrisierung versteht man nun die Kunst, wesentliche Zusammenhänge und Ab-
hängigkeiten mit möglichst geringem Rechenaufwand so zu erfassen, daß sie für
einen bestimmten Modelltyp die beste Anpassung erreichen. Auch dem "Nicht-
fachmann" wird schnell klar, daß bei der Vielzahl der zu parametrisierenden Prozesse nicht nur physikalisches Verständnis, sondern auch eine Portion Einfüh-
lungsvermögen notwendig ist. Unterschiedliche Modellversionen unterscheiden
sich meist durch die Art der Parametrisierung dieser Prozesse. Ein realitätsnahes
Klimamodell sollte die interne Dynamik und die wechselseitige Kopplungen der
vier Klimasubsysteme Atmosphäre, Ozean, Kryosphäre (Schnee- und Eisflächen)
und Biosphäre sowie die alle Subsysteme umfassenden, biochemischen Stoffkreis-
läufe als Funktion von Raum und Zeit simulieren. Bisher scheint es gelungen zu
sein wesentliche Komponenten zu simulieren. Eine Überprüfung der Leistungsfä-
higkeit der Klimamodelle ist derzeit jedoch nur durch die Simulation des Jetztkli-
mas möglich. Beim Modellvergleich darf man jedoch nicht unberücksichtigt lassen, daß alle Modelle am Jetztklima selbst optimiert wurden. Ein endgültiger

Beweis für die Anwendung der Modelle auf Klimaszenarien steht somit noch aus, z. B. durch die Simulation von Paläoklimaten, den Klimaten vergangener Epochen der Erdgeschichte.

3. Unberücksichtigte Prozesse.

Ein weiteres Element der Unsicherheit bei Klimaszenarienrechnungen ist die unvollständige Berücksichtigung von Teilaspekten des Klimasystems. Dies ist einerseits durch derzeit noch unvollständiges Wissen, wie es für den Kohlenstoffkreislauf der Fall ist, gegeben oder sie lagen bislang noch außerhalb der Betrachtungsweise. Spurengase, die ein mehrfaches an Wirksamkeit von CO_2 haben (vgl. Tab. 11.2) wurden bisher nur als CO_2-Äquivalente berücksichtigt, ohne die Höhenabhängigkeit des Treibhauseffektes unterschiedlicher Spurengase zu berücksichtigen. Die Auswirkung veränderter Tierhaltung (Emission von Methan aus Rindermägen) oder die intensive Landnutzung (Reisanbau als Emittent von Methan) wie auch erhöhte Aerosolkonzentration als Folge zunehmender anthropogener SO_2-Emission sind weitere Unsicherheitsfaktoren.

4. Mögliche Klimainstabilitäten.

Wie aus Eisbohrkernen von Grönland bekannt wurde (s. Kap. 11.2), scheinen am Ende der letzten Eem Warmzeit vor 10.000 Jahren drastische Klimaänderungen innerhalb weniger Jahrzehnte stattgefunden zu haben. Dies legt die Vermutung nahe, daß eine Klimaänderung kein kontinuierlicher Prozeß sein muß, sondern daß das Klima auch plötzlich zu einem anderen Zustand gleichsam "springen" kann. Hervorgerufen werden können solche Schwankungen durch den Zusammenbruch der physikalischen Pumpe oder einem Ereignis, wo ein plötzlicher starker Süßwassereintrag die thermohaline Schichtung des Nordatlantiks nachhaltig stört. Modellsimulationen mit veränderter thermohaliner Schichtung im Nordatlantik zeigen, daß solche sprunghaften Veränderungen des Klimas möglich sind. Klimaszenarienrechnungen mit einer vierfachen Erhöhung des CO_2-Äquivalentes führten hingegen erst nach 400 Prognosejahren zum plötzlichen Zusammenbruch der nordatlantischen Tiefenzirkulation. Die Bedingungen für das Auftreten solcher plötzlichen Klimaveränderungen hängt jedoch im Modell stark von der Art und Stärke der Kopplung zwischen Ozean und Atmosphäre ab. Diese Kopplungsprozesse sind erst ungenügend erforscht. Das mögliche Auftreten der erwähnten Instabilitäten mahnt jedoch zur Vorsicht bei der Interpretation von Klimaprognosen.

5. Der Kaltstartfehler.

Das reale Klimasystem befindet sich nie in einem perfekten Gleichgewichtszustand. Da für den Start der Klimamodelle dieser Gleichgewichtszustand vorausgesetzt wird, lagen die prognostizierten Erwärmungsraten bisher in den ersten Jahrzehnten einer Klimasimulation unter denen, die durch Boxmodelle vorgegeben waren. Die Trägheit der ozeanischen Wassermassen läßt das Modell im Falle einer globalen Erwärmung der Atmosphäre quasi hinter der Realität herhinken. In der Realität hat sich ein vorhandener Erwärmungsprozeß in den Ozeanen schon manifestiert. Dieser Fehler läßt sich jedoch durch ein "Warmlaufen" des Modells relativ leicht korrigieren.

6. Tuning der Flüsse zwischen gekoppelten Modellen.
Bei der an sich notwendigen Kopplung zwischen Ozean- und Atmosphärenmodellen findet man das Problem der sogenannten Modelltrift. Darunter versteht man eine Inkonsistenz an den Kopplungsflächen (Ozeanoberfläche–atmosphärische Grenzfläche) die zu unrealistischen Masse- und Energieflüssen führt. Verursacht wird dieses Phänomen dadurch, daß beide Modelle bei Vorgabe gleicher Randdaten getrennt bis zu einem Gleichgewichtszustand gerechnet und erst danach verkoppelt werden. Das gekoppelte System benötigt dann erneut, wegen der großen Trägheit der Ozeane, eine nicht unerhebliche Einschwingphase. Wie Experimente zeigen, liegt zudem der gekoppelte Gleichgewichtszustand häufig weit vom realen Klima entfernt. Als Ausweg aus diesem Dilemma wird eine Flußkorrektur (Anpassung der Energieströme zwischen den Grenzflächen der Modelle) vorgenommen. Bisher ist es nicht bekannt, ob die Flußkorrektur sich negativ auf Klimaänderungsexperimente auswirkt. Laut Statusbericht des wissenschaftlichen Klimabeirates (1996) driftet bei Nichtanwendung der Flußkorrektur das gekoppelte Modell in einen Zustand, der es verbietet, diese Ergebnisse für andere Studien weiter zu verwenden.

7. Einfluß von Meßreihen der Temperatur und des Niederschlages auf Modellprognosen.
Das natürliche Klimasystem unterliegt Schwankungen, die sowohl räumlich als auch zeitlich weite Bereiche abdecken (s. Abb. 11.10). Ein anthropogenes Signal aus den natürlichen Witterungs- und Klimaschwankungen herauszufiltern ist äußerst schwierig. Die Zeitreihe der aus Meßdaten rekonstruierten globalen Mitteltemperatur der letzten 100 Jahre zeigt einen Anstieg der Temperatur von ca. 0,7 K. Dies steht in Übereinstimmung mit den Modellrechnungen, wie es im Statusbericht des wissenschaftlichen Klimabeirates heißt. Wurden die Modelle nicht vielmehr auf diesen Anstieg getrimmt? Was wäre, wenn der Temperaturanstieg zum großen Teil nur auf die zunehmende Urbanisierung zurückzuführen ist? Sind dann die Modelle falsch? Kwang-Y. Kim (1996) untersuchte für das Gebiet der USA Temperaturmeßreihen unterteilt nach Städten >1 Million Einwohner, 100.000–1 Million und <100.000 Einwohner. Nach diesen Untersuchungen wiesen die Millionenstädte für die vergangenen 100 Jahre einen Temperaturanstieg von 3,14 K auf, während Kleinstädte praktisch keinen Temperaturanstieg verzeichneten. Auch eine Änderung der Meßmethodik und der Meßinstrumente muß in den Zeitreihen berücksichtigt werden. Homogenisiertes Datenmaterial ist letztlich die Voraussetzung für eine zuverlässige Optimierung der Klimamodelle und somit für die Zuverlässigkeit von Klimaszenarien.

8. Klima ein chaotisches System im Sinne der Chaostheorie?
Bei der Komplexität der Zusammenhänge ist es nicht verwunderlich, daß das Wettergeschehen ein chaotisches System ist, und daraus resultierend gibt es eine prinzipielle Grenze der Vorhersagbarkeit (vgl. Kap. 7). Dieser Umstand wird von einigen Kritikern auch auf die Klimaprognosen selbst übertragen, mit der

Schlußfolgerung, daß Klimaprognosen aus prinzipiellen Gründen nicht erfolgreich sein können. Hier werden jedoch zwei verschiedene Tatsachen vermischt. In der Sprache der Chaostheorie wird unser gegenwärtiges Klima durch einen Attraktorraum beschrieben, vorstellbar als ein multidimensionaler Raum, der die Variabilität und den Grundzustand des Klimasystems beschreibt. Die Trajektorien des Wetters innerhalb dieses fiktiven Raumes tragen in der Tat chaotischen Charakter, d. h. indem sie durch Bifurkationspunkte gehen, ist die Vorhersagbarkeit des Wetters grundsätzlich begrenzt. Da es bei der Klimaprognose jedoch nicht um die Vorhersage von Einzelereignissen geht, sondern um die Prognose des "mittleren" Wetters und seiner Variabilität, trägt eine allmähliche Verschiebung des Attraktorraumes, wie sie durch Klimamodelle vorhergesagt wird, keinen chaotischen Charakter. Offen bleibt jedoch, ob unser Klimasystem nicht zwischen verschiedenen Grundzuständen bzw. Attraktorräumen indeterministisch springt, wie jüngste Ergebnisse aus Eisbohrkernen vermuten lassen. Dann wäre unser Klimasystem in der Tat nur für begrenzte Zeiträume vorhersagbar.

9. Die Anzahl freier Modellparameter – „Schrauben" ohne Ende?
Klimamodelle sind eine Modellvorstellung von den komplexen Mechanismen des Wetter- und Klimageschehens. Sie müssen mit mehr oder weniger guten Näherungen der Wirklichkeit leben. Das Zauberwort zur Beschreibung komplexer Subsysteme in Modellen heißt: Parametrisierung. Es wird versucht, die generalisierte Wirkung komplexer, meist kleinräumiger Prozesse auf die Modellphysik möglichst einfach, aber treffend zu beschreiben.

Zur Veranschaulichung betrachten wir den Wärmestrom der durch Verdunstung/Kondensation zwischen der Erdoberfläche und der Atmosphäre vonstatten geht. Er hängt vom Wassergehalt des Erdbodens und somit von der Bodenart, der Temperaturdifferenz zwischen Erdoberfläche und den untersten Atmosphärenschichten sowie der Windgeschwindigkeit ab. Einen wesentlichen Einfluß hat zudem die Vegetation, da im Sommer der überwiegende Teil der Verdunstung durch Pflanzen geschieht. Damit spielt der Bedeckungsgrad mit Pflanzen, die Belaubung, die Tiefe der Wurzeln, der Grundwasserstand und die Pflanzenart in diesem Prozeß eine wesentliche Rolle. Aber auch die Verteilung freier Wasseroberflächen muß im Modell berücksichtigt werden. Wie soll diese raum-zeitliche Variabilität für eine Gitterbox von 250 km Seitenlänge zusammengefaßt werden? Es bedarf schon eines groben Keiles für grobe Boxen. Im einfachsten Falle verwendet man sogenannte Bulkansätze, die die Verdunstung als Funktion der Temperaturdifferenz zwischen Modellunterlage (Erdboden) und der untersten Modellschicht, der Windgeschwindigkeit und einem Austauschkoeffizienten beschreiben, der von Gitterbox zu Gitterbox variiert. Die meisten Wettervorhersagemodelle verwenden natürlich komplexere Ansätze, wobei angekoppelte Erdbodenmodelle die Prozesse im Boden beschreiben.

Das Beispiel sollte nur verdeutlichen, daß es die Kunst der Modelleure ist, mit physikalischen Sachverstand eine Vielzahl von Prozessen im Modell so abzustimmen, daß das bestmögliche Endergebnis für eine Modellklasse erreicht wird. Für Wettervorhersagemodelle erfolgt die Anpassung der Modelle am täglichen Wettergeschehen durch aufwendige Verifikationsverfahren. Für Klimamodelle stehen jedoch maximal 100jährige Beobachtungsreihen zur Verfügung, von denen wir annehmen, daß sie unser gegenwärtiges Klima genügend genau beschreiben.

10. Ensemblestrategie zur Stabilisierung von Klimaprognosen.
In der täglichen Wettervorhersage hat die Ensembletechnik zu einer Erhöhung der Zuverlässigkeit mittelfristiger Prognosen beigetragen, und die mögliche Variabilität des zukünftigen Wettergeschehens kann besser abgeschätzt werden (vgl. Kap. 7). Ihre Anwendung bei der Klimaprognose stößt jedoch derzeit noch auf objektive Grenzen. Schon die Simulation eines Klimaszenarios benötigt viele 100 Stunden Rechenzeit selbst mit den leistungsfähigsten Computern. Versuche mit einem gekoppelten Ozean-Atmosphären-Modell zeigen, daß die Anfangsbedingungen, also die Wettersituation, mit der das Modell startet, eine Variation der globalen Mitteltemperatur bis zu einem Grad bewirken kann. Dies ist eine nicht zu unterschätzende Größenordnung, wenn man bedenkt, daß der prognostizierte Temperaturanstieg bei einer Verdopplung der CO_2- Konzentration in den nächsten 100 Jahren bei 2,5°C liegt. Auch Klimaprognosen unterschiedlicher Modellvarianten (meist verschiedene Arten der Parametrisierung und Approximation subskaliger Prozesse) geben einen wichtigen Aufschluß über die Bandbreite möglicher Klimaänderungen.

OGCM-Simulationen zur Identifikation des anthropogenen Klimasignals am Max-Planck-Institut in Hamburg zeigen, daß im Einzellauf das Signal erst nach 20 Modelljahren aus dem allgemeinen Rauschen heraus erkannt werden konnte, bei Monte-Carlo-Experimenten mit leicht geänderten Anfangsbedingungen das Signal aber bereits nach 10 Modelljahren sichtbar wurde.

11.5 Regionalisierung von großräumigen Klimaprognosen

Führt man sich die grobe horizontale und vertikale Auflösung gegenwärtiger Klimamodelle vor Augen, so wird deutlich, daß zwar globale Zirkulationssysteme (Polarwirbel, Westwindströmung der gemäßigten Breiten oder subtropische Zirkulationssysteme) erfaßt werden können, die regionale Ausprägung globaler Klimaänderungen mit solchen Modellen jedoch nicht modelliert werden kann. Von besonderem, meist nationalem Interesse sind jedoch die regionalen und lokalen Auswirkungen großräumiger Klimaänderungen: Wird das Klima in Deutschland wärmer und trockener? Nehmen extrem heiße Sommer zu? Treten vermehrt Stürme auf? Müssen wir mit einem Anstieg des Meeresspiegels rechnen? Werden sich als Folge von steigenden Temperaturen Krankheiten ausbreiten, die für wärmere Klimate typisch sind? Auf diese und viele andere Fragen geben globale Klimamodelle keine Antwort. Hier setzen Methoden der Klimaregionalisierung oder des "downscaling", wie es in der Meteorologie heißt, an, die ihrerseits die Prognosen von GCMs als Eingangsgrößen in ihren Modellen verwenden. Diese Ergebnisse sind wiederum notwendige Daten für die Klimafolgenforschung.

Es werden grundsätzlich drei Wege beschritten, um detaillierte Aussagen über lokale und regionale Ausprägungen von Klimaänderungsszenarien zu erhalten:

1. Regionale Klimamodelle.

Klimamodelle können grundsätzlich nur als globale Modelle gerechnet werden, so daß keine seitlichen Begrenzungen des Modellgebietes vorhanden sind. Aufgrund der begrenzten Kapazität selbst superschneller Rechner und der langen Integrationszeiträume (Prognosezeiträume), sind einer Verfeinerung der horizontalen und vertikalen Gitterpunktauflösung enge Grenzen gesetzt. Gängige Modelle rechnen mit Gitterweiten von ca. 250 km. Verfeinert man die Auflösung nur um die Hälfte, so steigt die benötigte Rechenzeit um den Faktor 4–6. Damit können bei gleicher Rechenzeit nur entsprechend kürzere Zeiträume simuliert werden. Ein Ausweg aus diesem Dilemma ist die in der Wettervorhersage gebräuchliche "Nestung" von Modellen. An den Rändern eines feinmaschigen Modells werden die Prognosen eines globalen Modells mit grober Gitterpunktauflösung vorgeschrieben. Um lokale Effekte durch solche Modelle zu simulieren sind Gitterweiten in der Größenordnung von 5 km notwendig, bei entsprechend aufwendiger Modellphysik. Ein weiteres Problem kommt hinzu: Die Prognosen globaler Klimamodelle lassen sich nicht direkt als Randwerte solch hochaufgelöster Regionalmodelle verwenden, da die grobe Auflösung des Wettergeschehens die vielen "Zwischentöne" vermissen läßt, die für das Regionalmodell notwendig sind. Als Folge dessen benötigt man eine Kaskade von Modellen, die das Wetter- und Klimageschehen stufenweise bis auf den kleinsten Skalenbereich herunterbrechen. Diese Vorgehensweise verspricht letztlich die besten Resultate, ist jedoch so aufwendig, daß derzeit nur wenige Modellsimulationen durchgeführt werden. Ein weiterer Nachteil des Verfahrens, der erst bei Klimamodellen voll zum Tragen kommt, ist die einseitige Kopplung der Modelle, d. h. das übergeordnete globale Klimamodell treibt das untergeordnete Modell an, ohne daß die Antwort des hochauflösenden Modells im übergeordneten Modell berücksichtigt wird. Regionale Besonderheiten, die sich infolge möglicher Klimaänderungen verstärken, bleiben im globalen Modell unberücksichtigt. Solche zweiseitigen Kopplungen sind jedoch noch in weiter Ferne.

2. Statistische Verfahren.

Die Verwendung statistischer Verfahren zur Regionalisierung ist sehr effizient. Sie gehen davon aus, daß lokale Wetterelemente in großräumigen Parametern, wie z. B. Druckverteilung, Zirkulationsparametern oder Stabilitätsgrößen der Atmosphäre, ihre Entsprechung finden. Vergleichbare Methoden werden in der statistischen Wettervorhersage schon seit vielen Jahren angewandt.

Die statistischen Verfahren (Analogie, Regression, Kanonische Korrelation, Hauptkomponentenanalyse, um nur wenige zu nennen) werden an historischen Datenreihen entwickelt und auf die Outputs von Klimamodellen angewandt. Dabei ist es besonders wichtig, lange Datenreihen (>30 Jahre) zu verwenden, und wie für statistische Verfahren dringend erforderlich, die statistische Stabilität der abgeleiteten Beziehungen zu garantieren.

Bei der Anwendung der statistischen Modelle auf die Vorhersagen der globalen Klimamodelle setzt man außerdem Stationarität voraus, d. h. daß gleiche großräumige Zirkulationsmuster auch in Zukunft mit den gleichen lokalen Wettererscheinungen verbunden sind, wie dies gegenwärtig der Fall ist. Man setzt also voraus, daß die lokalen Änderungen ausschließlich durch eine Änderung der großräumigen Zirkulation hervorgerufen werden und nicht zusätzlich durch eine lokale Ei-

gendynamik der Prozesse. Dies ist eine gravierende Voraussetzung, wenn man bedenkt, daß z. B. nach dem Abschmelzen eines Alpengletschers bei nur wenig geän-
derter großräumiger Zirkulation drastische lokale Veränderungen auftreten werden. Eine weitere Unsicherheit besteht darin, daß sich Fehler der GCM-Simulation
über das Regionalisierungsverfahren auf lokaler und regionaler Ebene abbilden.
Dies trifft letztlich für alle Regionalisierungsmethoden zu.

3. Gekoppelte dynamische und statistische Verfahren.
Bei den gekoppelten Verfahren werden hochauflösende numerische Modelle für
bestimmte atmosphärische Grundmuster gerechnet. Dies können stilisierte Felder
sein oder typische Vertreter objektiv erhaltener Großwetterlagen, wie sie z. B. von
Enke und Spekat (1996) für Regionalisierungszwecke abgeleitet wurden. Für diese
Wettertypen werden die lokalen Besonderheiten z. B. des Alpenraumes (Frey-Buness et al. 1995) berechnet. Unter der Voraussetzung, daß das künftige Klima sich
aus einer veränderten Häufigkeit der Großwetterlagen ergibt, läßt sich aus den
Modellsimulationen das geänderte lokale Klima ableiten. Die benötigten Großwetterlagen werden aus Szearienrechnungen von OGCM-Simulationen extrahiert.

11.6 Ergebnisse von Klimaprognosen

In den bisherigen Ausführungen wurde versucht, die Komplexität unseres Klimasystems zu beschreiben und auf die Unwägbarkeiten hinzuweisen, die derzeit den
Klimamodellen noch innewohnen. Trotz der Unsicherheiten wäre es jedoch töricht, die Augen vor den Folgen einer möglichen Klimaänderung zu verschließen
und die warnenden Ergebnisse der Klimasimulationen in den Wind zu schlagen,
wie sie bereits von namhaften meteorologischen Instituten veröffentlicht wurden.
Das Vertrauen in die derzeit gängigen Klimamodelle basiert auf einer befriedigenden Simulation des heutigen Klimas, in seiner raum-zeitlichen Struktur, nicht nur
für die Atmosphäre, sondern auch für die typischen Strömungen des Ozeans. Mittels eines gekoppelten Ozean-Atmosphären-Modells wurden El-Niño-Vorhersagen
und die kurzzeitigen Klimaschwankungen nach dem Ausbruch des Pinatubo im
Juni 1991 erfolgreich prognostiziert.
    Die Langzeitsimulationen der 4 gängigen Klimamodelle (Tabelle 11.4) liegen be-
züglich des Anstieges der globalen Mitteltemperatur relativ nahe beieinander. Das
bekannte IPCC (Intergovernmental Panel on Climate Change) Szenario A (busi-
ness as usual – wir machen so weiter wie bisher) nimmt bis zum Jahr 2050 eine
CO_2-Verdopplung und bis zum Jahre 2100 eine Verdreifachung des CO_2-Gehaltes
der Atmosphäre im Vergleich zum jetzigen Zustand an. Der globale Temperaturanstieg wird nach diesen Modellrechnungen im Jahre 2050 bei +2,5°C mit einer Feh-
lergrenze von ±1,5°C liegen. Die Streuung über alle Modellaussagen liegt bei nur
0,5°C. Die angegebenen Fehlergrenzen resultieren aus Unsicherheiten im Wasserkreislauf, vor allem was die Rolle der Bewölkung im Klimasystem betrifft, sowie
möglicher Änderungen ozeanischer Zirkulationssysteme. Die geographische Verteilung der Erwärmung ist jedoch stark modellabhängig. Übereinstimmend wird
eine mehr oder weniger starke Erwärmung in den polaren und gemäßigten Breiten vorhergesagt.

	Heute	Bei Reduzierung von CO_2-Ausstoß um 75%
Erdöl	0,6	
Elektrizität	0,9	3,6
Alternative CO_2-freie Energieträger	-	-
Verbleibende fossile Energieträger	-	0,9
Rest	1,0	0,3
Summe	2,5	4,8

Tabelle 11.5. Weltenergiekosten. (Nach Bild der Wissenschaft 2/94)

OGCM-Simulationen erreichen nach der Korrektur des Kaltstartfehlers nur 66% Temperaturanstieg der GCM bzw. der Klimaprognosen mit Boxmodellen. Die Ursache liegt in der Wärmespeicherung der Ozeane. Hält man die CO_2-Konzentration auf dem Niveau des Jahres 2050 fest, so erreichen die OGCMs etwa für das Jahr 2100 den Gleichgewichtszustand mit $+2,5°C$ wärmer als heute.

Ein bisher noch nicht berücksichtigter Faktor stellt die Einbeziehung von Aerosolen im Zusammenhang mit den zunehmenden Sulfatemissionen dar. Ihre Berücksichtigung in den Modellen am DKRZ (Deutsches Klimarechenzentrum) und am Hadley Centre führte zu einem, um etwa 1°C langsameren Anstieg der globalen Mitteltemperatur im Vergleich mit den bisherigen Rechnungen. Die Modelle berücksichtigen jedoch nur die erhöhte Albedo, verursacht durch Aerosole und nicht die veränderte Verteilung und Strahlungseigenschaften der Wolken. In Anbetracht der Kurzlebigkeit der Aerosole und des durch die Sulfataerosole verursachten sauren Regens, wäre es mehr als töricht, die globale Erwärmung durch vermehrten SO_2-Ausstoß zu bekämpfen. Experimente am DKRZ in Hamburg zeigen, daß es durchaus sinnvoll ist, Präventivmaßnahmen gegen den zunehmenden CO_2-Ausstoß zu treffen, wie es auf den Umweltkonferenzen in Rio, Berlin und Kyoto immer wieder gefordert wurde. Das Modellszenario D (drastische Maßnahmen) nimmt, nach einer Übergangsperiode des "Einfrierens" der gegenwärtigen CO_2-Emissionen, eine allmähliche Abnahme des CO_2-Gehaltes der Atmosphäre an. Die Rechnungen ergaben einen globalen Temperaturanstieg von weniger als 1°C für die nächsten 100 Jahre.

Werden wir den CO_2-Ausstoß wirklich weltweit reduzieren?

In diesem Zusammenhang kommen drei entscheidende Faktoren ins Spiel:
1. Es ist evident, daß der CO_2-Ausstoß linear mit der Bevölkerungszahl auf unserer Erde wächst. Bis weit in das nächste Jahrhundert wird sich das exponentielle Wachstum der Weltbevölkerung fortsetzen, obwohl nach jüngsten Veröffentlichungen der WHO 1996 eine Verlangsamung des Zuwachses zu verzeichnen war.

	Gesamt	Tonnen CO2-Ausstoß pro Kopf
Asien	2009	0,75–1,5
Nordamerika	1866	>3,75
Osteuropa	1176	3,0–3,75
Westeuropa	1155	1,5–2,25
Lateinamerika	399	1,5–2,25
Afrika	282	0,75–1,5
Ozeanien	87	0–0,75

Tabelle 11.6. Energieverbrauch von 1993, ausgewählte Regionen in Milliarden Litern Rohöl. (Nach Fischer, Weltalmanach 1996 und Atmosphäre, Klima, Umwelt von Paul J. Crutzen, Spektrum der Wissenschaft, 1996.)

2. Eine Umstellung der Weltenergieversorgung auf CO_2-freie Energieerzeugung hätte nach Untersuchungen von K.-P. Möller vom Pestel-Institut Hannover und P. K. Binas von der Harvard Universität (USA) eine Verdopplung des Energiepreises zur Folge (Tabelle 11.5), wobei gleichzeitig die Energieproduktion selbst aufgrund der – energetisch gesehen – ineffizienteren Technologien von ca. 10 auf ca. 17 Milliarden Steinkohleneinheiten steigen müßte (Stand 1994; BDW 94/2).
3. Die Diskrepanz des Energieverbrauches zwischen den Industrienationen der Nordhalbkugel und den ärmeren Ländern wird zukünftig so nicht fortbestehen (Tabelle 11.6). Immerhin verbrauchte ein US-Bürger 1993 rund 50mal mehr Energie als ein Bewohner von Bangladesch und liegt damit an der Weltspitze im Pro-Kopf-Energieverbrauch. Die in den letzten Jahren sprunghaft gestiegene Industrialisierung der Länder Südostasiens läßt den Gesamt-CO_2-Ausstoß auf der Erde weiter ansteigen.

Da es bei einer globalen Erwärmung immer Verlierer und Gewinner geben wird und auch den unterentwickelten Ländern ein industrielles Wachstum zugestanden werden muß, dürfte jedoch daß Szenario D wenig Chancen haben. Die Zeichen für konkrete Maßnahmen stehen schlecht. Gab es auf der Klimakonferenz von Rio 1992 noch eine Art von Aufbruchstimmung mit dem ehrgeizigen Ziel der Verringerung des CO_2-Ausstoßes gegenüber 1987 um 25%, so waren die Töne 1995 in Berlin schon viel bescheidener und verkamen auf den Umweltgipfeln der Vereinten Nationen in New York und Kyoto 1997 zu einer Farce. Die USA als größter Pro-Kopf-Energieverschwender der Welt (fast doppelt so hoch wie in Europa und 10mal so hoch im Vergleich mit den Entwicklungsländern) sind nicht bereit, wirksame Maßnahmen zu ergreifen. Nach einer Studie des Essener Naturphilosophen und Kulturforschers K. Meyer-Abich, der sich auf Untersuchungen der IASA (International Applied System Analysis) und das IPCC stützt, werden bei einer avisierten Erwärmung von 2,5°C (Szenario A einer CO_2-Verdopplung) zunehmende

Versteppungen im Süden der USA angenommen, die landwirtschaftlichen Nutzflächen dafür aber nach den Staaten Minnesota, Wisconsin und das nördliche Michigan verlagert. Das schafft allenfalls ein Problem der Umverteilung. Handfeste Vorteile bei einer möglichen Klimaerwärmung versprechen sich auch Island, Rußland, Kanada und China. Beträchtliche Vorteile sieht Meyer-Abich für die reichen Industrieländer des Nordens: Längere Sonnenscheindauer und wärmere Winter schaffen angenehmere Lebensbedingungen (wenn nicht eine Abschwächung des Golfstromes zu einer Vereisung von Skandinavien und den Alpenländern führt). Die Verlierer sind wohl wieder einmal die armen Länder dieser Erde. Ägypten droht die zunehmende Ausdehnung der Wüsten, in Pakistan und Brasilien sinkt die Getreide/Reisproduktion um 20–30%, in Indien um 5% und Ostindien und Bangladesch drohen nie gekannte Überschwemmungen, wenn der erwartete Meeresspiegelanstieg um ca. 50 cm eintreten sollte. Ganze Inselwelten werden in Ozeanien verschwinden. Gäbe es so etwas wie eine international verpflichtende Ethik, so müßten die Industrienationen schleunigst die Produktion von Treibhausgasen drastisch senken, um nicht mehr auf Umweltkosten der Mehrheit der Menschheit zu leben. In Zeiten, in denen das einzige Kriterium global agierender Industriegiganten die Profitmaximierung ist, sind wir von solchen Zielstellungen noch meilenweit entfernt. Dazu bedarf es erst einer Umorientierung der Wertevorstellungen in den Industrienationen, unabhängig davon, wie sicher oder unsicher die Prognosen der Klimamodelle sind und wie die sozioökonomischen Auswirkungen sein werden. Entscheidend ist, daß wir uns auf den Weg begeben in eine menschlichere Zukunft.

Literatur

Allgemeine deutschsprachige Meteorologie-Bücher

Balzer K (1989) Wettervorhersage – Fortschritte und Grenzen. Urania-Verlag, Leipzig Jena Berlin
Fortak H (1977) Meteorologie. Deutsche Buchgemeinschaft, Berlin
Liljequist G, Cehak K (1984) Allgemeine Meteorologie, 3. Aufl.Vieweg, Wiesbaden
Malberg H (1997) Meteorologie und Klimatologie, 3.Aufl. Springer Berlin Heidelberg New York
Meyers Lexikon (1989) Wie funktioniert das? – Wetter und Klima, Bibliographisches Institut, Mannheim
Wiedersich B (1996) Das Wetter. Enke-/dtv-Verlag, Stuttgart/München

Zitierte Literatur

Balzer K (1982) Weitere Aussichten: wechselhaft, Verlag Neues Leben Berlin
Barnett TP, Latif M, Graham N, Flugel M, Pazan S, White W (1993) ENSO and ENSO-related predictibility. Part 1: Prediction of equatorial Pacific sea surface temperature with a hybrid coupled ozean-atmosphere model. J Climate 6: 1545–1566.
Barston AG, Popelewski CF (1992) Prediction of ENSO episodes using canonical correlation analysis. J Climate 5: 1316–1345.
Bebber V. (1985) Handbuch der ausübenden Witterungskunde, Stuttgart, Enke-Verlag
Bernhardt K (1987) Aufgaben der Klimadiagnostik in der Klimaforschung. Gel Beitr Geophys Leipzig 96/2: 113–126.
Bjerknes V. (1904) Das Problem der Wettervorhersage, betrachtet vom Standpunkte der Mechanik und Physik, Meteorol. Zeitschrift S. 1-7
Bolin B (1986) The carbon cycle. Sci. Am., Vol. 223/3: 124 –135.
Brandes H.W. (1820) Beiträge zur Witterungskunde, Leipzig
Die Botschaft aus dem Eiskern – Interview mit H. Miller und D. Olbers, Klimaforscher am Alfred-Wegner-Institut. Bild der Wissenschaft 2/1994
Broecker WS (1982) Glacial to interglacial changes in ocean chemistry. Prog Oceanogr 11: 151–197.
Broecker WS, Bond G, Klas M (1990b) A salt oscillator in the glacial Atlantic? Paleoceanography 5: 469–477.
Broecker WS, Peng TH, Trumbore S, Bonani G, Wolfi W (1990a) The distribution of radiocarbon in the glacial ocean. Global Biochemical Cycles 4: 103–116.
Budyko MI, Ronov AB, Yanashin AL (1985) History of the earth's atmosphere. Springer, Berlin Heidelberg New York Tokyo.
Dettmann R, Malberg H (1997) 5 Jahre langfristige Temperaturprognosen für Berlin – Verifikation der Vorhersagen. Beilage zur Berliner Wetterkarte vom 5. Mai.
ECMWF, 1997 (persönl. Mitteilung)
Enke W, Spekat A (1997) Downscaling climate model outputs into local and regional weather elements by classification and regression. Climate Research 8: 195-207.

European Centre for Medium-Range Weather Forecasts (ECMWF), Instituts-Beschreibung (1993) Broschüre, S 12.

Exner F.M (1908) Über eine erste Annäherung zur Vorausberechnung synoptischer Wetterkarten, Meteorol. Zeitschrift, S. 57-67

Fairbanks RG (1989) A 17.000-year glacio-eustatic level record: influence of glacial melting rates on the Younger Dryas event and deep-ocean circulation. Nature 342: 637–642.

Flohn H (1954) Grundsätzliche Probleme der Wettervorhersage, Meteorol. Abh. des Inst. für Meteorologie der FU Berlin, Band II Heft 3, S. 189-197

Flohn H (1959) Aktuelle Probleme der aerologischen Synoptik. Ber DWD Offenbach 51, 82–95.

Frey-Buness W, Heimann D, Sausen R (1995) A statistical-dynamical downscaling procedure for global climate simulations. Theor Appl Climatol 50: 117–131.

Geb M, Coradazzi H (1997) Anmerkungen zum Oder-Hochwasser-Regen im Juli 1997. Beil Berl Wetterk SO 22/97.

Gendt G (1996) Field Campaign LINEX 96/1. Deutscher Wetterdienst, Arbeitsergebnisse 39: 40–41.

Griffiths I.F (1977) A Chronology of items of meteorological interest, Bull. Amer. Met. Soc. 58, S. 1058-1067

Gumbricht T (1992) The role of ocean biota in the CO_2 drama. Royal Institute of Technology, Department of Land and Water Resources, Research Report, Stockholm.

Hupfer P, Chmielewski F-M (1990) Das Klima von Berlin. Akademie-Verlag, Berlin.

IMAGE, EUMETSAT: Satellite Meteorology, June 1997

Ji M, Leetmaa A, Kousky VE (1995) Coupled model predictions of ENSO for the 1980 s and the 1990 s at the National Centres for Enviromental Prediction. J. of Climate

Kämtz L.F (1832) Lehrbuch der Meteorologie, Halle, in der Gebauerschen Buchhandlung

Köppen W (1906) Wie erkennt man Blindlingsprognosen, Meteorol. Zeitschrift, S. 347-356

Köppen W (1921) H.W. Dove und wir, Meteorol. Zeitschrift, S. 289–292

Kwang-Y. Kim (1996) Comments on "Regional Simulations of Greenhouse Warming Including Natural Variability". BAMS 77: 1588–1589.

Mahlberg H (1989) Bauernregeln. Ihre Deutung aus meteorologischer Sicht. Springer, Berlin Heidelberg New York Tokyo.

Martin JH (1990) Glacial-interglacial CO_2 change: The iron hypothesis. Paleoceanography 5: 1–13.

Martin JH, Fitzwater SE, Gordon RM (1990) Iron in Antarctic waters. Nature 345: 156–158.

McElroy MB (1983) Marine biological controls on atmospheric CO_2 and climate. Nature 302: 328–329.

Milankovitch M (1941) Kanon der Erdbestrahlung und seine Anwendung auf das Eiszeitproblem. Royal Serbian Academy, Special Publication, Vol. 133.

Mohn H (1898) Grundzüge der Meteorologie, 5. Aufl. Verlag von Dietrich Reimer

Nebeker F (1995) Calculating the Weather, Meteorology in the 20th Century, Academic Press

Orlanski I (1975) A Rational Subdivision of scales for Atmospheric Processes. BAMS 56: 527–529.

Rudimann WF, Kutzbach JE (1991) Plateau uplift and climatic change. Scientific American, March: 42–50.

Scherhag R (1948) Neue Methoden der Wetteranalyse und Wetterprognose, Springer

Schneider-Carius K (1957/58) Das Problem der Vorherbestimmung des Wetters, Wissensch. Zeitschrift der KMU Leipzig, Math.-nat. Reihe Heft 2/3

Schneider-Carius K (1961) Das Klima, seine Definition und Darstellung; zwei Grundsatzfragen Klimatologie. Veröff Geophys Inst Karl-Marx-Univ Leipzig, 2. Ser. 17: 149–222.

Schönwiese CD (1994) Klimatologie. UTB für Wissenschaft Eugen Ulmer Verlag, Stuttgart.

Sellers WD (1965) Physical climatology. University of Chicago Press, Chicago.

Shaffer G (1989) A model of biochemical cycling of phosphorus, nitrogen, oxygen, and sulphur in the ocean. One step toward a global climate model. J Geophys Research 94 : 1979–2004.

Spänkuch D (1993) Annalen der Meteorologie. Deutscher Wetterdienst, Bd. 29, S 51.

Statusbericht des wissenschaftlichen Klimabeirates der Bundesregierung (1996) Stand der Klimaforschung. Ring, München.

Stein B, Immler F et al. (1997) A solid state tunable ozone Lidar. In: Ansmann A et al. (eds) Advances in atmospheric remote sensing with lidar, Springer, Berlin Heidelberg New York Tokyo, S 391.

Steinhagen H et al. (1996) A 1290 MHZ Profiler. Beitr Phys Atmosphäre 69: 63–80.

Steinhagen H et al. (im Druck) Performance of the first European 482 MHZ Wind Profiler Radar with RASS under Operational Conditions. Meteorolog Zeitschr.

Uray HC (1952) The planets, their origin and development. Yale University Press, New Haven.

Valiela L (1984) Marine ecological processes. Springer, Berlin Heidelberg New York Tokyo.

owe wait? Tellus 46 A: 314–324.

WCRP (1992) The World Climate Program 1992–2001, World Meterological Organization, Third WMO Long-Term Plan, Part II, Vol.2 WMO- No.762.

WCRP (1996) The World Climate Research Programme, WCRP Newsletter No.1 October 1996.

WMO 4th WMO Long-term plan 1996-2005, WMO-No. 831, Genf

Young RW, Carder KL, Betzer PR et al. (1991) Atmospheric iron input and primary production: Phytoplancton responses in the North Pacific. Global Biogeochemical Cycles 5: 119,134.

Zebiak SE, Cane MA (1987) A model El Niño-Southern Oscillation, Mon Weather Rev 115: 2262–2278.

Glossar

Absorptionsbanden
Aufgrund der atomaren und molekularen Struktur des Gasgemisches Atmosphäre wird das Licht bestimmter Wellenlängenbereiche unterschiedlich stark absorbiert. Diese Absorptionsbanden bestehen wiederum aus Absorptionslinien, die sich durch thermisch bedingte Unschärfe gegenseitig überlappen.

AGCM
Atmosphärisches globales Zirkulationsmodell.

Albedo
Diffuse Rückstreuung des einfallenden Sonnenlichtes an der Erdoberfläche oder an Wolkenoberflächen. Die gerichtete Rückstreuung wird als Reflexion bezeichnet.

Barotropes Modell
Ein vereinfachendes (fiktives) Modell der Atmosphäre mit höhenkonstanter Luftdichte bzw. -temperatur. Auf jeder Luftdruckfläche (z. B. 500-hPa-Karte) herrschen einheitliche Temperaturen, und der Wind ändert sich mit der Höhe nicht.

Baroklines Modell
In einer baroklinen Atmosphäre herrschen auf einer Luftdruckfläche unterschiedliche Temperaturen, und der Wind ändert sich mit der Höhe in Richtung und Stärke. Baroklinität ist eine Voraussetzung für Entwicklungen in der Atmosphäre, z. B. Vertiefung und Auffüllung von Tiefdruckgebieten.

Beaufort
Von Admiral F. Beaufort 1806 eingeführtes (und vor allem in der Seefahrt gebräuchliches) Maß der Windstärke mit 0 = Windstille und 12 = Orkan

Bias
Systematischer Fehler (Verzerrung) zwischen Modell und Wirklichkeit bzw. Vorhersage und Beobachtung. Beispiel: "Die Temperatur wurde im Mittel um 1 K zu kalt vorhergesagt" oder: "Das Modell A sagt zu häufig Gewitter vorher."

Brechungsindex
Die Phasengeschwindigkeit elektromagnetischer Wellen (also auch des Lichtes) ändert sich mit der Dichte der Luft, die ihrerseits von der Temperatur abhängt und damit den Brechungsindex bestimmt.

Chaostheorie
Wissenschaftsdisziplin, die sich mit dem Verhalten von hochgradig komplexen, nichtlinearen Systemen beschäftigt. Der chaostheoretische Aspekt im Wettergeschehen äußert sich u. a. in einer prinzipiellen Grenze der Vorhersagbarkeit des Wetters auf allen Skalen. Einer der Begründer dieser Theorie war der amerikanische Wissenschaftler Mitschell Feigenbaum.

Cluster
Zusammenschluß von kleineren Einheiten oder Gruppen zu einem gemeinsamen Größeren. In der Meteorologie spricht man von Wolkenclustern, wenn z. B. aus

mehreren einzelnen Gewitterzellen ein großer kompakter Wolkenverbund entsteht, der jedoch nicht größer als etwa 100 km² ist.

Datenassimilation
Auch: vierdimensionale Analyse. Eine Technik der objektiven, numerischen Analyse von Beobachtungsdaten unterschiedlicher Herkunft, die es ermöglicht, auch asynoptische Beobachtungs- und Meßdaten vor oder nach einem festen Zeitpunkt, z. B. 00.00 UTC, zu berücksichtigen.

Eem-Warmzeit
Warme Phase während der letzten Eiszeit, die vor etwa 130.000 bis 100.000 Jahren auftrat. In Mitteleuropa lagen die Jahresmitteltemperaturen um 2 bis 3 K über den heutigen Werten. Für die Alpenregion wird diese Phase als Kies-Würm-Interglazial bezeichnet.

EPS
Engl. "ensemble prediction system". Ensemblemethode der (numerischen) Wettervorhersage. Statt *einer* (deterministischen, kategorischen) Lösung *eines* bestimmten Anfangszustandes mit *einem* bestimmten NWP-Modell wird ein Ensemble, d. h. mehrere Lösungen berechnet. Sie basieren (meistens) auf gering unterschiedlichen Analysen, wobei die Differenzen in der Regel unterhalb der Meßgenauigkeit atmosphärischer Parameter (z. B. Luftdruck, Temperatur, Wind...) liegen. Aber auch bezüglich Parametrisierung und Orographie leicht modifizierte NWP-Modelle selbst werden bereits zur Erzeugung von Ensemblelösungen eingesetzt. Einerseits dient EPS dazu, die Konsequenzen eines wegen Datenmangels und -fehlern nie perfekt bekannten Anfangszustandes abzuschätzen, andererseits stellt es z. Z. den einzigen praktischen Zugang dar, die (wahre) Stochastik atmosphärischer Prozesse, d. h. die Wahrscheinlichkeit künftiger Zustände zu simulieren.

Erwartungstreue →**Stabilität, statistische**

ERS-1
European Remote Sensing Satellite 1.

Fernerkundung
Meßfühler und -instrumente messen nicht "am Ort", sondern entfernt (engl.: remote), z. B. von Satelliten aus. *Aktive* Fernerkundungsverfahren nutzen die Reaktion der Atmosphäre auf (aktiv) ausgesandte elektromagnetische Impulse. *Passive* Fernerkundungsverfahren erfassen die atmosphärischen Eigensignale wie z. B. die ausgesandte Wärmestrahlung, die Bewegung von Luftpaketen oder Änderungen des Brechungsindex.

Feuchttemperatur
Diejenige Temperatur, die bei Sättigung der Luft mit Feuchtigkeit herrscht, also bei einer relativen Luftfeuchtigkeit von 100%. Hierzu wird ein Thermometer (in der Wetterhütte: das Feuchtthermometer) befeuchtet und ventiliert. Bei nicht gesättigter Luft verdunstet Feuchtigkeit, entzieht der Umgebung dabei Wärme, und die am Thermometer angezeigte Temperatur sinkt entsprechend.

Fluviatile Aufschotterung
Unter wesentlicher Beteiligung von Flüssen geschaffene Ablagerungen.

GCM
Globales Zirkulationsmodell.

Glazial

Bezeichnung für Geländeformen, die während der Eiszeit, besonders unter Einwirkungen von Gletschern entstanden sind.

GPS
Global Positioning Satellites. Dies ist ein System von 24 Satelliten, das es ermöglicht, für jeden Punkt der Erde die Position sehr genau anzugeben.

Hydrosphäre
Gesamtheit des Wassers der Ozeane, Seen, Gewässer, Grundwasser und des Eises, etwa 1,3 Mrd. km^3.

Inversion
Umkehrschicht. In der Atmosphäre sinkt meist die Temperatur mit zunehmender Höhe. Gelegentlich jedoch schichtet sich wärmere Luft über kältere, d. h. die Temperatur nimmt in diesem Bereich mit der Höhe zu, der übliche Temperaturverlauf kehrt sich um.

Interpretation, statistische
Umkehroperation zur Parametrisierung. Mit Hilfe statistischer Beziehungen werden "rohe", großräumige Ergebnisse der NWP-Modelle in kleinerräumiges, praxisrelevantes Wetter transformiert. Dadurch gelingt es z. B., von numerisch vorhergesagten Luftdruckverteilungen in Europa auf die Höchsttemperatur in Leverkusen, die Sonnenscheindauer in Potsdam oder die Gewitterwahrscheinlichkeit in München zu schließen. Die statistische Interpretation ist ein wichtiger und erfolgreicher Ansatz zur Automatisierung (und Verbesserung) der praktischen Wettervorhersage.

Isolinien
Meist in Karten eingezeichnete Linien gleicher Werte irgendeiner (meteorologischen) Eigenschaft, wie z. B. Temperatur (*Isothermen*) oder Luftdruck (*Isobaren*).

°K, Kelvin
Temperaturskala, ausgehend vom absoluten Nullpunkt, der bei –273,16YC liegt. Dies bedeutet, daß dem Gefrierpunkt des Wassers, 0YC, genau 273,16°K entsprechen.

Klima
Die statistische Gesamtheit der atmosphärischen Zustände und Prozesse in ihrer raumzeitlichen Verteilung.

Klima- und Persistenzprognose →Verifikation

Klimabeobachtung
Tägliche Wetterbeobachtung und Messung in Deutschland an den drei, seit 1780 nahezu unveränderten Terminen, nämlich um 07, 14 und 21 Uhr.

Konvektiv
Durch labile (Luft-)Schichtung bewirkter vertikaler Transport von Luftpaketen. Durch Aufheizen des Erdbodens steigt warme Luft mit entsprechend geringerer Dichte dem archimedischen Prinzip folgend nach oben, bis sie die gleiche Dichte wie die sie umgebende Luft hat. Typische Wettererscheinungen konvektiver Prozesse sind Schauer- und Gewitterwolken.

Kürzestfristprognose
Wettervorhersage bis zu 12 Stunden, z. B. vom frühen Morgen aus gesehen "bis heute abend" oder vom Abend "bis morgen früh". Der Vorhersagezeitraum bis zu 2 Stunden wird als →Nowcasting bezeichnet.

Kurzfristprognose
Wettervorhersage für die nächsten 2 bis 3 Tage

Laminar
Strömungsart, die eine gleichförmige, nicht verwirbelte Bewegung von Flüssigkeiten oder Gasen beschreibt.

Langfristprognose
Längster Zeitraum der Wettervorhersage. Er reicht von mehrwöchigen Vorhersagen bis zur Prognose der Jahreszeiten. Der Detailliertheitsgrad und die Zuverlässigkeit der Vorhersagen ist gering.

LIDAR
LIght Detecting and Ranging: Dieses auf den sehr kurzen Wellenlängen des Lichtes (UV bis nahes Infrarot) beruhende Meßverfahren ist in der Lage, alle Beimengungen der Atmosphäre zu erfassen.

Lithosphäre
Gesteinskruste der Erde.

Mittelfristprognose
Vorhersagezeitraum, der von 3 bis maximal 12 Tage reicht.

Monitoring
Ständiges – größtenteils automatisches – Datensammeln und -auswerten zum Zwecke der Wetterüberwachung und der umfassenden Information des Meteorologen, der Nowcasting und Kürzestfristprognose betreibt.

MSG
Meteosat Second Generation. Die in den Jahren 2000/2001 startende nächste Generation von geostationären Satelliten wird wesentlich mehr Meßbereiche und damit eine bessere Auflösung atmosphärischer Parameter haben, und sie wird auch erheblich häufiger Dat
en liefern als das derzeitige System.

Nowcasting
Wetterüberwachung und -vorhersage für die nächsten 2–3 Stunden. Nowcasting wird überwiegend mit Hilfe der Extrapolation bereits bestehender Wettererscheinungen betrieben (z. B. Verlagerung von Niederschlagsgebieten), aber auch mit empirischen und statistischen Verfahren, für die der Meteorologe große Erfahrung einbringen muß.

NWP
Engl. "numerical weather prediction". Numerische Wettervorhersage: Mit Hilfe aufwendiger numerischer Näherungsmethoden zur Lösung eines hydrothermodynamischen Gleichungssystems nichtlinearer partieller Differentialgleichungen wird der künftige Zustand der Atmosphäre – genauer: der Modellvariablen – mittels Computer berechnet. Voraussetzung ist die genaue Kenntnis des Anfangszustandes.

OGCM
Ozeanisches globales Zirkulationsmodell.

Orographisch
Von Form und Beschaffenheit der Erdoberfläche bestimmt.

Ozean-Atmosphären-Modelle
Vergleichbar mit numerischen Modellen zur Wettervorhersage werden Ozeanmodelle gerechnet, die Meeresströmungen in verschiedenen Tiefen der Ozeane simulieren. Für die Klimamodellierung ist eine Kopplung von Ozean- und Atmosphärenmodellen notwendig.

Parametrisierung
Ein mathematischer Ansatz, mit dem (größerräumige) Effekte wichtiger physikalischer Prozesse, die sich *zwischen* den Gitterpunkten des Modellnetzes abspielen, in statistischer Weise erfaßt werden, so daß die Modellvariablen (z. B. Wind, Temperatur, Feuchte) an den Gitterpunkten entsprechend modifiziert werden können. Typische "subskalige" Prozesse: turbulente Durchmischung in Bodennähe, Physik der Quellwolken, Niederschlagsbildung.

Paläoklimatologie
Fachrichtung der Klimatologie, die sich mit dem Studium des Klimas geologisch vergangener Zeiträume beschäftigt.

Pedosphäre
Bereich des Erdbodens bis zur Gesteinsschicht.

Phytoplankton
Pflanzliche Kleinstlebewesen im Wasser.

Postprocessing, statistisches
Gesamtheit der Maßnahmen, um mit statistischen Methoden (Modellen) das (u. U. rohe) Endprodukt der NWP-Modelle aufzuwerten (**statistische Interpretation**) bzw. zu verbessern, z. B. mit Hilfe selbstlernender Verfahren zur Reduktion systematischer Fehler (**Bias**). Die Fortschritte und die Einheit von NWP und statistischem Postprocessing hat in den 90er Jahren des 20. Jahrhunderts eine Qualität der objektiven, automatischen Wettervorhersagen erreicht, die durch den traditionellen Synoptiker als Vorhersagemeteorologen immer weniger "veredelt" werden kann. Dies trifft um so eher (weniger) zu, je größer (kleiner) der Vorhersagezeitraum ist.

Radar
RAdio Detecting and Ranging. Elektromagnetische Wellen werden gesendet und von Hindernissen (z. B. Flugzeuge, Niederschlagspartikel) reflektiert.

RASS
Radio Acoustic Sounding System. Hier werden Schallwellen genutzt, um Schwankungen des elektromagnetischen Brechungsindex in der Luft zu erzeugen, an denen Radarwellen gestreut werden. Daraus kann die jeweilige Schallgeschwindigkeit bestimmt werden, die ihrerseits von der Temperatur abhängt, so daß die Temperaturverteilung in der Atmosphäre berechnet werden kann.

Reduziert
(chemisch) Nicht oxidiert.

rmse
Abkürzung von (engl.) "root mean square error". Wurzel aus dem mittleren quadratischen Fehler. Wichtigste Maßzahl in der Verifikation einer Vielzahl meteorologischer Vorhersagen zur Beschreibung der Genauigkeit bzw. Fehlerhaftigkeit einer Vorhersage(methode). Ideal: perfekte Vorhersage mit rmse = 0. Im Falle einer biasfreien, d. h. nicht verzerrten Vorhersage entspricht rmse der (bekannteren) Standardabweichung oder Fehlerstreuung.

RV
Engl.: "reduction of (error) variance". Reduktion der Fehlervarianz. Ein Maß der Vorhersageleistung einer wissenschaftlichen Prognose P im Vergleich mit einer "kostenlosen" Referenz R. RV = 0 bedeutet z. B.: rmse(P) = rmse(R), d. h. keinerlei Vorhersageleistung. Eine perfekte, völlig fehlerfreie Vorhersage (rmse(P) = 0) er-

zielte ein RV von 100%. (Noch) ungelöste Vorhersageprobleme zeichnen sich durch RV < 0, d. h. rmse(P) > rmse(R) aus. →**Vorhersagbarkeit.**

Scale
Maßstab, Größenordnung der in der Atmosphäre ablaufenden Prozesse, die sich nach Raum und Zeit sehr unterscheiden. Die Raumskalen reichen von der klein-räumigen Turbulenz in der Größenordnung Meter, über Fronten und tropische Wirbelstürme im Maßstab 100 km bis zur globalen, allgemeinen Zirkulation der Lufthülle in der typischen Größe von 10.000 km. Begriffe, wie Mikro-, Meso- und Makroscale klassifizieren diese Bandbreite. Es existieren enge Bindungen zwischen räumlichen und zeitlichen Ausmaßen einerseits und der (prinzipiellen) Vorhersagbarkeit andererseits. In der Wetter-Vorhersage wird unterschieden in Kürzestfrist (bis 12 Stunden im voraus), Kurzfrist (bis +72 h), Mittelfrist (bis +10 Tage), Langfrist (Monate) und Klima (Jahre, Jahrzehnte).

Scatterometer
Meßgerät auf einem Satelliten. Es mißt die Radar-Rückstreuung der Meeresober-fläche aus drei Blickrichtungen. Daraus werden Angaben zur Wellenhöhe und über Windrichtung und -geschwindigkeit gewonnen.

Schluffe
Tonablagerungen, meist entstanden durch den Rückzug der Gletscher am Ende von Eiszeiten.

Smog
Engl.: "smoke and fog". Mit dem Begriff "Rauch und Nebel" lassen sich kurzgefaßt nahezu alle Schadstoffe in der Atmosphäre kennzeichnen.

SODAR
SOnic **D**etection **a**nd **R**anging: Schallradar. Mit Hilfe elektromagnetischer Wellen kann kontinuierlich bis 1000 m Höhe der dreidimensionale Windvektor sowie die Höhe von Inversionen erfaßt werden.

Synoptische Meteorologie
Synopsis (griech.) bedeutet "Zusammenschau", vergleichende Übersicht. Dement-sprechend kennzeichnet der Begriff Synoptik die Erfassung, Bearbeitung und Aus-wertung von Wettererscheinungen in Wetterkarten verschiedener Höhen und Dar-stellungen zu jeweils einer festen Zeit. Die wissenschaftliche Aufgabe besteht darin, ausgehend von der diagnostischen Zusammenschau von Feldverteilungen meteorologischer Elemente oder Anordnungen von Wettersystemen, eine synop-tische Prognose dieser Verteilungen bzw. Anordnungen zu erstellen.

Sperrschicht
Eine vertikale Dichteinversion, meist verursacht durch warmes Wasser, das über relativ kaltem Wasser liegt. Dadurch wird ein vertikaler Austausch verhindert. In der Atmosphäre nennt man die Erscheinung →**Inversion.** →**Thermohaline Schichtung.**

Stabilität, statistische
Erwartungstreue eines statistischen Modells (der Wettervorhersage). Von einem Modell hoher statistischer Stabilität spricht man, wenn die Eigenschaften des Mo-dells, insbesondere seine Vorhersagegüte, auch bei Anwendung auf (zukünftige) Fälle erhalten bleiben, die nicht zum sog. Entwicklungskollektiv gehören. Ohne be-sondere Vorkehrungen tendieren statistische Modelle dazu, ihren geschätzten (Qualitäts-)Erwartungen nicht gerecht zu werden. Die Ursache liegt in der Dialek-

tik von Zufall und Notwendigkeit, d. h. in der Tatsache, daß im Einzelfall (= Element einer Stichprobe) *notwendige* (gesetzmäßige) und *zufällige* Prädiktor-Prädiktanden-Beziehungen nicht getrennt werden können. Bekanntlich wächst das Risiko einer statistischen Instabilität mit abnehmendem Stichprobenumfang. Besonders in der Meteorologie mit ihren unübersehbaren, vierdimensionalen, globalen Datensätzen, die sehr rasch zu Tausenden von potentiellen Prädiktoren (= mögliche Einflußfaktoren) führen können, existiert eine zweite, wichtige Quelle von mangelnder Erwartungstreue, eben diese Anzahl potentieller Prädiktoren selbst. Je größer sie ist, um so größer die Gefahr, Zufälliges als Gesetzmäßiges zu modellieren.

Synop
Boden-Wetterbeobachtung, die international in codierter Form an 8 Terminen eines Tages, ausgehend von Weltzeit 00 UTC im 3stündigen Abstand, ausgetauscht wird.

Szenarienrechnung
Modellrechnungen von globalen Klimamodellen unter Vorgabe bestimmter Bedingungen, Szenarien. Ein bekanntes Szenarium ist die Vorgabe eine Verdopplung des CO_2-Gehaltes der Atmosphäre bis zum Jahre 2100.

Thermohaline Schichtung
Das vertikale Dichteprofil des Meerwassers ist eine Überlagerung aus thermisch bedingten Dichteprofil und Vertikalprofil des Salzgehaltes →**Dichteinversion**.

Toteissenke
Beim Rückzug der Gletscher bleiben größere Eisblöcke zurück, die zum eigentlichen Gletscher keine Verbindung mehr haben, sog. Toteis. Nach Abschmelzen des Eisblockes bleibt eine Senke oder ein See zurück.

UTC
Universal Time Coordinated. Weltzeit (früher GMT, Greenwich Mean Time).

Verifikation
Überprüfung von Aussagen bezüglich ihres Wahrheitsgehaltes. Speziell in der Meteorologie: Vergleich (meist einer größeren Anzahl) von Vorhersagen mit der beobachteten bzw. gemessenen Wirklichkeit und Berechnung geeigneter Verifikationsmaße. Dabei stehen zwei Aspekte im Vordergrund: Vorhersagegenauigkeit (Fehlerhaftigkeit, Treffer) und -leistung (Güte, engl.: skill). Die (wissenschaftliche) Vorhersageleistung wird durch Vergleich mit "kostenlosen" Referenzvorhersagen bestimmt. Als solche kommt die Persistenzvorhersage (Das Wetter bleibt wie es ist) oder die "Klimavorhersage" (Erwarte den vieljährigen Mittelwert) in Frage. Als ein Maß der Vorhersageleistung dient die Größe →**RV**.

Vorhersagbarkeit
Ein meteorologisches Element oder Ereignis ist vorhersagbar, solange z. B. RV > 0. Diese Eigenschaft variiert sehr stark mit der Lebensdauer vorherzusagender Wetterphänomene bzw. mit ihrer typischen räumlichen Ausdehnung. Denken Sie etwa an die Scalehierarchie meteorologischer Wirbel (mit vertikaler Achse): Kleintromben (Staubteufel, Sandhose), Großtromben (Wind- und Wasserhosen, Tornados), tropische Wirbelstürme (Hurrikane, Taifune), großräumige Tiefdruckgebiete der gemäßigten Breiten. Als Regel gilt: Je kleiner die räumliche Ausdehnung, um so kürzer die Lebensdauer und um so schlechter und kürzer die Vorhersagbarkeit und umgekehrt.

Vorstoßbändertone
Tone als sehr feinkörnige Sedimente lagern sich verstärkt in ruhigen Gewässern wie z. B. Seen oder träge fließenden Flüssen ab. In Zeiten sich ausbreitender Vergletscherung ist der Schmelzwasserabfluß gegenüber wärmeren Perioden deutlich reduziert, es kommt zu einer verstärkten Ablagerung von Tonen. Die Schichtung in den Tonen folgt den jahreszeitlichen Schwankungen des Gletscherwasserabflusses.

Wahrscheinlichkeit
Grad der Möglichkeit, mit der ein Ereignis erwartet werden kann. Universelle Eigenschaft *künftiger* Ereignisse in einer stochastisch determinierten Welt, wobei diese Unbestimmtheit sowohl subjektiver, als auch objektiver Natur ist. Der subjektive Anteil kann durch die Gesamtheit der wissenschaftlich-technischen Fortschritte mehr oder weniger reduziert werden, der objektive Anteil ist quantitativ(!) noch weitgehend unbekannt. p(E), die Wahrscheinlichkeit des Auftretens des Ereignisses E, kann sowohl subjektiv durch den Menschen, als auch (automatisch) mittels statistischer Methoden und →**EPS** geschätzt werden.

Wetter
Gesamtzustand und augenblicklicher Ablauf der atmosphärischen Erscheinungen zu einem bestimmten Zeitpunkt an einem bestimmten Ort oder in einer bestimmtenRegion. Das Wetter wird durch die einzelnen →**Wetterelemente** charakterisiert.

Wetterelemente
Zum Beispiel Temperatur, Feuchtigkeit, Wind usw. sowie Sonnenschein bzw. die Strahlung der Sonne (= meßbar), aber auch Bewölkung, Niederschlag in der Luft usw. (= beobachtbar). Diese Elemente können weiter spezifiziert werden, z. B. Höchsttemperatur, Monatsmitteltemperatur usw.

Wetterlage
Momentaufnahme des großräumigen Wetterzustandes zu einem bestimmten Zeitpunkt in einer bestimmten Region, z. B. in Form einer Wetterkarte.

Witterung
Allgemeiner, durchschnittlicher oder auch vorherrschender Charakter des Wetterablaufs eines Zeitraums von einigen Tagen bis hin zu einzelnen Jahreszeiten. Die Witterung ist das Charakteristische einer Aufeinanderfolge von Wetterzuständen während mehrerer Tage oder auch Wochen.

WMO
World Meteorological Organization. Weltorganisation für Meteorologie. Aus der 1873 in Wien gegründeten Internationalen Meteorologischen Organisation (IMO) hervorgegangen und am 23. März 1950 ("Welttag der Meteorologie") in Kraft gesetzte Sonderorganisation der Vereinten Nationen (UN).

Wolkenklassifikation
Von der WMO international verbindlich festgelegte Einteilung und Definition der beobachtbaren Wolken nach ihrer Höhe, Menge und nach ihrem Aussehen.

WWW
World Weather Watch = Weltwetterwacht (nicht zu verwechseln mit World wide web!). Größtes und wichtigstes wissenschaftlich-technisches Programm der WMO, das 1967 beschlossen wurde und aus 3 Komponenten besteht: dem globalen Beobachtungssystem (GOS), dem System des weltweiten Datenaustauschs (GTS) und

schließlich der (elektronischen) Verarbeitung globaler Datensätze (GDPS), überwiegend in Echtzeit.

Zirkulationsmuster
Typische Erscheinungsform der (meist) großräumigen Luftströmung. Weitgehend synonym: Großwetterlagen oder ähnliche Klassifikationen (Gruppierungen) einzelner Luftdruck- oder Strömungsfelder. Beispiele: "zonale Zirkulation": Strömung (überwiegend) parallel zu den Breitenkreisen, "meridionale Zirkulation": Strömung parallel zu den Meridianen. Aber auch jede beliebige Mischform kann als bestimmtes Zirkulationsmuster definiert werden.

Zufall, Zufälligkeit →Wahrscheinlichkeit.

500-hPa-Karte
Meistgebräuchliche Höhenwetterkarte vom Luftdruckniveau = 500 hPa, welches die irdische Luftmasse etwa halbiert. Die Höhe, in der der Luftdruck 500 hPa erreicht, hängt vor allem von der mittleren Temperatur der darunterliegenden Luftmasse ab (je kälter, um so niedriger) und liegt bei uns im Mittel bei etwa 5,5 km.

Index

Springer
und
Umwelt

Als internationaler wissenschaftlicher
Verlag sind wir uns unserer besonderen
Verpflichtung der Umwelt gegenüber
bewußt und beziehen umweltorientierte
Grundsätze in Unternehmens-
entscheidungen mit ein. Von unseren
Geschäftspartnern (Druckereien,
Papierfabriken, Verpackungsherstellern
usw.) verlangen wir, daß sie sowohl
beim Herstellungsprozess selbst als
auch beim Einsatz der zur Verwendung
kommenden Materialien ökologische
Gesichtspunkte berücksichtigen.
Das für dieses Buch verwendete Papier
ist aus chlorfrei bzw. chlorarm
hergestelltem Zellstoff gefertigt und im
pH-Wert neutral.

Springer

GPSR Compliance

The European Union's (EU) General Product Safety Regulation (GPSR) is a set of rules that requires consumer products to be safe and our obligations to ensure this.

If you have any concerns about our products, you can contact us on

ProductSafety@springernature.com

In case Publisher is established outside the EU, the EU authorized representative is:

Springer Nature Customer Service Center GmbH
Europaplatz 3
69115 Heidelberg, Germany